程序员硬核技术丛书

U0240018

剑指 JavaScript
核心原理与应用实践

尚硅谷教育◎编著

电子工业出版社

Publishing House of Electronics Industry

北京·BEIJING

内 容 简 介

本书采用 ES5 和 ES6 融合的方式编写，兼顾了主流应用和发展趋势，书中知识点结合实际开发讲解演示。

本书从 JavaScript 的历史开始讲解，由浅入深地带领读者逐渐走入 JavaScript 的世界。

本书内容包括：变量、基本数据类型、运算符和表达式、语句、函数、对象、数组、BOM、DOM、AJAX、异步编程及 ES6 语法等。

本书语言通俗易懂，案例贴近实际工作需求，内容全面，深入浅出地讲解了前端开发需掌握的知识点。与此同时，本书还对一些底层实现进行了介绍，让读者在阅读完本书之后对 JavaScript 有更深入的理解。

本书广泛适用于 JavaScript 的学习者与从业人员，以及高等院校计算机相关专业的学生，也是 JavaScript 学习的必备书籍。

图书在版编目（CIP）数据

剑指 JavaScript：核心原理与应用实践 / 尚硅谷教育编著. —北京：电子工业出版社，2023.4

（程序员硬核技术丛书）

ISBN 978-7-121-45235-2

Ⅰ. ①剑… Ⅱ. ①尚… Ⅲ. ①JAVA 语言－程序设计 Ⅳ. ①TP312.8

中国国家版本馆 CIP 数据核字（2023）第 046056 号

责任编辑：李 冰　　　　　特约编辑：田学清
印　　刷：北京天宇星印刷厂
装　　订：北京天宇星印刷厂
出版发行：电子工业出版社
　　　　　北京市海淀区万寿路 173 信箱　　　　邮编：100036
开　　本：850×1168　　1/16　　印张：19.75　　字数：632 千字
版　　次：2023 年 4 月第 1 版
印　　次：2023 年 4 月第 2 次印刷
定　　价：105.00 元

凡所购买电子工业出版社图书有缺损问题，请向购买书店调换。若书店售缺，请与本社发行部联系，联系及邮购电话：（010）88254888，88258888。

质量投诉请发邮件至 zlts@phei.com.cn，盗版侵权举报请发邮件至 dbqq@phei.com.cn。

本书咨询联系方式：libing@phei.com.cn。

前　言

JavaScript 是前端开发的基础，也是核心技术。

当今互联网飞速发展，网站效果越来越酷炫，对于用户交互，JavaScript 身负重任。时至今日，JavaScript 面世多年，已经发展至 ECMAScript 2022，其间历经多个版本，技术不断迭代完善。例如，定义变量关键字、数据类型、字符串和数组方法的增加，函数语法的简化，引入模块化规范……这证明 JavaScript 这门语言已经发展至足够成熟。

对于笔者而言，写出一本让"小白"从 0 到 1，让"老鸟"有所借鉴或提升的书，是一个极大的挑战。我们的教研团队初期想法是像市面上大部分书籍一样循规蹈矩，将 ES5 和 ES6 两种语法完全剥离，让读者明确区分两个版本的不同语法。后来，考虑到在实际开发中早已将这两种语法融合使用，分开讲解的方式不符合实际情况。为帮助读者快速上手 JavaScript，我们将 ES 的多个版本语法进行融合讲解，使读者对 JavaScript 的理解可以更加快速、深入。本书历经多次修改，最后才匠心出品，希望给读者最好的体验。

JavaScript 是前端学习中开发者遇到的第一个涉及编程思想的语言。所谓"百丈高台，始于一石；根基不牢，地动山摇"，对于前端开发者来说，除了 JavaScript，还有很多前端框架需要学习，Vue、React、Angular 等框架都是基于 JavaScript 语法的封装。因此，我们要在学习初期打好基础，在后续的学习中再逐步提高编程能力。

本书对知识点进行深入剖析，挖掘底层原理，并配以大量案例和图片进行辅助理解。本书内容层层递进，可以让读者快速、牢固地掌握 JavaScript 知识，按照自己的意愿编写代码。

全书共分 15 章，详细介绍了 JavaScript 的相关知识，即 JavaScript 的历史、编程工具、变量、基本数据类型、运算符和表达式、语句、函数、对象、数组、BOM、DOM、AJAX、异步编程及 ES6 语法等内容。

阅读本书需要读者具备 HTML 和 CSS 基础。可以关注尚硅谷教育微信号"atguigu"，在聊天窗口发送关键字"JSbook"，免费获取本书配套资料及视频教程，也可以在 B 站搜索尚硅谷官方账号，免费在线学习。

感谢电子工业出版社的李冰编辑，是您的精心指导让本书得以面世，也感谢所有为本书内容编写提供技术支持的老师们付出的努力。

尚硅谷教育

关于我们

　　尚硅谷是一家专业的 IT 教育培训机构，现拥有北京、深圳、上海、武汉、西安等多所分校，开设有 Java EE、大数据、HTML5 前端、UI/UE 设计等多门课程，累计发布的视频教程三千多小时，广受赞誉。通过面授课程、视频分享、在线学习、直播课堂、图书出版等多种方式，满足了全国编程爱好者对多样化学习场景的需求。

　　尚硅谷一直坚持"技术为王，课比天大"的发展理念，设有独立的研究院，与多家互联网大厂的研发团队保持技术交流，保障教学内容始终基于研发一线，坚持聘用名校名企的技术专家，源码级进行技术讲解。

　　希望通过我们的努力帮助到更多的人，让天下没有难学的技术，为中国的软件人才培养尽一点绵薄之力。

目　录

第1章

走进 JavaScript 世界

欢迎开始学习 JavaScript！经过近三十年的发展，JavaScript 已经成为世界上最流行的编程语言之一，也成为前端开发工程师必须掌握的语言，很高兴今天它又迎来了新的学习者。作为全书的开篇，本章介绍一些 JavaScript 的综合背景知识，主要分为两部分，第一部分包括 JavaScript 的功能、历史、衍变和相关特点等，第二部分包括 JavaScript 编程工具、代码书写位置、注释、控制台和报错信息等内容。这些知识会让你对 JavaScript 产生全面且准确的认识。

本章学习内容如下：

- JavaScript 是什么
- JavaScript 的历史
- JavaScript 的应用场景
- ECMAScript、BOM、DOM 和 Node.js
- JavaScript 的重要版本
- JavaScript 编程工具
- JavaScript 编写位置
- JavaScript 注释
- JavaScript 程序调试
- 严格模式

1.1 JavaScript 是什么

前端开发者必须掌握的三种编程语言分别是 HTML、CSS 和 JavaScript，实际应用需要三者共同开发，它们的关系如图 1-1 所示。其中，HTML 负责结构，CSS 负责表现，JavaScript 负责最重要的行为。

JavaScript 是直译式脚本语言，是一种动态类型的、弱类型的、解释型的、面向对象的脚本语言。脚本语言是指可以嵌在其他编程语言中执行的开发语言。JavaScript 也是一种广泛用于客户端 Web 开发的脚本语言，解释器被称为 JavaScript 引擎（简称 "JS 引擎"），是浏览器的一部分。JavaScript 最早是在 HTML（标准通用标记语言下的一个应用）网页上使用的，用来给 HTML 网页添加动态功能。随着 JavaScript 的发展，现在可以使用它做更多的事情，如读写 HTML 元素、在数据被提交到服务器之前验证数据等。JavaScript 同样适用于服务器端的编程。

JavaScript 具有以下特点：

1）动态类型的脚本语言

JavaScript 能够动态地修改对象的属性，在编译时是不知道变量的类型的，只有在运行的时候才能确定变量类型，也就是说，当程序执行的时候，数据类型才会确定。

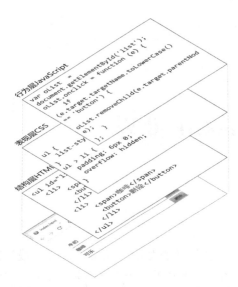

图 1-1　HTML、CSS 和 JavaScript 的关系

2）弱类型的脚本语言

JavaScript 在定义变量时是不能指定类型的，后面可以赋值为任意类型（JavaScript 支持的）的数据，因此称为弱类型语言。而强类型语言，比如 Java，在声明数据类型时必须指定数据类型，且赋的值只能是对应类型的值。

3）解释型的脚本语言

JavaScript 是一种解释型的脚本语言，在运行过程中逐行进行解释，不需要被编译为机器码执行。与之对应的一种语言是编译型语言，先编译后执行，比如 C、C++、Java 语言等。

4）面向对象的脚本语言

至于面向对象，它的世界观认为世界是由各种各样具有自己的运动规律和内部状态的对象所组成的，不同对象之间的相互作用和通信构成了完整的现实世界。面向对象的编程就是模拟现实世界，把现实世界中的事物类别和实体对象抽象成类和对象。例如，人有姓名、年龄、性别等属性，也有跑步、骑自行车、吃饭等行为。如果要编写一个关于人的系统，可以把人的属性和行为看作一个整体并封装为一个类，而具体的某个人对应类的一个实例对象，这就是面向对象开发的概念。这里只简单提及，关于面向对象更具体、深入的讲解，请参考第 6 章～第 8 章等章节。

1.2　JavaScript 的历史

1990 年，欧洲核子研究组织（Conseil Européenn pour la Recherche Nucléaire，CERN）的科学家在互联网（Internet）的基础上发明了万维网（World Wide Web），从此人们可以在网上浏览网页文件。

1992 年，国家超级计算机应用中心（National Center for Supercomputer Applications，NCSA）开发了人类历史上第一个浏览器 Mosaic。

1994 年，Netscape（网景）公司在加州成立，开发面向普通用户的新一代浏览器 Netscape Navigator 1.0，其市场份额一举超过 90%。Netscape 公司发现，浏览器需要一种可以嵌入网页的脚本语言来控制页面行为。因为那时网速很慢且网费很贵，有些操作不需要在服务端完成，而是在浏览器端完成，从而提高效率。Netscape 公司对这项脚本语言的设想是：功能不需要太强，语法简单，容易学习和部署。恰逢 Sun 公司发布了 Java，于是两家公司联合，Netscape 公司需要借助 Java 语言的声势，Sun 公司则将自己的影响力扩展到浏览器。

1995 年，Netscape 公司雇佣程序员布莱登·艾奇，经过十天的时间就设计出了 LiveScript 1.0，后来将其改名为 JavaScript，并对外宣称 JavaScript 是 Java 的补充。

1996 年 3 月，Navigator 2.0 浏览器正式内置了 JavaScript 脚本语言。

1996 年 8 月，微软公司模仿 JavaScript 开发了一种与之相近的语言，取名为 JScript，内置于 IE3.0 中。

1996 年 11 月，Netscape 公司决定将 JavaScript 提交给 Ecma 国际（见图 1-2），希望 JavaScript 能够成为国际标准，以此抵抗微软公司。

图 1-2　Ecma 国际的 Logo

1997 年 7 月，Ecma 国际发布 262 号标准文件（ECMA-262）的第一版，规定了浏览器脚本语言的标准，并将这种语言称为 ECMAScript，这就是 ECMAScript 1.0。

1998 年 6 月，ECMAScript 2.0 发布。

1999 年 12 月，ECMAScript 3.0 发布。

2008 年 7 月，由于对于下一个版本应该包括哪些功能，各方分歧太大，争论过于激进，Ecma 国际决定中止 ECMAScript 4.0 的开发，将其中涉及现有功能改善的一小部分发布为 ECMAScript 3.1。

2009 年 12 月，ECMAScript 5.0 正式发布。

2011 年 6 月，ECMAScript 5.1 发布，并且成为 ISO 国际标准。

2015 年 6 月 17 日，ECMAScript 6 发布正式版本，即 ECMAScript 2015，通常简称为"ES6"或"ES 2015"。

在此之后，ECMAScript 规范每年发布一次，语言的版本也以发布的年份标识，如 ES 2016、ES 2017、ES 2018、ES 2019、ES 2020 和 ES 2021 等。

1.3　JavaScript 与 Java 无关

JavaScript 的语法与 Java 相仿，除此之外这两门编程语言没有任何关系，用一个比较经典的比喻来描述二者的关系就是"雷锋和雷峰塔的关系"。

从 JavaScript 的历史我们知道，Netscape 公司最初将其命名为 LiveScript，后来得到 Sun 公司的授权，将其改名为 JavaScript，这更多的是出于营销考虑，毕竟当时 Java 如日中天。

Netscape 公司成功地借助 Java 的东风流行了起来，此时，微软也意识到 JavaScript 的市场，于是它也建立了自己的脚本语言——JScript。这种语言和 JavaScript 极其相似，现在二者都属于 ECMAScript 的实现。

1997 年，JavaScript 1.1 作为一个草案被提交给 Ecma 国际。后来由来自 Netscape、Sun、微软和其他一些对脚本编程感兴趣的公司中的程序员组成的 TC39 锤炼出了 ECMA-262，这个标准定义了名为 ECMAScript 的全新脚本语言。自此，国际标准化组织及国际电工委员会（ISO/IEC）也采纳 ECMAScript 作为标准（ISO/IEC-16262）。从那以后，Web 浏览器就开始努力将 ECMAScript 作为 JavaScript 实现的基础。ECMAScript 和 JavaScript 的关系如图 1-3 所示。

但是在实践中，大家仍然称这门编程语言为 JavaScript。需要注意的是，一般我们在讨论这门编程语言的标准和版本时，会使用标准的名称 ECMAScript 或它的缩写 ES。

图 1-3　JavaScript 和 ECMAScript 的关系

1.4 JavaScript 的应用场景

JavaScript 在生活中的应用随处可见，只要是与互联网有关的，几乎都使用了 JavaScript。比如，在数据交互时，我们会发送 AJAX（Asynchronous JavaScript And XML，异步 JavaScript 与 XML 技术）请求将数据传递给后端；微信小程序中的项目也用到了 JavaScript；在服务端开发时，用到了 Node.js。

在信息爆炸时代，网站不仅要呈现必要的关键信息，还要以最佳方式与用户进行动态交互，加深用户对网站信息或功能的印象，并提高用户体验和黏度。因此，更多网站的开发者们精心研发了一些表现力丰富的交互效果，如轮播图。轮播图是 JavaScript 中的经典案例，通过 JavaScript 实现了单击左右按钮切换图片、图片自动轮播等功能。以尚硅谷官网首页的轮播图为例，其效果如图 1-4 所示。

图 1-4　尚硅谷官网首页的轮播图区域

我们最常见的功能就是表单验证，具体来说就是登录注册信息，不管在网站上还是在各大 App 上，这都是必须具备的功能。当用户单击"登录"按钮时，其内部通过 JavaScript 将表单信息提交给后端，使用 JavaScript 接收后端返回的结果后进行相应处理。这里我们以谷粒学苑的登录页面为例，其效果如图 1-5 所示。

图 1-5　谷粒学苑的登录页面

下拉菜单也是常见的功能，当鼠标移动到菜单时，会先触发 JavaScript 的鼠标移入事件，然后通过 JavaScript 改变 CSS 样式，以达到当鼠标移入菜单后下拉菜单出现的效果。以尚硅谷官网首页为例，当鼠标移动到"培训课程"菜单时，它的下拉菜单如图 1-6 所示。

开发前端页面特效，如页面中的轮播图、下拉菜单等各种效果，以及表单验证等功能，这是 JavaScript

最早的应用场景。随着互联网的发展，JavaScript 已经不局限于这些应用，我们已经可以使用 JavaScript 开发飞机大战、贪吃蛇、扫雷等游戏。飞机大战游戏页面如图 1-7 所示。

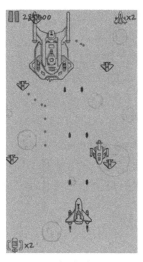

图 1-6　"培训"课程菜单的下拉菜单　　　　　图 1-7　飞机大战游戏页面

事实上，很多编程框架都是以 JavaScript 语言为基础搭建的。比如，Electron 框架（见图 1-8）的实现就是以 JavaScript 来开发桌面应用的，Vue（见图 1-9）、React（见图 1-10）和 Angular（见图 1-11）三大主流框架也是使用 JavaScript 实现根据数据渲染页面的效果。

图 1-8　Electron 图标　　　图 1-9　Vue 图标　　　图 1-10　React 图标　　　图 1-11　Angular 图标

除了上面描述的功能，JavaScript 还可以开发自动化工具，使用这些工具可以让网页变得"自动化"。比如，可以自动进行打包、自动编译样式表、自动解决兼容问题等。此外，JavaScript 还可以变成运行在服务器上的后端开发语言 Node.js，以及能以 Hybrid App 形式运行在移动设备上的 App 开发语言。总之，在当前的互联网时代，JavaScript 的应用是必不可少的。

1.5　JavaScript 的不同实现

本节将为读者介绍 JavaScript 的不同实现。

1.5.1　ECMAScript

ECMAScript 是 JavaScript 的正式名称。ECMAScript 标准规定了这门编程语言的标准和规范，是编程语言的核心部分；也定义了最小限度的 API（Application Programming Interface，应用程序接口）可以操作数值、文本、数组、对象等。

但是，前端开发只学习编程语言的核心部分是远远不够的，还要学习 JavaScript 的宿主环境所提供的 API。API 是一些预先定义的函数，用来提供给开发人员在其他程序中调用，而又无须访问源码或理解内部工作机制的细节。宿主环境就是运行 JavaScript 的平台，负责对 JavaScript 进行解析编译，以实现代码的运行。

事实上，浏览器是 JavaScript 最早的宿主环境，也是目前较常见的运行环境。换句话说，运行在浏览器上的 JavaScript 可以调用浏览器提供的 API。

随着互联网的普及，在 2010 年诞生的 Node.js 成为 JavaScript 的另一个宿主环境。从此 JavaScript 不仅可以在浏览器上运行，也可以在 Node.js 上运行。与浏览器相同，运行在 Node.js 上的 JavaScript 也可以调用 Node.js 提供的 API。

1.5.2　BOM

BOM（Browser Object Model，浏览器对象模型）是浏览器为 JavaScript 提供的一系列 API，它提供了独立于内容的、可以与浏览器窗口进行互动的对象结构。通过 BOM 开发人员可以进行浏览器定位和导航、获取浏览器和屏幕信息、操作窗口的历史记录、读取地理定位、进行本地存储及 Cookie 操作等。

1.5.3　DOM

DOM（Document Object Model，文档对象模型）是 HTML 文档为 JavaScript 提供的一系列 API。当创建好一个页面，并将其加载到浏览器时，DOM 就悄然而生，它会把网页文档转换为文档对象。通过 DOM 我们可以获取页面中的元素，设置元素的属性和样式，也可以创建、插入或删除节点，页面中的各种特效都需要通过 DOM 来实现。

1.5.4　Node.js

Node.js 由 Ryan Dahl 于 2009 年开发，是一个基于 Chrome V8 引擎的 JavaScript 运行环境。Node.js 使用了一个事件驱动、非阻塞式 I/O 模型，是使 JavaScript 可以运行在服务端的开发平台。有了 Node.js，JavaScript 就不仅仅是一门前端的编程语言，它也可以是后端的编程语言。

相较于运行在浏览器上的编程语言 JavaScript，二者的语法标准规范大体相同。不同的是，Node.js 提供不同于浏览器的 API，主要提供文件操作、网络操作、进程和线程操作等相关的 API。Node.js 中既没有 BOM，也没有 DOM。

1.6　JavaScript 的重要版本

JavaScript 于 1995 年由布莱登·艾奇设计，时至今日，有几个版本带来了重要改变。下面将依次列举：

* ECMAScript 3.0，发布于 1999 年。ECMAScript 3.0 版本成为 JavaScript 的通行标准，并得到广泛支持，也是目前我们所学习的 JavaScript 的基础。自 ECMAScript 3.0 版本以后，JavaScript 被称为真正的编程语言。
* ECMAScript 5.0，发布于 2009 年。由于 ECMAScript 4.0 草案过于激进，因此它没能成为正式版本，只是将其中涉及现有功能改善的一小部分发布为 ECMAScript 3.1。后来 ECMAScript 改名为 ECMAScript 5.0，它得到了目前几乎所有浏览器的支持，在开发中通常作为兼容性基准。
* ECMAScript 6.0，发布于 2015 年，因此也被称为 ECMAScript 2015。ECMAScript 6.0 是具有里程碑意义的版本，新增了大量的特性和语法，极大地扩展了 JavaScript 的功能，使 JavaScript 能更好地适应项目的开发需求。

ECMAScript 2016 到 ECMAScript 2021 各版本新增的语法如表 1-1 所示。

表 1-1　ECMAScript 2016 到 ECMAScript 2021 各版本新增的语法

ECMAScript 版本	新 增 语 法
ECMAScript 2016	Array.prototype.includes()
	指数操作符
ECMAScript 2017	async/await
	Object.values()
	Object.entries()
	String padding
	函数参数列表结尾允许有逗号
	Object.getOwnPropertyDescriptors()
	SharedArrayBuffer 对象
	Atomics 对象
ECMAScript 2018	异步迭代
	Promise.finally()
	Rest/Spread 属性
	正则表达式命名捕获组
	正则表达式反向断言
	正则表达式 dotAll 模式
	正则表达式 Unicode 转义
	非转义序列的模板字符串
ECMAScript 2019	行分隔符（U＋2028）和段分隔符（U＋2029）允许出现在字符串文字中，与 JSON 匹配
	JSON.stringify
	Array.prototype.flatMap()
	Array.prototype.flat()
	String 的 trimStart()方法和 trimEnd()方法
	Object.fromEntries()
	Symbol.prototype.description
	String.prototype.matchAll
	Function.prototype.toString()
	修改 catch 绑定
ECMAScript 2020	Promise.allSettled
	可选链（Optional Chaining）
	空值合并运算符（Nullish Coalescing Operator）
	dynamic-import
	globalThis
	String.prototype.matchAll
	新的基本数据类型 BigInt
ECMAScript 2021	String.prototype.replaceAll
	Promise.any()
	新增逻辑赋值操作符：??=、&&=、||=
	WeakRefs
	下画线（_）分隔符

　　需要注意的是，这里只是将每个版本的新增语法进行罗列，不做具体说明讲解，但是后续内容会对开发中涉及的各版本常见语法进行详细讲解。

1.7　编写第一行 JavaScript 代码

千里之行，始于足下。下面将学习 JavaScript 编程工具的安装、代码编写位置、代码注释、程序调试工具等内容。相比其他编程语言，JavaScript 简单明了，对初学者十分友好。

1.7.1　编程工具

使用任何一个文本编辑器都可以开发 JavaScript 程序，最简单的文本编辑器就是 Windows 系统自带的记事本，它可以写 JavaScript 程序，但是并不好用。为了开发方便，我们使用 IDE（Integrated Development Environment，集成开发环境）开发 JavaScript。

常见的 JavaScript 集成开发环境包括以下几种：

- Visual Studio Code：简称 VS Code，由微软公司打造，完全免费使用。VS Code 具备强大的代码自动补全功能，具有高度可扩展性，插件资源非常丰富；智能程度很高，不仅能自动检测并标出错误，还能自动寻找函数定义等；集成了 GitHub 功能（GitHub 近年也被微软公司收购），使用非常方便。
- WebStorm：来自 JetBrains 公司，付费使用。WebStorm 的内置版本管理、错误检测、代码重构等功能是其他编辑器难以超越的。
- HBuilder：来自 DCloud 公司，完全免费使用。HBuilder 最令人兴奋的特点是其提供比其他工具更优秀的对 Vue、uni-app 等框架开发的支持，非常适合开发大型 Vue 项目等，而且它轻巧、极速、有强大的语法提示。
- Sublime：来自 Sublime HQ 公司，有条件限制地免费使用。Sublime 最显著的特点是启动和使用时非常快速，十分轻巧，低内存消耗。严格来讲，Sublime Text 是文本编辑器，不能称之为集成开发环境。

本书书写代码选择的编辑器是 Visual Studio Code。下面就以 Visual Studio Code 为例，讲解它的安装和使用。当然，你也可以多尝试几款集成开发环境，从中选择最适合自己的一个。

Visual Studio Code 是由微软公司开发的 IDE 工具，它是跨平台的，可以在 Windows、Linux 和 macOS 平台上运行。Visual Studio Code 没有限定开发语言，几乎可以开发所有语言程序。

读者可自行到官方网站下载 Visual Studio Code，官方网站会自动检测访问者的操作系统，直接单击 "Download for …" 按钮即可下载适配版，如图 1-12 所示。

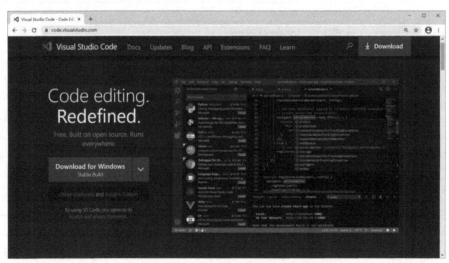

图 1-12　Visual Studio Code 的下载页面

安装 Visual Studio Code 的过程非常简单，本书不再赘述。安装完成后启动软件，界面如图 1-13 所示。

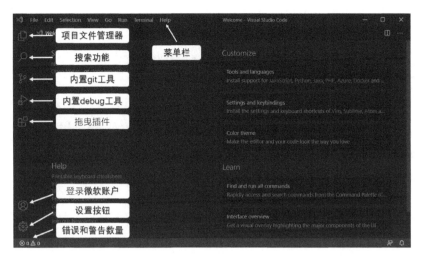

图 1-13　Visual Studio Code 的界面

如果想让 Visual Studio Code 显示中文界面，就需要安装相关扩展。单击图 1-14 中的"扩展按钮"，在输入框中输入"Chinese"并按回车键，即可在扩展商店搜索相关插件。找到"Chinese（Simplified）"插件，单击"Install"按钮，即可完成插件安装。重启 Visual Studio Code 后，软件将显示中文界面，读者可以自行查看并熟悉相关内容。

图 1-14　安装中文扩展

1.7.2　代码编写位置

本书讲解的是运行在浏览器上的 JavaScript 代码，其是需要嵌入 HTML 中执行的。JavaScript 代码常见的编写位置有三种，本节将依次展开介绍。

第一种方式是在 HTML 中内嵌<script></script>标签对，将 JavaScript 代码写在标签内。代码如下：

```
<!DOCTYPE html>
<html lang="en">
  <head>
    <meta charset="UTF-8" />
    <meta name="viewport" content="width=device-width, initial-scale=1.0" />
```

```
  <title>JavaScript 代码编写位置</title>
  <style>
    #btn {
      width: 200px;
      height: 40px;
      border-radius: 5px;
    }
  </style>
</head>
<body>
  <button id="btn">单击按钮</button>

  <script>
    // 获取 id 是 btn 的元素
    var btn = document.querySelector("#btn");

    // 为元素监听事件
    btn.addEventListener("click", function () {
      console.log("Hello World");
    });
  </script>
</body>
</html>
```

观察这段代码，可以发现其在<body></body>对中添加了<script></script>标签对，并且将<script></script>标签对放在了其他标签的后面。

其实，<script></script>标签对放在 HTML 文件的任意位置都可以运行，但是我们建议将其写在其他标签的后面。因为 JavaScript 代码的执行会阻塞 HTML 标签的加载，所以建议开发人员将 JavaScript 代码写在其他标签的后面，其他标签加载完毕再执行 JavaScript 代码。JavaScript 代码写在后面还有助于获取元素，这在后面学习 DOM 的时候会讲到，这里只做了解即可。

需要注意的是：在 HTML4.01 标准中，在<script>标签上应该添加 type 属性，其值为 "text/javascript"，表示程序的类型是纯文本的 JavaScript：

```
<script type="text/javascript">
</script>
```

在 HTML5 标准中，<script>标签上的 type 属性不再要求必须书写，只需要简单书写<script></script>标签对即可。

第二种方式同样需要在 HTML 中内嵌<script></script>标签对，但不是把 JavaScript 代码写在此标签对中，而是先将其写在一个单独的 js 文件中，然后在标签对中通过 src 属性指定 js 文件的地址。

比如：新建一个名为 "index.js" 的文件，先将第一种方式<script></script>中的代码写在 "index.js" 文件中，然后通过<script></script>标签对的 src 属性引入。在 HTML 文件中可以这样书写：

```
<script src="index.js"></script>
```

这种写法可以实现 HTML 与 JavaScript 的分离，类似于使用 CSS 的<link>标签，只不过这里仍然使用<script></script>标签对。<script></script>标签对的位置与第一种方式相同，位于<body></body>中其他标签的后面。

第三种方式是使用 DOM 事件将 JavaScript 代码写在标签内。代码如下：

```
<!DOCTYPE html>
<html lang="en">
  <head>
    <meta charset="UTF-8" />
```

```
    <meta name="viewport" content="width=device-width, initial-scale=1.0" />
    <title>JavaScript 代码编写位置</title>
    <style>
      #btn {
        width: 200px;
        height: 40px;
        border-radius: 5px;
      }
    </style>
  </head>
  <body>
    <button onclick="console.log('Hello, 按钮');">单击按钮</button>
    <button onmouseenter="console.log('Hello, World');">鼠标移入按钮</button>
  </body>
</html>
```

这里只需明白怎样将 JavaScript 代码放在标签内，代码的具体含义在后面的学习中会逐步明白。下面仅对代码含义进行简单讲解。

运行这段代码后，页面会出现两个按钮，如图 1-15 所示。

单击按钮　　鼠标移入按钮

图 1-15　页面效果

当单击按钮"单击按钮"时，可以触发对应的 JavaScript 代码执行；当将鼠标指针移入按钮"鼠标移入按钮"时，会触发对应的 JavaScript 代码执行。

需要注意的是：这种方式我们并不推荐使用，因为 HTML 与 JavaScript 不能进行分离，而是混在一起，代码的可读性是很差的。

1.7.3　代码注释

注释是给程序员看的提示性文字，可以增强代码可读性。在执行代码时，注释是不会被执行的。在调试程序时，也可以将部分代码进行注释，从而阻断这部分代码执行，查看其他代码的执行情况。

在 JavaScript 代码中可以使用双斜线 "//" 表示单行注释：

```
<script type="text/javascript">
  // 单行注释
  // alert("这条语句不会执行");
</script>
```

也可以进行多行注释，多行注释以一个斜杠和一个星号 "/*" 开头，以一个星号和一个斜杠 "*/" 结尾，如下：

```
<script>
  /*
  这里是多行注释
  这里是多行注释
  这里是多行注释
  */
  console.log("上面是多行注释");
</script>
```

为了美观，可以让注释的每行都有一个星号：

```
<script>
  /***
   * 这里是多行注释
   * 这里是多行注释
   * 这里是多行注释
   */
  console.log("上面是多行注释");
</script>
```

1.7.4　空格与分号

和其他许多编程语言一样，JavaScript 使用分号（;）将语句分隔开，否则代码将无法正确执行。不过在 JavaScript 中，如果语句独占一行，则通常省略语句之间的分号（程序结尾或右大括号"}"之后的分号也可以省略）。

下面演示使用分号、省略分号，以及必须使用分号的情况，代码如下：

```
// 使用分号作为语句的分隔符
console.log("Hello, 100");
console.log("Hello, 200");
console.log("Hello, 300");

// 如果语句独占一行，则可以省略分号
console.log("Hello, 100")
console.log("Hello, 200")
console.log("Hello, 300")

// 如果多条语句在同一行，则前面语句的分号不能省略
console.log("Hello, 100");console.log("Hello, 200");console.log("Hello, 300");
```

空格用于分隔关键字或其他代码，但是有的空格或空行在 JavaScript 中是无关紧要的，在执行代码的时候会被忽略。

合理地利用空格或空行进行排列，可以增强代码的清晰性与可读性。代码如下：

```
var sum = 10 + 20;
```

关键字 var 与变量名 sum 之间必须加一个空格，因为需要使用空格将它们分隔开。此行代码在运算符"="和"+"的两边都加了一个空格，这仅仅是为了增强代码的清晰性，即使删掉空格也可以正常运行，下面的代码也是正确的：

```
var sum=10+20;
```

1.7.5　程序调试

为了展示如何在浏览器中查看错误的代码信息，在下面的代码中我们故意写了一个错误：

```
<!DOCTYPE html>
<html lang="en">
  <head>
    <meta charset="UTF-8" />
    <meta name="viewport" content="width=device-width, initial-scale=1.0" />
    <title>JavaScript 程序调试</title>
  </head>
  <body>
```

```
  <script>
    alret("Hello World");
  </script>
</body>
</html>
```

使用 Chrome 浏览器运行这段代码。打开网页后，按 F12 键即可打开"检查"面板，其中的"Console"选项卡就是浏览器的控制台，如图 1-16 所示。

图 1-16　"控制台"页面

观察图 1-16 可以发现控制台中用红色的字输出了错误信息。从错误信息可以看出，错误类型是"Uncaught ReferenceError（未捕获的引用错误）"。错误细节是"alret is not defined（alret 没有被定义）"。在错误信息的最右侧还能看见发生错误的代码为第 10 行，据此即可寻找到代码出错的地方。

1.8　严格模式

ECMAScript 5 引入严格模式（Strict Mode）的概念，这是一种特殊的 JavaScript 解析和执行模型，通过抛出错误对正常的 JavaScript 中不规范的写法进行限制，使代码脱离"马虎模式、稀松模式、懒散模式"。

严格模式禁用了在 ECMAScript 的未来版本中可能会定义的一些语法。在严格模式下，ECMAScript 3.0 中的一些不确定行为将得到处理，对一些不安全操作会抛出错误。需要注意的是：不支持严格模式与支持严格模式的浏览器在执行严格模式代码时会采用不同行为。

若想在 JavaScript 代码中使用严格模式，只需在文件顶部或函数内第一行添加以下代码：

```
"use strict";
```

该语句在 JavaScript 的旧版本中会被忽略。在严格模式下不能使用未声明的变量。一些在普通模式下可以运行的语句，在严格模式下可能不能运行。

严格模式有助于使用者更细致、深入地理解 JavaScript，让其变成一个更好的程序员。支持严格模式的浏览器有 Internet Explorer 10 +、Firefox 4+、Chrome 13+、Safari 5.1+和 Opera 12+。

1.9　本章小结

本章作为 JavaScript 的入门和综述，主要介绍了 JavaScript 的缘起和应用，引出了 JavaScript 是一种解释型的、动态类型的、弱类型的、面向对象的脚本语言。而且介绍了 JavaScript 的编程工具、编写位置、注释等知识点，为正式书写 JavaScript 代码做了铺垫。

通过本章的学习，大家不仅初步了解了 JavaScript，而且对编写 JavaScript 的工具、位置和程序调试方式进行了学习，这对后续的学习有很大帮助。

第2章

变量

变量是存储数据的存储器，用来指代程序中的某个值。变量和代数类似：如果用字母 a 表示 3，用字母 b 表示 5，用字母 c 表示 2，则表达式 "$a+b+c$" 就表示 "$3+5+2$"，计算结果是 10。这里的 a、b、c 等代号就是变量，而 3、5、2 分别是它们指代的值。需要注意的是，JavaScript 中的变量也可以表达非数值类型的数据。

一个变量代表用于存储数据的一块小内存，它是对应内存的标识。通过变量可以在内存中存储一个初始数据，还可以在这块内存中保存另一个新数据。此外，通过变量还可以读取当前存储的最新数据。

本章将为读者介绍定义变量的三个关键字、变量的应用场景及变量的命名规范。学习变量是学习 JavaScript 的第一步，也是养成良好编程习惯的开始，因此应熟练掌握本章内容。

本章学习内容如下：

- 关键字 var
- 关键字 let
- 关键字 const
- 变量的命名规范

2.1　var 声明

在 JavaScript 程序中，使用变量之前需先声明，ES6 之前的版本通过关键字 var 定义变量，比如：

```
var name;
```

上述代码中定义了一个名为 name 的变量，可以用它存储 JavaScript 支持的任意类型值。比如：

```
var name;
name = "atguigu";
console.log(name);          // atguigu
```

这段代码在变量 name 中存入值 atguigu。

事实上，使用 var 定义变量有三种方式，分别为"先声明，后赋值"、"在声明的同时进行赋值"和"一次声明多个变量"。上面这段代码使用的定义方式是"先声明，后赋值"，本质是先声明变量，再对变量进行赋值。

"在声明的同时进行赋值"与"先声明，后赋值"的本质是一样的，只是它将变量声明和赋值写在一起，请看下面的代码：

```
var name = "atguigu";
console.log(name);          // atguigu
```

运行代码，控制台输出字符串 atguigu，与"先声明，后赋值"方式产生的效果相同。

"一次声明多个变量"也是在开发中常用的一种变量声明方式，通常有两种使用情况，分别是声明多个变量但不赋值和声明多个变量并分别赋值。下面将分别对这两种情况进行演示。

声明多个变量但不赋值是通过一个 var 关键字对多个变量进行声明，变量间使用逗号","分隔。比如：

```
var f,g;
f = 30;
g = 30;
console.log("f=" + f);        // f=30
console.log("g=" + g);        // g=30
```

代码运行后，控制台输出 f=30、g=30。

声明多个变量并分别赋值是通过一个 var 关键字为多个变量声明并赋值，变量间使用逗号","分隔。比如：

```
var d = 10,
    e = 20;
console.log("d=" + d);        // d=10
console.log("e=" + e);        // e=20
```

代码运行后，控制台输出 d=10、e=20。

上面的例子都是将变量的定义和赋初值一起完成，代码如下：

```
var a = 10;
```

或者将它们拆分为两条语句：

```
var a;
a = 10;
```

你可能会有疑问：如果一个变量仅被 var 定义出来，但没有用等号赋值，它的值是什么呢？

比如：

```
var a;
console.log(a);               // undefined
```

代码运行后，控制台输出 undefined。undefined 的意思为"不明确的，未被定义的"，是 JavaScript 中的一个特殊值。当一个变量仅被 var 定义，但是没有被赋值时，它的默认值是 undefined。

其实不通过关键字 var 也可以声明一个变量，但是我们并不推荐使用这种方式。比如：

```
c = 300;
console.log(c);               // 300
```

这段代码在普通模式下是可以正常运行的，当"console.log(c);"查找变量 c 时，JS 引擎会在全局搜索变量 c。但因为变量 c 没有使用 var 关键字声明，所以 JS 引擎会定义全局变量 c。代码运行后，控制台会输出 300。

而在严格模式下 JS 引擎不会自动创建变量，在查找变量 c 的时候，变量 c 并不存在，会抛出 ReferenceError。也就是说，相同的代码在不同模式下的返回结果是完全不同的。比如：

```
"use strict";
c = 300;                      // ReferenceError: c is not defined
console.log(c);
```

注意：

对于带 var 声明的变量和不带 var 声明的变量，目前可以将二者理解为作用相同。但是它们是有区别的，在普通模式下，如果一个变量没有声明就赋值，默认是全局变量。但在严格模式下，这种写法是被禁止的，如果给一个没有声明的变量赋值，那么代码在执行时就会抛出 ReferenceError。而带 var 声明的变量，不管是在普通模式下还是在严格模式下，都被认为是全局变量。在以后声明变量的时候，我们推荐不要省略 var。

2.1.1　var 声明作用域

在 JavaScript 中，作用域为可访问变量的集合。所谓作用域，就是变量起作用的区域（也称为范围）。也就是说，作用域控制变量的可访问区域。

使用 var 声明变量的有效范围是什么呢？其实这取决于定义变量的位置，在 ES5 中，可以在函数内和函数外定义变量。当在函数体大括号内（也叫函数内）定义变量时，该变量的有效范围就在函数内，也就是函数作用域。比如：

```javascript
// 定义函数 scope()
function scope() {
  var b = 2;
  console.log(b);
}


// 调用函数
scope();
```

上述代码定义了函数 scope()，并在函数内定义了变量 b。此时变量 b 的有效范围为函数作用域，故输出 2。这就好比北京市和北京一卡通的关系，北京一卡通只能在北京市使用，一旦离开了北京市，北京一卡通就不能使用。变量 b 就相当于北京一卡通，函数 scope() 就相当于北京市。记住：在大括号内定义的变量的有效范围都是函数作用域。

当在函数外定义变量时，也就是在函数体大括号外（也叫函数外）定义变量时，变量的有效范围就在整个<script></script>标签对中，在 JavaScript 中将这个范围叫作全局作用域。比如：

```javascript
var a = 1;
console.log(a);
function scope() {
  var b = 2;
  console.log(b);
}
```

上述代码在函数内定义了变量 b，在函数外定义了变量 a，根据作用域的概念，它们分别属于函数作用域和全局作用域，故输出 1 和 2。在这里，可以将变量 a 比作信用卡，全局作用域比作全世界，变量 b 和函数 scope() 依旧比作北京一卡通和北京市。我们都知道信用卡在世界各地都可以使用，因此它就可以是全世界的作用域。也就是说，变量 a 在全局作用域中可以随便使用。而北京一卡通只能在北京市使用，变量 b 只能在函数 scope() 的作用域中使用，在函数外，也就是全局作用域中是不能使用的。

ES5 是以函数体大括号来界定函数作用域和全局作用域的，当使用 var 在函数体大括号内定义变量时，变量的作用域就只能在函数内使用，有效范围是函数作用域；当使用 var 在函数体大括号外定义变量时，在整个<script></script>标签对内都可以使用这个变量，有效范围是全局作用域。需要特别注意的是，如果变量是在函数内定义的，那么在函数外无法读取该变量，甚至会出现报错现象。比如：

```javascript
function scope() {
  var id = 1;
  console.log(id);          // 1
}
console.log(id);            // ReferenceError: id is not defined
```

上述代码定义了一个名叫 scope() 的函数，在函数内使用 var 定义了 id 并赋值为 1，此时在函数内是可以读取 id 的值的，且在函数外是读取不到 id 的值的。因此会出现 ReferenceError: id is not defined，如图 2-1 所示。

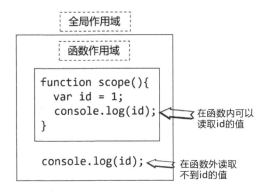

图 2-1　var 作用域图解

值得一提的是，当使用 var 在全局作用域内声明变量时，该变量会成为 window 对象的属性（window 对象在第 10 章介绍），可以通过下方代码进行验证：

```
var name = "atguigu";
console.log(window.name);        // atguigu
```

2.1.2　var 声明提升

在使用 var 定义变量的时候，声明的变量会被提升到作用域的最前面，变量的赋值不会被提升。比如：

```
console.log(b);                  // undefined
var b = 0;
console.log(b);                  // 0
```

上述代码中的变量 b 被提升，代码等价为：

```
var b;
console.log(b);                  // undefined
b = 0;
console.log(b);                  // 0
```

此时代码结构已经非常清晰了，我们来逐行分析上面的代码。首先看第一行代码，由于变量 b 的声明被提升，没有对变量 b 赋值，因此第二行代码的输出结果为 undefined，第三行代码为变量 b 赋值 0，此时输出变量 b 的值为 0，如图 2-2 所示。

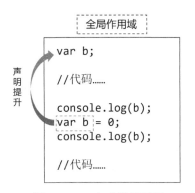

图 2-2　var 声明提升图解

其实 var 声明变量有两种情况，一种情况是在全局作用域中声明，另一种情况是在函数作用域中声明（函数作用域在第 6 章会进行相关介绍）。需要注意的是，不管是在全局作用域中声明变量，还是在函数作用域中声明变量，变量只会被提升到当前作用域的最前面。比如：

```
function scope() {
```

```
  console.log(b);                  // undefined
  var b = 1;
  console.log(b);                  // 1
}
```

这段代码的变量提升与全局作用域中的提升类似，通过声明提升，将变量 b 提升至函数作用域的最前面，如图 2-3 所示。

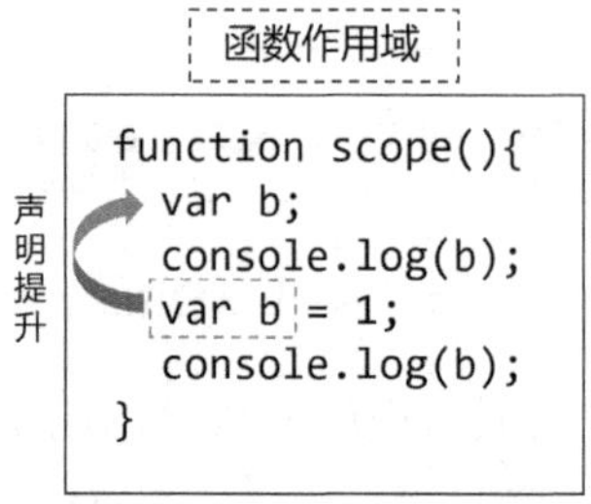

图 2-3　函数内 var 声明提升图解

下面的代码在全局作用域中定义了一个函数，在全局中和函数内分别定义了变量。在进行解析的时候，只会将变量提升至当前作用域的最前面。代码如下：

```
console.log(a);                    // undefined
var a = 0;
console.log(a);                    // 0

// 函数 scope()
function scope() {
  console.log(b);                  // undefined
  var b = 1;
  console.log(b);                  // 1
}
console.log(b);                    // ReferenceError: b is not defined

// 调用 scope()函数
scope();
```

这段代码定义了一个名为 scope()的函数，并在全局中进行调用。在全局作用域中，变量 a 被提升至全局作用域的最前面；在函数作用域中，变量 b 被提升至函数作用域的最前面。上面的代码等价于：

```
var a;
console.log(a);                    // undefined
a = 0;
console.log(a);                    // 0

// 函数 scope()
function scope() {
  var b;
  console.log(b);                  // undefined
  b = 1;
  console.log(b);                  // 1
}
console.log(b);                    // ReferenceError: b is not defined

// 调用 scope()函数
scope();
```

在这段代码中，变量 a 定义在全局中，因此被提升至全局作用域的最前面。变量 b 定义在函数 scope()
内，因为关键字 var 的声明范围是函数作用域，不能提升至全局作用域的最前面，只能提升至当前函数作
用域的最前面，所以在函数作用域外部是读取不到变量 b 的，如图 2-4 所示。

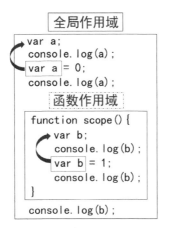

图 2-4　变量提升图解

var 可以重复声明一个变量，此时会先提升变量，后续的重复声明都担任着"赋值"的角色，比如：

```javascript
console.log(a);             // undefined
var a = 0;
console.log(a);             // 0
var a = 1;
console.log(a);             // 1
var a = 2;
console.log(a);             // 2
var a = 3;
console.log(a);             // 3
```

上述代码等同于下方代码：

```javascript
var a;
console.log(a);             // undefined
a = 0;
console.log(a);             // 0
a = 1;
console.log(a);             // 1
a = 2;
console.log(a);             // 2
a = 3;
console.log(a);             // 3
```

2.2　let 声明

对于 ES6 之前的版本，开发者若想定义变量只能通过关键字 var，ES6 为开发者提供了关键字 let 来定
义变量。使用关键字 let 定义变量的方法与使用关键字 var 定义变量的方法是十分相似的，使用关键字 let
定义变量同样有三种方式，这里不再对这三种方式做过多演示和讲解，只使用"在声明的同时进行赋值"
的方式来定义变量，比如：

```javascript
let username = "atguigu";
console.log(username);           //atguigu
```

从运行结果可以发现，当环境为全局时，使用关键字 let 定义变量和使用关键字 var 定义变量的效果是相同的。那 ES6 为什么要提供关键字 let 呢？

下面针对关键字 let 的三个特点依次和关键字 var 进行对比，如图 2-5 所示。

图 2-5　关键字 var 与关键字 let 的对比

如图 2-5 所示，使用关键字 var 定义的变量是可以重复声明的，但没有块作用域，并且浏览器在解析时会进行变量声明提升处理；使用关键字 let 定义的变量是不可以重复声明的，但有块作用域，并且浏览器在解析时不会进行变量声明提升处理。

这里出现了一个新名词"块级作用域"（一般简称为"块作用域"，本书统称为"块作用域"），可能大家会出现疑惑：前面已经学习了函数作用域和全局作用域，怎么又出现一个块作用域呢？其实函数作用域和全局作用域是 ES5 中的概念，块作用域是 ES6 中新增的概念。在一个代码块中（括在一对大括号中）定义的所有变量在代码块的外部是不可见的，也就是说，块作用域是以大括号进行界定的，定义在代码块中的变量，在代码块外不能被访问。

2.2.1　let 声明的块作用域

let 声明与 var 声明的区别在于二者声明范围的不同。let 声明的变量是存在块作用域的，但 var 声明的变量是没有块作用域的。比如：

```
// var 声明的变量
if (true) {
  var id = 1;
  console.log(id);                // 1
}
console.log(id);                  // 1

// let 声明的变量
if (true) {
  let id = 1;
  console.log(id);                // 1
}
console.log(id);                  // ReferenceError: id is not defined
```

在这段代码中可以明显地看到，var 声明的变量 id 是在 if 语句的大括号内部声明的，而且在 if 语句的内部或外部都可以访问到该变量，这充分说明 var 声明的变量可以在块的外部访问。在相同的情况下，当将变量声明的关键字变为 let 时，只有在内部访问时才能访问到该变量的值，在外部是访问不到的，而且还会报出 ReferenceError: id is not defined 的错误。这证明 let 声明的变量只能在当前块作用域（if 语句的大括号区域）中访问，外部访问不到该变量。

注意:

在前端开发中,经常会出现 ReferenceError: xxx is not defined 的错误,ReferenceError 是引用错误的意思,代表当一个不存在的变量被引用时发生的错误。简单地说,就是在当前作用域找不到该变量。通常,遇到该错误时的解决方法是先看当前作用域中是否存在该变量,然后梳理逻辑解决即可。

let 关键字和 var 关键字还有一个特性是完全相反的,使用 var 关键字定义的变量可以多次重复声明,而使用 let 关键字定义的变量是不能重复声明的,比如:

```
// 使用 var 定义变量
var id = 1;
var id = 2;
console.log(id);            // 2

// 使用 let 定义变量
let id = 1;
let id = 2;
console.log(id);            // SyntaxError: Identifier 'id' has already been declared
```

2.2.2 暂时性死区

在前面的学习中,我们知道 var 关键字声明的定义会出现声明提升,比如:

```
// var 定义变量会提升
console.log(id);                // undefined
var id = 1;
```

这段代码中 var 定义的变量会被声明提升,因此输出 undefined。但是如果将 var 改为 let 就不会输出 undefined,而是出现报错现象。因为 ES6 明确规定:如果区块中存在 let 命令,那么这个区块对这些命令声明的变量从一开始就形成了封闭作用域。如果在声明之前使用这些变量,就会出现报错现象。这在语法上叫作暂时性死区(Temporal Dead Zone,TDZ)。简单地说,let 声明的变量不会预处理,因此没有变量声明提升,这与 var 关键字定义的变量截然相反,比如:

```
// let 定义变量不会提升
console.log(id);                // ReferenceError
let id = 1;
```

运行这段代码后,控制台会出现 ReferenceError 的错误。这是因为变量 id 在声明没有完成前先进行了读取,从而导致报错。

2.3 const 声明

在 ES6 之前,没有特定的关键字来定义存储常量数据。使用 var 关键字并不能定义真正的常量,因为使用 var 关键字定义的变量都是可以被修改的。为此 ES6 做出了改进,提供了 const 关键字来定义常量(可以理解为值不可改变的变量),一般用来保存不需要改变的数据。比如:

```
// 在 ES5 中,var 关键字在定义常量时可以被修改
var username1 = "atguigu";
username1 = "尚硅谷";

// 在 ES6 中,const 关键字在定义常量时不可以被修改
const username2 = "atguigu";
username2 = "atguigu";              // 报错
```

使用 var 定义的 username1 的值被更改为"尚硅谷"，使用 const 定义的 username2 会报错，报错信息为 TypeError: Assignment to constant variable（不能给常量重新赋值）。

其实，const 定义的常量除了不能改变的特性，其余特性与 let 定义变量的特性基本相同。也就是说，const 定义的变量具有块作用域，并且不能重复声明。使用 const 定义的变量不存在变量提升。

2.4 变量声明的最佳实践

在 ES5 中我们习惯使用 var 声明变量，但是使用 var 会让常量、块级变量这些概念的差别不能很好地体现出来。当你在开发中使用 var 声明的变量面临随时被修改和重新分配的时候，你会时刻担心代码是否能正常运行。而 ES6 新增的 let 命令和 const 命令解决了这些困扰，使变量的作用域和语义变得更加精准。let 和 const 的出现彻底改变了声明变量的风格，极大地提高了开发人员的开发效率和代码的整洁性。

至此，我们一共学习了三种方式来声明变量/常量。那么，到底该用哪种方式呢？

其实在 let 和 const 出现之后，有很多开发者就不再推荐使用 var 来定义变量了，而是使用 const 来定义常量，使用 let 来定义变量，这样代码的语义更加准确，也保证了只有声明后才能使用，更贴近人的正常逻辑。

在实际开发中，使用关键字定义变量有一个口诀："先使用 const，let 次之，不使用 var"。这个口诀简单直接，没有含糊不清的地方，如果采用这个口诀，至少可以保证团队代码风格的统一，提升团队的工作效率。

如果在定义变量时不确定其在后期使用时是否需要修改，就先使用 const 关键字定义变量，当在使用时发现需要更改该值时，可以再将声明该值的关键字更改为 let。

2.5 变量的命名规范

在编程过程中，变量和常量的命名虽然没有很高的技术含量，但其对于个人编码或团队开发来说是相当重要的。良好的书写规范可以让 JavaScript 代码更上一个台阶，也更有利于团队的再次开发和代码阅读。

如果随意命名，在小项目中可能看起来没有影响，但是在大型项目中，当多人协作进行代码维护时，弊端就会显现出来，将增加理解代码的时间，也增加代码维护的难度，很可能会造成很难发现的 bug。因此，变量的命名规范在日常开发中是至关重要的，在制定变量的名称时必须遵守"JavaScript 标识符命名规范"。所谓"标识符"，是指变量名、函数名、类名等。

JavaScript 标识符命名规范为：

- 区分大小写。
- 由字母、数字、下画线和美元符号组成，不能以数字开头。
- 不能和关键字及保留字同名。

根据"JavaScript 标识符命名规范"，下面的变量命名都是合法的：

```
var leftPosition;
var pos_2;
var number_1;
var $o0_0o$;
var _;
```

一定要记住，变量名中能够含有的符号只能是下画线_和美元符号$，其他符号都是非法的。变量名中可以只有一个符号，比如，在上面最后一个例子中，"_"单独作为一个变量名，它没有违反"JavaScript 标识符命名规范"，是合法的。

下面的变量命名都是非法的：

```
var 2008Olymp icGame;      // 命名非法，变量不能以数字开头
var b@3;                   // 命名非法，变量中不能有除了_和$的符号
var year-2021-people;      // 命名非法，变量中不能有除了_和$的符号
var my#book                // 命名非法，变量中不能有除了_和$的符号
```

"JavaScript 标识符命名规范"中不允许变量的名字与关键字及保留字同名。所谓"关键字"，前文已经讲解过，如 var，其在 JavaScript 内部本来就具有特殊功能。所谓"保留字"，是指当前 JavaScript 版本还没有将它们设置为关键字，但是在可预见的将来，JavaScript 可能会发展相关功能，它们有机会成为关键字，因此现阶段它们被保留。JavaScript 中的常见关键字和保留字如表 2-1 所示。

表 2-1　JavaScript 中的常见关键字和保留字

关 键 字				
break	case	catch	continue	default
delete	do	debugger	else	finally
function	false	for	if	in
instanceof	new	null	return	switch
this	typeof	throw	true	try
var	void	with	while	const
class	export	extends	import	static
super	throw			
保 留 字				
abstract	boolean	byte	char	double
enum	final	float	goto	interface
int	implements	long	native	package
protected	private	public	synchronized	short
transient	volatile			

其实在编程中，不仅要保证变量命名合法，而且变量命名必须清晰、简明，做到"见名知意"。试想，如果代码中的变量都用 a、b、c 等简单字母表示，那么其他程序员看代码时就不能马上知晓这个变量的真实含义。如果变量名是"chinaGoldMedalsNumber"呢？那么其他程序员会立即猜到它表示的含义"中国金牌数"——这就是"见名知意"，尽管它有点长。

仔细看变量"chinaGoldMedalsNumber"的构成，大写字母"G"、"M"和"N"清晰地表示了组成它的单词的边界，使人一目了然地看出它是由 china、Gold、Medals 和 Number 四个单词组成的。下面介绍常用的四种变量命名法。

1. 驼峰命名法

当一个变量名由多个单词构成时，通常使用驼峰命名法来定义。使用驼峰命名法命名变量时，第一个单词的首字母小写，其余每个单词的首字母都大写，单词构成没有下画线。驼峰命名法是前端开发工程师经常使用的命名方式，比如：

```
var userName = "小明";        // 用户名
var englishTestScore = 95;    // 英语考试分数
var maxHeight = 183;          // 最大高度
```

2. 匈牙利命名法

匈牙利命名法是微软公司主导设计并推广的命名法，主要原则如下：

（1）在名称前面添加一个或多个小写的前缀，用来传达一定的信息，比如，g 表示全局成员，c 表示常量等。

（2）前缀之后是首字母大写的一个或多个单词的组合，用来说明成员的作用。

比如：

```
var gPosition;                        // 全局的位置
var cWelcome;                         // 常量欢迎词
```

匈牙利命名法被程序员广泛使用，但它主要适用的是强类型编程语言，JavaScript 开发者使用较少。

3．帕斯卡命名法

帕斯卡命名法与驼峰命名法基本是一样的，只是第一个单词的首字母需要大写。比如：

```
var UserName = "小明";                // 用户名
var EnglishTestScore = 95;            // 英语考试分数
var MaxHeight = 183;                  // 最大高度
```

帕斯卡命名法和驼峰命名法在实际开发中的使用很常见，应掌握。

4．下画线命名法

当一个变量名由多个单词构成时，单词间用下画线进行分割。这种命名法一般在后端比较常见，前端使用较少，当然这只是一个约定俗成的方法。比如：

```
var user_name = "小明";               // 用户名
var english_test_score = 95;          // 英语考试分数
var max_height = 183;                 // 最大高度
```

使用下画线命名法比使用驼峰命名法更容易让人看清构成的单词边界，但是如果变量很多，则代码会充斥大量下画线 "_"，使代码的观感偏松散，因此它的使用程度不如驼峰命名法。

需要注意的是，短横线 "-" 不能参与变量命名，不应将其与下画线 "_" 混淆。

2.6　案例：如何交换两个变量的值

需求：将下面代码中变量 num1 的值和变量 num2 的值交换，变量 num1 的值变为 200，变量 num2 的值变为 100。代码如下：

```
var num1 = 100;
var num2 = 200;
console.log(num1, num2);
```

交换两个变量的值通常有以下两种方法。

1．借助第三方变量实现

借助第三方变量是交换变量的巧妙方法，也是基本的交换变量的方法，通过一个新变量作为中转站，从而实现变量的交换。使用该方法实现上述需求的代码如下：

```
var num1 = 100;
var num2 = 200;
var temp;

// 将 num1 的值赋给 temp
temp = num1;
console.log("num1 的值为" + num1);                    // num1 的值为 100

// 将 num2 的值赋给 num1
num1 = num2;
// 将 num2 的值赋给 num1，此时 num1 的值为 200
console.log("将 num2 的值赋给 num1，此时 num1 的值为" + num1);
```

```
// 将 temp 的值赋给 num2
num2 = temp;
console.log("将 temp 的值赋给 num2，此时 num2 的值为" + num2); // 将 temp 的值赋给 num2，此时 num2 的
值为 100
console.log(num1, num2);                              // 200 100
```

我们可以把代码中的变量 num1 比作一杯水，变量 num2 比作一杯可乐，现在想把水和可乐互换。通常情况下，我们会找一个空杯子，先将水倒入空杯子中，再将可乐倒入原来装水的杯子中，最后将水倒入原来装可乐的杯子中，这样水和可乐就完成了互换。这里用到的空杯子就是第三方变量。因此，交换变量 num1 和变量 num2 的值时，我们可以声明一个第三方变量 temp 来作为中转站。

根据这个思路，回到本题，解题的具体操作分为三步。

（1）初始情况如图 2-6 所示，先将变量 num1 的值临时存储到变量 temp 中，如图 2-7 所示。

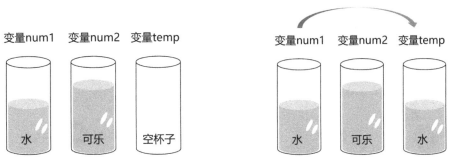

图 2-6　初始情况　　　　　　　　图 2-7　将变量 num1 的值临时存储到变量 temp 中

（2）将变量 num2 的值赋给变量 num1，如图 2-8 所示。

（3）将变量 temp 中的值取出来并赋给变量 num2，如图 2-9 所示。

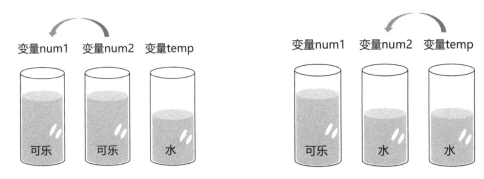

图 2-8　将变量 num2 的值赋给变量 num1　　　　图 2-9　将变量 temp 中的值取出来并赋给变量 num2

需要注意的是，当 temp=num1，即将变量 num1 的值赋给变量 temp 的时候，变量 num1 的值仍然存在。

2．求和实现

如果不借助第三方变量实现，那么可以通过数学原理完成变量值的互换。我们首先来看一下代码：

```
var num1 = 3;
var num2 = 4;
num1 = num1 + num2;              // 赋值后 num1 的值为 7
num2 = num1 - num2;              // 赋值后 num2 的值为 3
num1 = num1 - num2;              // 赋值后 num1 的值为 4
console.log(num1, num2);         // 4 3
```

先通过"num1 = num1 + num2"将变量 num1 的值变为 7，变量 num1 的原本值 3 已经被覆盖；num1 此时的值 7 是两个数字相加的结果，变量 num2 的值依旧是 4；再通过"num2 = num1 - num2"的方式获得

值 3，并将其赋值给变量 num2，实现将变量 num1 的值换给变量 num2；最后通过"num1 = num1 - num2"语句获得值 4 并赋值给变量 num1。

上面的描述可能有一些晦涩难懂，我们可以把变量 num1 的值比作红球，将变量 num2 的值比作蓝球，如图 2-10 所示。这种方式其实就是把蓝球倒入装红球的杯子中，此时原来装蓝球的杯子是空的，如图 2-11 所示。再将原本装红球的杯子中的红球挑出来放进原本装蓝球的杯子中，此时红球和蓝球就完成了互换，也就是变量 num1 和变量 num2 的互换，如图 2-12 所示。最终红球和蓝球完成了互换，如图 2-13 所示。

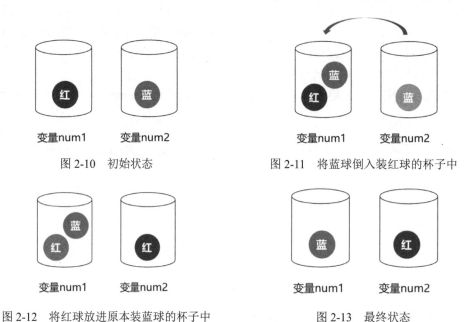

图 2-10　初始状态　　　　　　　　图 2-11　将蓝球倒入装红球的杯子中

图 2-12　将红球放进原本装蓝球的杯子中　　　　图 2-13　最终状态

这种方式是一种非常巧妙的数学原理，虽然很不容易想到，但是通过这种解法使我们认识到了"算法"的重要性。所谓"算法"，就是解决问题的思路和方法，是"指挥计算机做事"的策略。学习编程不仅要学习 API，而且要注重算法的培养。

2.7　本章小结

本章主要对 ES5 和 ES6 中三个定义变量的关键字进行了讲解。前三节分别讲解了变量和常量的使用方法和特点，在实际开发中需要根据使用场景对变量进行定义，只有对这三个关键字非常熟悉，才能准确地使用变量，所以掌握前三节的知识对开发者来说是非常重要的。命名习惯是决定代码质量的关键，2.5 节介绍了四种命名法，驼峰命名法是前端开发工程师常用的方法，但开发者在实际开发中还需根据各个团队的开发习惯来使用。

在 JavaScript 中，变量是最基础的部分，但是却非常重要。熟练掌握变量会对后续的学习有非常重要的帮助，也会在开发中避免一些 bug，减少工作量。

第3章

基本数据类型

本章学习 JavaScript 的基本数据类型。JavaScript 是动态类型编程语言，这意味着编程时无须指定变量类型，JavaScript 引擎会自动识别数据类型。注意：JavaScript 是动态类型，并不意味它没有类型。

在 JavaScript 中，数据类型主要分为两大类：基本数据类型（简单数据类型）和对象数据类型（复杂数据类型）。

ES5 的基本数据类型有五种：Number、String、Boolean、Undefined 和 Null。随着 ECMAScript 的版本迭代，已经逐渐弥补了 ES5 的缺陷，新增了两个基本数据类型。在 ES 2015 中新增了基本数据类型 Symbol，在 ES 2020 中新增了基本数据类型 BigInt。也就是说，现在基本数据类型一共有七种：Number、String、Boolean、Undefined、Null、Symbol 和 BigInt。

复杂数据类型也被称作 Object 对象，包含数组、函数和对象。本章只对基本数据类型进行详细讲解，复杂数据类型在后续章节中会详细讲解。

本章学习内容如下：

- typeof 关键字
- ES5 的七种基本数据类型
- 显式类型转换
- 隐式类型转换

3.1 使用 typeof 检测数据类型

尽管变量在声明时不需要定义变量类型，但变量中存储的数据是有特定类型的。在开发过程中，某些时候还是需要获得变量的数据类型的，此时就可以通过一定的方式来判断变量当前存储数据的类型。下面将为读者介绍一种检测数据类型的运算符。

JavaScript 提供了一个 typeof 关键字，用来检测任意变量的数据类型，比如：

```
console.log(typeof 666);               // number
console.log(typeof "atguigu");         // string
```

先使用 typeof 关键字检测值 666 的类型，控制台输出结果为 "number"。number 的原意是 "数字"，因此值 666 的类型为数字类型或数值类型（Number 类型）。

然后使用 typeof 关键字检测值 atguigu 的类型，控制台输出结果为 "string"。string 的原意是 "线、弦、串"，因此值 atguigu 的类型为字符串类型（String 类型）。

其实，使用 typeof 关键字检测数据类型一共有七种返回值，如表 3-1 所示。需要注意的是，返回的都是数据类型名的小写字符串形式，在后续章节会对数据类型进行分别讲解，这里我们只需清楚使用 typeof 关键字检测数据类型会返回这七种类型即可。

表 3-1　使用 typeof 关键字检测数据类型的返回值

x	typeof x
undefined	undefined
true 或 false	boolean
任意字符串	string
任意数字或 NaN	number
任意函数	function
任意对象（非函数）或 null	object
任意 Symbol 类型的值	symbol

我们也可以使用关键字 typeof 检测变量的数据类型，比如：

```
const a = 666;
const b = "atguigu";
console.log(typeof a);                    // number
console.log(typeof b);                    // string
```

从运行结果可见，将何种类型的值赋给变量，变量就成为何种类型的值。

需要注意的是，JavaScript 在这里又和大家开了一个玩笑：一些值用关键字 typeof 检测出的结果是比较怪异的，如 null，我们习惯上认为它属于 null 类型，但若用关键字 typeof 检测，结果是 object，不符合预期。

3.2　Number 类型

3.2.1　认识 Number 类型

JavaScript 规定：任何数字都是 Number 类型，无论它是整数还是小数，是正数还是负数，是较大数还是较小数。这个规定很重要，因为其他的编程语言，如 Java、C++等，它们将数字分为多种类型，比如，整数被称为 integer，小数被称为 float 等。记住：在 JavaScript 中，所有的数字只有一种类型，即 Number 类型。

书写下面的代码进行验证：

```
console.log(typeof 123);                  // number
console.log(typeof 12.3);                 // number
console.log(typeof 1234567890);           // number
console.log(typeof 0.000001);             // number
console.log(typeof -987654321);           // number
```

在这段代码中，我们用关键字 typeof 分别测试了数字的各种情况，包括整数、小数、较大数、较小数及负数，返回结果均为 number。

3.2.2　Infinity 和-Infinity

Infinity 在 JavaScript 中是一个特殊数字，它的英文原意为"无穷大"，与数学中的 Infinity 的概念非常相似，用于表示我们无法理解的数字或无法表达的数字。当某个数字的值超过 2^{1024} 时就会变为 Infinity。简单地说，所有大于 2^{1024} 的数字，在 JavaScript 中都被称作 Infinity。

像"5e8800"（5 乘以 10 的 8800 次方）这样的数字在 JavaScript 中就被认为是无穷大。比如：

```
console.log(5e8800);                      // Infinity
```

在控制台对"5e8800"进行输出，输出结果为 Infinity。

其实，JavaScript 在不同浏览器中能够处理的数字范围并不相同，这不必深究，只需要记住，当某个数字过大时，它将变为 Infinity。

读者可能会疑惑，在数学中将过大的数字称为正无穷，过小的数字称为负无穷，那 JavaScript 对过小的数字是怎样定义的呢？JavaScript 的做法与数学相似，它将过小的数字定义为-Infinity，比如：

```
console.log(-5e8800);                    // -Infinity
```

Infinity 本质上是一个数字类型的值，是一个数值，也就是 Number 类型。书写测试代码：

```
console.log(typeof Infinity);            // number
console.log(typeof -Infinity);           // number
```

从运行结果得知，Infinity 无论正负，其都是 Number 类型的值。这里需要注意的是，Infinity 不要加引号，否则它就变为字符串了。

3.2.3　多种进制

JavaScript 中的数字默认为十进制，实际上我们也可以使用二进制、八进制、十六进制数字。不熟悉进制相关知识的读者也不用担心，因为前端开发中基本不会涉及非十进制数字。

1．二进制

二进制数字"逢二进一"，构成数字只能为 0 和 1。表 3-2 列举了一些二进制数字和十进制数字的对应关系，当然如果读者了解"位权"相关知识，可以进行口算。

表 3-2　一些二进制数字和十进制数字的对应关系

二进制数字	十进制数字
0	0
1	1
10	2
11	3
100	4
101	5
110	6
……	……
1111	15

在 JavaScript 中，如果要使用二进制数字，则要以 0b 开头书写。比如，0b110 等价于十进制数字中的 6。比如：

```
console.log(0b1);                        // 1
console.log(0b110);                      // 6
console.log(0b1111);                     // 15
```

可见，当在控制台输出二进制数字时，会自动显示它对应的十进制数字。

2．八进制

八进制数字"逢八进一"，构成数字只能为 0、1……7。表 3-3 列举了一些八进制数字和十进制数字的对应关系。

表 3-3　一些八进制数字和十进制数字的对应关系

八进制数字	十进制数字
0	0
1	1

续表

八进制数字	十进制数字
2	2
3	3
……	……
7	7
10	8
11	9
……	……
17	15

在 JavaScript 中，如果要使用八进制数字，则要以数字 0 开头书写。比如，017 等价于十进制数字中的 15。比如：

```
console.log(01);              // 1
console.log(011);             // 9
console.log(017);             // 15
```

代码运行后，控制台会输出每个八进制数字对应的十进制数字。

需要注意的是，如果开启了严格模式，是不允许使用八进制方式表示数字的。比如，运行以下代码：

```
"use strict";
console.log(011);
```

运行这段代码，控制台会报错，报错信息为 Uncaught SyntaxError: Octal literals are not allowed in strict mode（严格模式下不允许使用八进制数字）。

3．十六进制

十六进制数字"逢十六进一"，构成数字只能为 0、1……9、a、b、c、d、e、f。表 3-4 列举了一些十六进制数字和十进制数字的对应关系。

表 3-4　一些十六进制数字和十进制数字的对应关系

十六进制数字	十进制数字
0	0
1	1
2	2
3	3
……	……
9	9
a	10
b	11
……	……
f	15

在 JavaScript 中，如果要使用十六进制数字，则要以 0x 开头书写。比如，0xb 等价于十进制数字中的 11。比如：

```
console.log(0xb);            // 11
console.log(0xf);            // 15
console.log(0xff);          // 255
```

代码运行后，控制台会输出每个十六进制数字对应的十进制数字。

3.2.4　特殊数值 NaN

NaN 也是 JavaScript 中的一个特殊数值，是英文"Not a Number"的缩写，原意为"不是一个数"。有趣的是，虽然 NaN 表示"不是一个数"，但它本身是 Number 类型：

```
console.log(typeof NaN);            // number
```

运行代码后，控制台输出 number，这证明了 NaN 是 Number 类型。需要注意的是，在这行代码中，不要给 NaN 加双引号，因为它本身就是一个值，如果加了双引号，它就会变为字符串类型，将完全改变 NaN 的意义。

NaN 会在什么时候出现呢？JavaScript 规定：算术运算如果难以产生普通数值结果，那么结果为 NaN。比如：

```
console.log("atguigu" / 3);        // NaN
console.log("atguigu" * 3);        // NaN
console.log(NaN + 3);              // NaN
```

上面代码的运行结果都是 NaN。由于进行算术运算需要产生一个数值，但此时又没有一个对应的正常数值，因此只能返回 NaN，用来表达不是一个正常数值的 Number 类型值。实际上，有经验的程序员在进行可能产生 NaN 的运算时（比如接收用户输入进行运算），会严格校验参与运算的数据的类型，从而不产生 NaN。

NaN 的特殊性不止于此，它还有非常特殊的一点：NaN 不自等。在这里我们不做演示，将在 4.5 节对该性质进行验证。

3.3　String 类型

3.3.1　认识 String 类型

字符串由零个或多个字符组成。字符包括字母、数字、标点符号和空格，将字符包含在单引号或双引号内就是字符串。比如：

```
console.log(typeof 'abc');          // string
console.log(typeof '尚硅谷');        // string
console.log(typeof "尚硅谷");        // string
console.log(typeof "1234");         // string
```

这段代码用关键字 typeof 检测了四个字符串的类型值，前两个字符串用单引号包裹，后两个字符串用双引号包裹。需要特别讲解的是第四行代码，"1234"看上去是数字，但因为它嵌套了双引号，变为字符串，所以使用关键字 typeof 检测返回的结果是"string"。

当把字符串赋值给某个变量时，在后续使用时需要注意，使用变量时不加引号，因为变量里存储的是字符串，变量无论是被定义还是被使用，它依旧是变量，所以不必加引号。比如：

```
const str = "atguigu";
console.log(typeof str);            // string
```

在这段代码中，我们给变量命名为 str，它是 string 的词头，是程序员对临时字符串的习惯命名。使用关键字 typeof 判断变量 str，因为 str 是变量，所以没有加引号。

代码运行后，输出结果"string"。

在 JavaScript 中用引号包含时需要注意：如果字符串中包含了单引号，则字符串使用双引号包裹；如果字符串中包含了双引号，则字符串使用单引号包裹。比如：

```
document.getElementById("name").innerHTML='<font color="blue">你好</font>';
```

这里不需要理解这行代码的功能，但要知道如果一行代码出现多对引号，则需要内外交叉使用引号，内双外单或外双内单。

在实际开发中，无论是使用单引号，还是使用双引号，建议应保持一致，一些公司会限制程序员统一使用某种引号。

使用字符串的 length 属性可以读取字符串的长度。字符串可以调用 length 属性，length 的英文原意是"长度"，该属性为只读属性。比如：

```
const str = "atguigu";
console.log(str.length);                        // 7
```

这段代码通过变量 str 调用 length 属性，也就是读取字符串"atguigu"的长度，故输出结果为 7。

3.3.2　模板字符串

ES6（ES 2015）为 JavaScript 引入了许多新特性，其中与字符串处理相关的一个新特性——模板字符串，提供了多行字符串、字符串模板的功能。模板字符串的基本使用方法很简单，但大多数开发者只把它当成字符串拼接的语法糖（编程语言中可以更容易地表达一个操作的语法）来使用，实际上它的功能比这要强大得多。

在 ES6 之前的 JavaScript，字符串作为基本类型，其在代码中的表示方法只是将字符串用引号（单引号 ' 或 双引号 "）包裹起来，ES6 中的模板字符串（以下简称 ES6 模板）则使用反引号（`）包裹作为字符串表示法。两个反引号之间的常规字符串保持原样，比如：

```
// ES5 中的字符串写法
console.log("atguigu");                      // atguigu
console.log("尚硅谷，让天下没有难学的技术");      // 尚硅谷，让天下没有难学的技术

// ES6 中的模板字符串写法
console.log(`atguigu`);                      // atguigu
console.log(`尚硅谷，让天下没有难学的技术`);      // 尚硅谷，让天下没有难学的技术
```

上面的代码使用模板字符串实现了 ES5 中的字符串的功能。其实模板字符串在两种情况下使用更方便：一种是字符串内部有换行的情况，另一种是字符串中有动态的变量值，下面将依次进行讲解。

对于 JavaScript 来说，换行符也是一个字符。在 ES5 的字符串内部是无法直接换行的，而模板字符串支持多行字符，比如：

```
console.log(`尚硅谷学科:
             *前端
             *Java
             *大数据
             *UI`);
```

运行代码后，控制台输出结果如图 3-1 所示。

```
尚硅谷学科:
*前端
*Java
*大数据
*UI
```

图 3-1　控制台输出结果

当字符串中有动态的变量时，使用模板字符串更直观方便，只需在两个反引号之间以${expression}格式包含任意 JavaScript 表达式，该 expression 表达式的值会转换为字符串，与表达式前后的字符串拼接。比如：

```
const user = {
  name: "小邓",
  age: 18,
};
const action = "dance";                     // 模板字符串内嵌变量
function fn() {
  console.log("fn()函数被调用啦");
}
let a = `User ${user.name} is not authorized to do ${action}.`;
// 大括号内部可以放入任意的 JavaScript 表达式，可以进行运算，以及引用对象属性
let b = `foo ${fn()} bar`;
```

总结一下，模板字符串具有以下五个特点：

- 模板字符串是增强版的字符串，用反引号（`）标识。也就是说，在使用模板字符串的时候，必须用
  "``"包裹，适合用来定义多行字符串。
- 模板字符串可以当作普通字符串使用，也可以用来定义多行字符串，或者在字符串中嵌入变量。
- 在模板字符串嵌入变量时，需要将变量名写在 "${...}" 之中，在执行时会立即在线解析求值。
- 大括号内部可以放入任意的 JavaScript 表达式，可以进行运算，以及引用对象属性。
- 如果在模板字符串中需要使用反引号，则要在其前面使用反斜杠转义。

3.3.3　特殊字符

在字符串中可以使用特殊字符表示特殊文本，如表 3-5 所示。

表 3-5　字符串中的特殊字符

特　殊　字　符	意　　义
\'	单引号
\"	双引号
\\	反斜杠
\r 或 \n	换行
\t	Tab 缩进

这些特殊符号有什么作用呢？我们来看一个例子。比如，定义一个字符串 "abcdefghi"，其中 "def" 三个字母要用引号括起来。上一节已经说过，字符串可以相互嵌套，但是同种引号嵌套是不允许的，简单地说，不能单引号嵌套单引号或双引号嵌套双引号。那么要怎么实现这个需求呢？

这时特殊字符就派上用场了，在单引号前添加反斜杠\消除歧义即可：

```
const str = "abc\'def\'ghi";
console.log(str);                           // abc'def'ghi
```

加上反斜杠之后，引号被转义，输出 abc'def'ghi。这就是特殊字符的含义。

再看一个例子。若想在字符串中实现换行，那么要使用 "\r" 或 "\n"，具体使用哪个，根据浏览器和操作系统决定。解决方法就是同时书写 "\r\n"，比如：

```
const poem =
  "孤山寺北贾亭西，水面初平云脚低。\r\n 几处早莺争暖树，谁家新燕啄春泥。\r\n 乱花渐欲迷人眼，浅草才能没马蹄。\r\n 最爱湖东行不足，绿杨阴里白沙堤。";
console.log(poem);
```

在字符串中书写 "\r\n" 表示换行，运行结果如图 3-2 所示。

需要特别说明的是，使用单引号或双引号包裹的字符串中是绝对不允许出现真正的换行的，如果想在浏览器中显示换行效果，则可以在字符串中加上转义字符，或者使用模板字符串。

图 3-2　运行结果

3.4　Boolean 类型

JavaScript 中的 Boolean 类型只有两个值：true 和 false，分别表示"真"和"假"。Boolean 类型得名于 19 世纪英国数学家乔治·布尔，他是符号逻辑学的开创者。

书写下面的代码进行验证：

```
const a = true;
const b = false;
console.log(typeof a);          // boolean
console.log(typeof b);          // boolean
```

这段代码先将布尔值 true 和 false 分别存入变量 a 和变量 b 中，然后使用关键字 typeof 进行类型检测，输出结果都是"boolean"。需要注意，布尔值 true 和 false 是区分大小写的，因此不要书写为 True 和 False。

布尔值在实际开发中经常被使用，比如，关系运算的结果就是布尔值：

```
console.log(3 > 6);             // false
console.log(23 > 15);           // true
```

这段代码使用大于运算符比较两组数的大小，JavaScript 中的大于运算符和数学中的大于号是一个意思，都用来比较符号两边的数字。当表达式成立时，返回 true，反之返回 false。

3.5　Undefined 类型

在学习变量的相关知识时，我们知道一个变量如果只声明而没有赋值，则它的默认值是 undefined。

在 JavaScript 中，没有值的变量，其默认值是 undefined，类型也是 undefined。比如：

```
let und;
console.log(und);               // undefined
console.log(typeof und);        // undefined
```

在这段代码中，首先输出的是变量 und 的值，为 undefined；然后输出的是变量 und 的类型，为 undefined。本段代码只声明了变量，但是没有对它进行初始化。这段代码和下面的代码是等价的：

```
let und = undefined;
console.log(und);               // undefined
```

这段代码在初始化的时候将值设置为 undefined，但在日常开发中我们一般不这么做，因为未声明的变量的默认值就是 undefined。实际上我们可以在变量使用完成后，将变量赋值为 undefined 来清空变量数据。

```
let und;
und = "我是数据";
```

```
console.log(und);                    // 我是数据
und = undefined;
```

3.6　Null 类型

JavaScript 还有一个特殊值：null。null 的英文原意为"空、无效"。顾名思义，null 在 JavaScript 中表示"空、设为无效"。Null 类型属于基本数据类型，该类型只有一个值 null。比如：

```
const a = null;
console.log(a);                      // null
console.log(typeof a);               // object
```

在这段代码中，第一个输出的是变量 a 的值，为 null；第二个输出的是变量 a 的类型，为 object。

你可能有疑惑，在之前的基本数据类型案例中返回的不都是它的类型吗？为什么使用关键字 typeof 检测 null 会返回 object 呢？这被程序员认为是 JavaScript 一个不能修正的小 bug，它和 number、string、boolean 和 undefined 一样，属于基本类型值。但是一定要记住，使用关键字 typeof 检测 null 的结果是 object。

null 这个值的用法就是这样：一般不再需要某个对象、函数或事件监听时，就将它设置为 null 即可。常见的数学运算、关系运算、逻辑运算的计算结果不会产生 null；null 可能会在某些正则表达式的运算结果中产生，这些都将在后续章节介绍。

3.7　BigInt 类型

之前学习的数字在 JavaScript 中都被保存为 64 位的浮点数，这极大地限制了数值的范围。在一些场景中无法使用数值表达确切的数值，比如，当数值大于或等于 2^{1024} 时，这超出了 JavaScript 的表示范围，就会返回 Infinity。因此，ES 2020 引入了一种新的数据类型 BigInt（大整数）来解决这个问题。

BigInt 只用来表示整数，没有位数的限制，可以精确表示任何位数的整数。虽然 BigInt 表示的也是整数，但是为了将其与 Number 类型区分，BigInt 类型的数据必须添加后缀 n。自此 JavaScript 不再有六种数据类型，而是有七种数据类型。使用关键字 typeof 检测 BigInt 类型的值会返回 bigint。

```
// 大整数
const n1 = 123n;
console.log(n1, typeof n1);                  // 123n "bigint"

const n2 = 123;
console.log(n1 === n2);                      // false
```

也可以通过 BigInt() 函数将一般整数转换为大整数，比如：

```
// 将一般整数转换为大整数
const n3 = BigInt(n2);
console.log(n3, n3 === n1);                  // 123n true

// Number.MAX_SAFE_INTEGER 获取 Number 类型可以安全表示的最大整数
const max = Number.MAX_SAFE_INTEGER;
console.log(max);                            // 9007199254740991
console.log(max + 1);                        // 9007199254740992
console.log(max + 2);                        // 9007199254740992    不再变大，不再正确

console.log(BigInt(max));                     // 9007199254740991n
console.log(BigInt(max) + 1n);                // 9007199254740992n
```

```
console.log(BigInt(max) + 2n);           // 9007199254740993n    可以正确表示
```

3.8 显式类型转换

在实际编程中经常会涉及类型转换，比如，用户输入的字符串，我们要将它转换为 Number 类型才能参与后续运算。数据类型转换分为显式类型转换和隐式类型转换。显式类型转换是利用对应类型的转换函数进行类型转换的，本节将介绍显式类型转换的相关知识，隐式类型转换的相关知识将在 3.9 节进行介绍。

3.8.1 将其他类型值转换为 Number 类型

JavaScript 内置了一个 Number()函数，可以用它将其他类型值转换为 Number 类型。注意，Number()函数的首字母 N 是大写的，因为它实际是一个内置的构造函数。有关构造函数的相关知识将在后续章节介绍，这里只需要学会使用方法即可。

表 3-6 详细地列出了其他四种基本类型值使用 Number()函数转换为 Number 类型的情况。需要指出的是，表 3-6 中的内容非常值得总结规律后背诵、记忆，因为这不仅是面试易考点，也是实际工作中的常用知识。

表 3-6　其他四种基本类型值使用 Number()函数转换为 Number 类型的情况

从何种类型转换为 Number 类型	规　律	举　例
String 类型→Number 类型	纯数字字符串能转换为普通数字，非纯数字字符串将转换为 NaN，空字符串或空白字符串转换为 0	Number('123');　　　// 123 Number('123.4');　　// 123.4 Number('123 年');　　// NaN Number('2e3');　　　// 2000 Number('');　　　　　// 0 Number('-5');　　　　// -5 Number('-5abc');　　// NaN
Boolean 类型→Number 类型	true 转换为 1， false 转换为 0	Number(true);　　　// 1 Number(false);　　　// 0
Undefined 类型→Number 类型	undefined 转换为 NaN	Number(undefined);　// NaN
Null 类型→Number 类型	null 转换为 0	Number(null);　　　// 0

从表 3-6 可见，当 String 类型值转换为 Number 类型时，规律为"纯数字字符串能转换为普通数字，非纯数字字符串将转换为 NaN，空字符串或空白字符串转换为 0"。所谓"纯数字字符串"是指它看上去就是一个标准的数字写法，只不过此时被加上了引号，变成字符串而已。比如，"123.4"就是一个纯数字字符串，而"123 年"就不是纯数字字符串，因为多了一个"年"字。

当 Boolean 类型转换为 Number 类型时，规律为"true 转换为 1，false 转换为 0"。JavaScript 做这个规定也是非常好理解的：真值 true 表示存在，数字 1 也有这个含义；假值 false 表示不存在，数字 0 也有这个含义。

对比之下，Undefined 类型和 Null 类型转换为 Number 类型时的规则则十分简单，Undefined 类型会被 Number()函数转换为 NaN，Null 类型会被 Number()函数转换为 0。

3.8.2 将其他类型值转换为 String 类型

JavaScript 内置了一个 String()函数，它可以将其他类型值转为 String 类型。除了特殊情况，转化字符串只要有值，String()函数就会把这个值转换为字符串输出。

表 3-7 详细地列出了其他四种基本类型值使用 String()函数转为 String 类型的情况。同样地，表 3-7 中的内容也非常值得总结规律后背诵、记忆。

表 3-7　其他四种基本类型值使用 String()函数转换为 String 类型的情况

从何种类型转换为 String 类型	规　律	举　例
Number 类型→String 类型	变为"长得相同"的字符串。科学计数法和非十进制数会转换为十进制数	String(123);　　// '123' String(123.4);　　// '123.4' String(2e3);　　// '2000' String(NaN);　　// 'NaN' String(Infinity);　　// 'Infinity' String(0xf);　　// '15'
Boolean 类型→String 类型	变为"长得相同"的字符串	String(true);　　// 'true' String(false);　　// 'false'
Undefined 类型→String 类型		String(undefined);　　// 'undefined'
Null 类型→String 类型		String(null);　　// 'null'

从表 3-7 可见，任何基本类型值使用 String()函数转换为 String 类型时，都将变为"长得相同"的字符串，只需要记住"科学计数法和非十进制数会转换为十进制数"即可。

3.8.3　将其他类型值转换为 Boolean 类型

JavaScript 内置了一个 Boolean()函数，它可以将其他类型值转换为 Boolean 类型。

表 3-8 详细地列出了其他四种基本类型值使用 Boolean()函数转换为 Boolean 类型的情况。同样地，表 3-8 中的内容也非常值得总结规律后背诵、记忆。

表 3-8　其他四种基本类型值使用 Boolean()函数转换为 Boolean 类型的情况

从何种类型转换为 Boolean 类型	规　律	举　例
Number 类型→Boolean 类型	0 和 NaN 均转换为 false，其他数字都转换为 true	Boolean(123);　　// true Boolean(0);　　// false Boolean(NaN);　　// false Boolean(Infinity);　　// true Boolean(-Infinity);　　// true
String 类型→Boolean 类型	空字符串转换为 false，其他都转换为 true	Boolean('');　　// false Boolean('abc');　　// true Boolean('false');　　// true
Undefined 类型→Boolean 类型	转换为 false	Boolean(undefined);　　// false
Null 类型→Boolean 类型		Boolean(null);　　// false

表 3-8 中的内容清晰易懂，不再赘述，请读者自己练习。

3.9　隐式类型转换

3.8 节介绍了刻意、主动地将数据类型进行转换的方法。事实上，在 JavaScript 中进行数学计算时，其他类型值会自动被隐式转换为 Number 类型参与计算。这里只做简单介绍，在后面的章节中会涉及相关转换案例。

隐式类型转换的规则与显式类型转换的规则相同，只是在进行隐式类型转换时没有调用显式类型转换的方法。简单地说，隐式类型转换是在特定场合下，数据类型偷偷地发生了转换。

隐式类型转换主要发生在运算、比较及判等的过程中，比如：

```
console.log(1 * 1);              // 1
console.log(1 * "10");           // 10
console.log(1 * true);           // 1
console.log(1 * undefined);      // NaN
```

这段代码使用乘号运算符将数字 1 和不同类型的值进行相乘，虽然没有调用显式类型转换的方法，但却发生了隐式类型转换，先将字符串"10"转换为数字 10，将布尔值 true 转换为 1，将 undefined 转换为 NaN，然后和数字 1 进行运算。输出结果："1"、"10"、"1"和"NaN"。

3.10　手动类型转换

前面介绍了显式类型转换和隐式类型转换，其实这两种转换只是转换场景不同，本质上都遵守同一套规则。手动类型转换和这两种类型转换完全不同，它是从字符串中提取数字，当操作对象不是字符串类型时，先转换为字符串类型，再进行提取。

JavaScript 提供了 parseInt()和 parseFloat()两个方法来实现手动类型转换。parseInt()用来提取整数，parseFloat()用来提取浮点数（小数）。比如：

```
const str = "112.2.3wUYGSKJFAKads";
const result1 = parseInt(str);
const result2 = parseFloat(str);
console.log(result1);            // 112
console.log(result2);            // 112.2
```

这段代码使用 parseInt()和 parseFloat()分别提取变量 str 中的整数和浮点数。变量 str 是一个包含数字和字母的字符串，调用 parseInt()后从中提取出整数，故 result1 输出结果 112；调用 parseFloat()后从中提取出浮点数，故 result2 输出结果 112.2。

需要注意的是，字符串要求数字字符必须在字符串的前面，否则返回 NaN。

比如：

```
const str = "wUYGSKJFAKads1111";
const result1 = parseInt(str);
const result2 = parseFloat(str);
console.log(result1);            // NaN
console.log(result2);            // NaN
```

这段代码中变量 str 包含的数字字符在字符串的后面，因此均返回 NaN。

当要求数字字符必须在字符串的前面时，数字字符前面可以有任意多个空格字符。比如：

```
const str = "      112.2.3wUYGSKJFAKads";
const result1 = parseInt(str);
const result2 = parseFloat(str);
console.log(result1);            // 112
console.log(result2);            // 112.2
```

3.11　案例：小小加法计算器

请使用 JavaScript 做一个加法计算器：先让用户依次输入两个数字，然后显示这两个数字的和。

使用 prompt()函数可以接收用户输入的数字，本题的实现思路也就清晰了：首先调用两次 prompt()函数，分别接收用户输入的两个数字；然后计算它们的和；最后弹出对话框显示结果。

编写下面的代码：

```
const a = prompt("请输入第 1 个数字");
const b = prompt("请输入第 2 个数字");
const result = a + b;
alert(result);
```

这段代码看似没有问题，实际上有一个 bug。运行代码后，依次输入数字 1 和数字 2，正常情况下弹出的对话框中应显示数字 3，但结果是对话框中显示字符串 12，如图 3-3 所示。

图 3-3　代码出现了 bug

为什么对 1 和 2 求和会得出结果 12 呢？原因很简单：加号运算符不仅有相加的含义，当遇见字符串时，它也有拼接字符串的含义。那么，当用户输入的值被 JavaScript 认为是字符串类型时，加号运算符将 1 和 2 进行拼接，则输出 12。

此时，可以使用显式类型转换的方法将数据类型进行转换，将字符串转换为数字。使用 Number()函数可以将字符串转换为数字，将上述代码改为：

```
const a = Number(prompt("请输入第 1 个数字"));
const b = Number(prompt("请输入第 2 个数字"));
const result = a + b;
alert(result);
```

这段代码就是正确的。运行代码，依次输入数字 6 和数字 9，此时弹出的对话框显示数字 15，代码运行成功，如图 3-4 所示。

图 3-4　代码运行成功

这个案例虽然简单，但是展示了计算机编程的基本模式：先获取用户输入的参数，然后计算机进行计算处理，最后向用户展示结果，如图 3-5 所示。

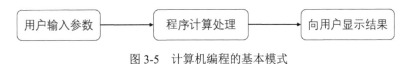

图 3-5　计算机编程的基本模式

需要注意的是，初学者可能将代码写成这样：

```
const a = prompt("请输入第 1 个数字");
const b = prompt("请输入第 2 个数字");
const result = Number(a + b);
alert(result);
```

这段代码将两条 Number()语句合并在了一起，这是错误的。因为语句 Number(a+b)会先计算 a+b 的值，此时是两个字符串相加，比如，输入数字 1 和数字 2 将得到字符串 "12"。再进行 Number()转换，也就是将字符串 "12" 变为数字 12。

因此书写代码的时候要非常清楚代码会如何执行，避免类似的错误。

但是将上述代码改为下面这样是正确的：

```
const a = prompt("请输入第 1 个数字");
const b = prompt("请输入第 2 个数字");
const result = Number(a) + Number(b);
alert(result);
```

只要确保在求和运算之前将两个字符串变为数字，那么代码都是正确的。

上面是使用显式类型转换的方式来处理该需求的。实际上我们还可以使用另一种更巧妙的方式来处理，那就是使用隐式类型转换方式。通过上面的学习可以得知：数字 1 和任何类型的值相乘都会将该值转换为数字类型，那么就可以写出下列代码：

```
const a = prompt("请输入第 1 个数字")*1;
const b = prompt("请输入第 2 个数字")*1;
const result = a + b;
alert(result);
```

这段代码巧妙地确保了在求和运算之前将字符串变为数字，因此运行代码后输出的结果依旧是正确的。

3.12　本章小结

本章主要介绍了 ES5 中的五种基本数据类型和 ES 2020 新增的 BigInt 类型，以及类型转换的多种情况。JavaScript 是动态类型编程语言，在编程时无须指定变量类型。但作为开发人员需要清楚定义变量的类型，这样在编写后续代码时才可以避免出现很多 bug。类型转换不仅在面试中非常常见，在实际开发中也经常使用，对于类型转换的规则，读者应熟练掌握。

第4章

运算符和表达式

前面的章节对运算符进行了简单讲解，本章将详细讲解 JavaScript 中的运算符和表达式。

运算符是进行运算的符号，比如，加法的符号是"+"，减法的符号是"-"等。运算符一般用在表达式中，简单地说，运算符就是参与运算的符号。JavaScript 中的运算符分为算术运算符、赋值运算符、比较运算符、逻辑运算符、条件运算符等，这几类运算符都是按照功能进行分类的。

运算符的分类还有另外一种方式，就是可以按照操作数（参与运算的数据）的个数进行分类，可分为：一元运算符（一目运算符）、二元运算符（二目运算符）和三元运算符（三目运算符）。一元运算符只有一个操作数，如递增（++）和递减（--）；二元运算符有两个操作数，如除号（/）和取余（%）；三元运算符有三个参数。本书是按照运算符的功能进行详细讲解的。

表达式可以是一个变量或数据，也可以是变量或数据与运算符的组合。JavaScript 解释器会计算表达式的结果并返回这个结果值。简单地说，一个表达式总会返回一个数据，任何需要数据的地方都可以使用表达式。下面三种情况都是表达式：

```
// 数据
3
// 变量
a
// 变量或数据与运算符的组合
--a
a + 3
```

本章学习内容如下：

- 算术运算符
- 赋值运算符
- 比较运算符
- 逻辑运算符
- 条件运算符
- 运算符优先级

4.1 算术运算符

算术运算符实现数学运算，表 4-1 列出了 JavaScript 中的算术运算符。

表 4-1　JavaScript 中的算术运算符

运　算　符	含　　义
+	加
-	减
★	乘
/	除
%	取余

　　加、减、乘、除是最简单的算术运算，加号运算符和减号运算符分别为加号"+"和减号"-"，它们和数学上的写法完全相同；但是乘法运算符为星号"★"，除法运算符为斜杠"/"，它们和数学上的写法不同。

4.1.1　加、减法运算符

　　加法运算符"+"用于求两个数的和，减法运算符"-"用于求两个数的差，比如：

```
console.log(3 + 4);              // 7
console.log(3 + 6 + 1);         // 10
console.log(3 - 1);             // 2
```

　　加法运算符"+"是一个比较特殊的操作符，可以用于任何数据类型。当加法运算符"+"出现在数值左边时，它代表正号，是一元运算符。减法运算符"-"与加法运算符"+"十分相似，当它出现在数值左边时，代表负号，是一元运算符。比如：

```
console.log(+6);                // 6
console.log(-1);                // -1
```

　　当加法运算符"+"的两边都有值时，它就是二元运算符，除了有求和的作用，还可能作为连接符进行字符串拼接。比如：

```
console.log(3 + "分球");         // 3 分球
console.log("我爱" + "尚硅谷");   // 我爱尚硅谷
```

　　从这段代码可以发现，只要加法运算符"+"的一侧出现字符串类型的值，它就会将两侧的值进行拼接，否则就是求和运算。

4.1.2　乘、除法运算符

　　乘法运算符和除法运算符与数学上的写法完全不同，在 JavaScript 中，星号"★"代指乘法运算符，斜杠"/"代指除法运算符。乘法运算符"★"用于求两个数的乘积，除法运算符"/"执行第二个操作数除第一个操作数的操作，比如：

```
console.log(10 * 10);           // 100
console.log(100 / 10);          // 10
```

　　表达式"10★10"表示计算 10 乘以 10 的乘积，计算结果为 100；表达式"100/10"表示 100 除以 10，计算结果为 10。

　　乘、除法运算符在处理一些特殊值的时候会有特殊行为。比如：非 0 数字除以 0 的运算结果是 Infinity 或-Infinity，0 除以 0 的运算结果是 NaN，任一操作数为 NaN 的运算结果为 NaN。代码如下：

```
console.log(8 / 0);             // Infinity
console.log(0 / 0);            // NaN
console.log(NaN / 11);        // NaN
console.log(11 / NaN);        // NaN
```

　　特殊值的判等仅在面试题中出现，在实际开发中出现的概率不大，读者只需要记住上述规律即可。

4.1.3　取余运算符

取余运算符用百分号"%"表示，用于得到一个数除以另一个数的余数，如果能够整除，则余数为 0。取余运算符"%"是二元运算符。比如：

```
console.log(16 % 3);          // 1
console.log(25 % 7);          // 4
console.log(9 % 3);           // 0
```

表达式"16％3"表示计算 16 除以 3 的余数。16 除以 3 的结果是"商 5 余 1"，注意，取余运算符"%"计算的不是"商"，而是"余数"，因此表达式"16％3"的结果是 1；同理，表达式"25％7"表示计算 25 除以 7 的余数，因此结果是 4；表达式"9％3"表示计算 9 除以 3 的余数，由于 9 能被 3 整除，因此结果是 0。

取余运算符在实际开发中非常常见，比如，可以判断一个数能否被另一个数整除，可以求出一个数每位上的数字，可以求某个范围内的数等，在后续章节会讲解相关案例。

4.1.4　案例：计算一个三位数各个数位上的数字的总和

1．案例描述

使用 JavaScript 编程实现：用户输入一个三位数，计算各个数位上的数字的总和。比如，如果用户输入数字 316，则显示结果 10。因为 316 的各个数位上的数字 3、1、6 相加等于 10。

2．算法

这个案例的难点是如何拆解一个三位数，即如何提取这个三位数的百位数、十位数和个位数。

JavaScript 中没有函数可以直接拆解一个三位数，必须用一些巧妙的数学方法解决问题，这就叫算法。在编程中，使用 API 往往很容易，但是提出一个好的算法是较难的。

下面来看这个案例的算法。

个位数非常容易获取，只需要计算 316％10 即可，结果是 6，如图 4-1 所示。

$$316 \xrightarrow{\text{与10相除的余数}} 6$$

图 4-1　获取个位数

十位数如何获取呢？即如何从 316 中得到 1 呢？稍加思考，我们就能想到一个"曲线救国"的路线：先用 316 除以 10 得到 31.6，然后取整得到 31，再计算 31％10 得到 1，如图 4-2 所示。

$$316 \xrightarrow{\text{除以10}} 31.6 \xrightarrow{\text{取整}} 31 \xrightarrow{\text{与10相除的余数}} 1$$

图 4-2　获取十位数

百位数如何获取呢？即对于 316 来说，如何得到 3 呢？可以先用 316 除以 100 得到 3.16，然后取整就能得到 3 了，如图 4-3 所示。

$$316 \xrightarrow{\text{除以100}} 3.16 \xrightarrow{\text{取整}} 3$$

图 4-3　获取百位数

至此，已经非常顺利地获取了所有数字。可见，获取每个数字的方法各有不同，需要使用求余、取整等操作。若想快速想到这样的算法，是需要通过多写代码来不断积累的。在工作中，评判一个工程师的技术如何，很重要的一个标准就是看其算法能力是不是强。同学们一定要注意培养算法能力，而算法能力绝不是一朝一夕就培养出来的，需要动手写大量代码，慢慢感悟，举一反三。

3．案例代码

综合讲解的算法知识，相信你已经对该代码的逻辑了然于心：

```javascript
// 1. 输入数字
const a = Number(prompt("请输入三位数"));

// 2. 拆分每个数位
const gewei = a % 10;
const shiwei = parseInt(a / 10) % 10;
const baiwei = parseInt(a / 100);

// 3. 计算总和
const sum = gewei + shiwei + baiwei;

// 4. 输出
alert("各个数位上的数字之和是" + sum);
```

运行代码，在弹出的输入对话框中输入 925，如图 4-4 所示。

图 4-4　输入三位数

单击"确定"按钮之后弹出警告框显示结果是 16，这正是 925 各个数位上的数字之和，代码编写正确，如图 4-5 所示。

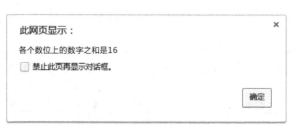

图 4-5　显示 925 各个数位上的数字之和

4.2　赋值运算符

JavaScript 中的赋值运算符很常见，常见的运算符有"＝""*＝""+＝""-＝"等。赋值运算符分为：二元赋值运算符和一元赋值运算符两类，下面将对这两类赋值运算符分别进行讲解。

前文介绍过，等号"＝"在 JavaScript 中表示赋值，此外，JavaScript 还提供了很多赋值运算符，如

表 4-2 所示。

表 4-2　JavaScript 中的赋值运算符

元　　数	符　　号	意　　义
二元	=	赋值
	+=	在原值上累加
	-=	在原值上累减
	*=	在原值上累乘
	/=	在原值上累除
	%=	在原值上求余
一元	++	自增
	--	自减

4.2.1　二元赋值运算符

本节主要介绍二元赋值运算符的相关内容。

等号"="是简单赋值运算符，代表赋值，简单地说，就是把等号"="右边的值赋给左边的变量。需要注意的是，等号"="左边只能是变量或对象属性，等号"="右边可以是任意类型的任意值，只有这样等号"="才能发挥赋值的作用。比如：

```
const sum1 = 1;
const sum2 = "尚硅谷";
console.log(sum1);              // 1
console.log(sum2);              // 尚硅谷
```

本段代码使用等号"="将数字 1 赋值给变量 sum1，字符串"尚硅谷"赋值给变量 sum2，故输出结果为 1 和尚硅谷。

运算符"+="、"-="、"*="、"/="和"%="都是复合赋值运算符，它们可以被看作变量自身变化的简写形式，比如：

```
let a = 10;
a += 2;
console.log(a);                // 12
```

本段代码先将变量 a 赋初值 10，表达式"a+=2"代表 a 在自身基础上加 2，等价于"a=a+2"，故输出结果为 12。

此时，"-="、"*="、"/="和"%="的含义就显而易见了，下面举例说明：

```
// "-=" 运算符：在原值上累减
let a = 10;
a -= 2;
console.log(a);                // 8

// "*=" 运算符：在原值上累乘
let a = 10;
a *= 2;
console.log(a);                // 20

// "/=" 运算符：在原值上累除
let a = 10;
a /= 2;
console.log(a);                // 5
```

```
// "%=" 运算符：在原值上取余
let a = 10;
a %= 2;
console.log(a);                    // 0
```

本段代码列举了四种复合赋值运算符，对变量 a 分别进行了累减、累乘、累除和取余的操作，这段代码等价于：

```
// "-=" 运算符：在原值上累减
let a = 10;
a = a - 2;
console.log(a);                    // 8

// "*=" 运算符：在原值上累乘
let a = 10;
a = a * 2;
console.log(a);                    // 20

// "/=" 运算符：在原值上累除
let a = 10;
a = a / 2;
console.log(a);                    // 5

// "%=" 运算符：在原值上取余
let a = 10;
a = a % 2;
console.log(a);                    // 0
```

转换后的代码已经十分清晰，不做过多讲解。

4.2.2　一元赋值运算符

JavaScript 为开发者提供了自增 "++" 和自减 "--" 两个运算符，分别表示自增 1 和自减 1。自增 "++" 运算符和自减 "--" 运算符只能和变量组成表达式，比如：

```
let a = 10;
console.log(++a);                  // 11
console.log(--a);                  // 10
```

这段代码定义了变量 a 赋值为 10，首先通过 "++a" 使变量 a 自增 1，输出结果 11；然后在结果 11 的基础上使变量 a 自减 1，输出结果 10。

你可能会疑惑，自增 "++" 运算符和自减 "--" 运算符只能写在变量的前面吗？

其实，自增运算符和自减运算符各有两个版本：前置型和后置型，它们和 Java 中的自增运算符和自减运算符是相同的。在 JavaScript 中，前置型是在运算之前进行计算，后置型是在操作变量后进行计算。有一个口诀可以帮助你了解前置型和后置型，"++" 在后，先赋值，后 "++"；"++" 在前，先 "++"，后赋值。比如：

```
let a = 10;
console.log(a++);                  // 10
console.log(a--);                  // 11
```

这段代码与上面代码的输出结果完全相反，根据口诀："++" 在后，先赋值，后 "++"，当执行第二行代码时，先输出当前 a 的值，再进行自增，因此第二行输出结果 10。同理，第三行代码也是先输出当前 a 的值，再进行自减，此时变量 a 已经自增 1 了，因此第三行输出结果 11。但是要知道，这段代码执行后变量 a 的值是 10，因为 "--" 在后，所以先输出值，再进行自减运算。

每次操作都是让变量的值自增 1 或自减 1。自增 "++" 运算符和自减 "--" 运算符是一元运算符，用法如下：

```
let a = 10;
++a;
a++;
console.log(a);                     // 12
--a;
a--;
console.log(a);                     // 10
```

运行这段代码后输出结果 12 和 10。++a 和 a++ 等同于 a=a+1；--a 和 a--等同于 a=a-1。在这里需要牢记，前置型和后置型虽然都等同于 a=a+1 和 a=a-1，但是它们运算的时候是不一样的，++a 是先自增，让 a 增加 1，再参与其他运算；而 a++是先让 a 参与其他运算，再自增，让 a 增加 1。同理，--a 是先自减，让 a 减少 1，再参与其他运算；而 a--是先让 a 参与其他运算，再自减，让 a 减少 1。

4.3　比较运算符

JavaScript 提供了关系运算符来比较值的关系，表 4-3 列出了常见的关系运算符。

表 4-3　常见的关系运算符

意　义	运　算　符
大于	>
小于	<
大于或等于	>=
小于或等于	<=
等于	==
不等于	!=
全等于	===
不全等于	!==

4.3.1　大于运算符和小于运算符

大于运算符 ">" 和小于运算符 "<" 这两个符号与数学中的表示法和含义相同，用来比较符号两边值的大小，例如：

```
console.log(8 > 5);                 // true
console.log(7 < 4);                 // false
```

关系运算的结果是布尔值，即关系满足结果为 true，否则为 false。

JavaScript 中的 "大于或等于" 和 "小于或等于" 符号与数学中的表示法完全不同，在数学中的符号是 ≥和≤，但在 JavaScript 中的表示法是>=和<=。例如：

```
console.log(9 >= 8);                // true
console.log(9 >= 9);                // true
console.log(5 <= 5);                // true
console.log(5 <= 4);                // false
```

4.3.2　等于运算符和不等于运算符

除了大于运算符和小于运算符，比较运算符还包括两类运算符：等于运算符和不等于运算符，等于运算符分为相等运算符"=="和全等运算符"==="，不等于运算符分为不相等运算符"！="和不全等运算符"！=="。

如果想比较两个值是否相等，则应该使用"=="运算符或"==="运算符。再次强调，JavaScript 中的等号"="表示赋值，而非相等。

"=="运算符只比较运算符两边的值，不比较值的类型。当"=="运算符两边的值的类型不相同时，会先进行隐式转换，再进行比较。我们通常将"=="称作"等于"运算符，比如：

```
console.log(5 == 5);            // true
console.log(5 == "5");          // true
```

在第一行代码中，运算符两侧为同类型的值，因此直接比较两侧的值，输出结果为 true。在第二行代码中，运算符两侧的值的类型分别为数字 5 和字符串 5，当执行时会先进行隐式转换，将字符串 5 转换为数字 5，再比较值，输出结果为 true。

"==="运算符不仅比较两边的值是否相同，而且比较类型是否相同，称作"全等于"运算符。比如：

```
console.log(5 === 5);           // true
console.log(5 === "5");         // false
```

在第一行代码中，运算符两侧为同类型的值，因此直接进行比较，输出结果为 true。在第二行代码中，运算符两侧为不同类型的值，因为"全等于"运算符不仅比较值，而且比较值的类型，所以输出结果为 false。

布尔型值在和数字类型值进行"=="运算的时候，true 会隐式转换为 1，false 会隐式转换为 0。

```
console.log(5 == true);         // false
console.log(1 == true);         // true
console.log(0 == false);        // true
```

如果上面的测试全部改为"==="运算符，则表示类型也被比较，结果均是 false。

```
console.log(5 === true);        // false
console.log(1 === true);        // false
console.log(0 === false);       // false
```

读者可能会疑惑，null == undefined 的结果是什么？

```
console.log(null == undefined);  // true
```

经过验证，此段代码返回的结果为 true。尽管 null 和 undefined 的语义和场景完全不同，但 ECMAScript 规范认为 null 和 undefined 的行为很相似，都表示一个无效值，并且它们表示的内容也具有相似性，因此对二者进行相等"=="比较时会返回 true。这里我们只需记住：null 和 undefined 进行相等"=="比较时，输出结果为 true。

在实际开发时，不管遇到什么情况，都应该减少将变量赋值为 undefined 的操作，因为这样会区分不出变量是未声明的还是未初始化的。如果将变量赋值为 null 含义就完全不一样，当我们定义一个变量时，若其具体数据还没有确定，一般就将变量初始化为 null。

0 和空字符串在同 null 和 undefined 判等时也会返回 false，比如：

```
console.log(null == 0);              // false
console.log(null == "");             // false
console.log(undefined == "");        // false
console.log(undefined == 0);         // false
```

特殊值的判等仅在面试题中会出现，在实际开发中出现的概率不大，读者只需要记住上述规律即可。

运算符"！="是运算符"=="的反义，称作"不相等"运算符。不相等运算符"！="同样遵循相等运算符"=="的使用规则。比如：

```
console.log(5 != 6);                 // true
console.log(5 != "5");               // false
```

代码中的 5! ="5"在执行时将字符串 5 转换为数字 5，此时 5 不等于 5 不成立，输出结果为 false。

运算符"! =="是运算符"==="的反义。比如：

```
console.log(5 !== 5);                 // false
console.log(5 !== "5");               // true
```

代码中的 5!=="5"在执行时先对运算符两侧的值进行判断，因为一侧为数值类型，一侧为字符串类型，所以不会对字符串 5 进行隐式转换，直接输出结果 true。

4.4　逻辑运算符

在 JavaScript 中，逻辑运算符通常用于多个表达式的连接，无论逻辑运算符的左右连接的是什么。表 4-4 列出了几个常见的逻辑运算符。

表 4-4　常见的逻辑运算符

意　　义	运　算　符
非	!
且	&&
或	‖

4.4.1　非运算

逻辑非运算符是一个感叹号"!"，它可以将真假值置反。只要在操作数前面加非运算符"!"，不管操作数是何数据类型，都会先转换成布尔类型，再返回一个布尔值。比如：

```
console.log(!true);                   // false
console.log(!false);                  // true
```

布尔值 true 使用非运算符"!"被置换，输出结果为 false；布尔值 false 使用非运算符"!"被置换，输出结果为 true。

对于非布尔类型的值，在使用非运算符"!"将值进行置换时，遵循规则：当操作数为对象、非空字符串或非 0 数值时，返回 false；当操作数为空字符串、数值 0、null、NaN 或 undefined 时，返回 true。

书写下面的代码进行验证：

```
console.log(!6);                      // false
console.log(!"atguigu");             // false
console.log(!0);                      // true
console.log(!null);                   // true
console.log(!NaN);                    // true
console.log(!undefined);             // true
```

同时使用两个感叹号"!!"相当于调用了 Boolean()。无论操作数是何类型，第一个感叹号使其返回布尔值，第二个感叹号对该布尔值取反，从而得出变量真正对应的布尔值。比如：

```
console.log(!!"true");               // true
console.log(!!0);                     // false
console.log(!!"");                    // false
console.log(!!6);                     // true
```

4.4.2　且运算

且运算符也被称作与运算符，它是由两个和号"&&"组成的，且两个和号之间不能有空格。使用与运算符时，要将两个表达式分别放在其两边，比如：

```
表达式 1 && 表达式 2
```

当表达式 1 对应的布尔值为 false 时，直接返回表达式 1 的结果，表达式 2 不被解析。需要注意的是，表达式的结果不仅可以是布尔值，也可以是其他类型的值，只不过在实际开发中布尔值的使用频率较高。

在遇到与运算符"&&"时应进行以下四步操作。

第一步：计算表达式 1 的值。

第二步：如果这个值对应的布尔值是 false，那么直接返回表达式 1 的值。

第三步：如果这个值对应的布尔值是 true，那么计算并返回表达式 2 的值。

书写测试代码：

```
console.log(2 && 3);            // 3
console.log(false && false);    // false
console.log(true && false);     // false
console.log(false && true);     // false
```

比较运算的优先级要高于逻辑运算，因此出现"3 大于 2，且 5 小于 8"时，是不需要给比较运算加小括号的。比如：

```
console.log(3 > 2 && 5 < 8);    // true
```

如果要判断变量 a 是否处于某个区间，如[12, 15]，则绝对不能使用"连比"，下面的写法是错误的：

```
let a = 6;
console.log(12 <= a <= 15);     // true
```

变量 a 的值是 6，它明显不在范围[12, 15]内，但是代码却返回了 true，这是为什么？原因很简单：因为比较运算的优先级要高于逻辑运算，所以实际上先计算的是 12 <= a 得到结果 false，再计算 false <= 15，此处 false 被隐式转换为 0，0 <= 15 的结果是 true。

正确判断变量 a 是否处于某个区间的方法是使用且运算：

```
let a = 6;
console.log(12 <= a && a <= 15);  // false
```

4.4.3 或运算

逻辑或运算符是由两个竖线"||"组成的，与运算符且一样，两个竖线之间也不能存在空格。使用或操作符时，要将两个表达式分别放在或操作符的两边，比如：

```
表达式 1 || 表达式 2
```

当表达式 1 对应的布尔值为 true 时，不再向下运行，直接返回表达式 1 的结果；当表达式 1 对应的布尔值为 false 时，计算第二个表达式的结果并返回。

在遇到或运算符"||"时应进行以下三步操作。

第一步：计算表达式 1 的值。

第二步：如果这个值对应的布尔值是 true，那么直接返回表达式 1 的值。

第三步：如果这个值对应的布尔值是 false，那么计算并返回表达式 2 的值。

书写测试代码：

```
console.log(2 || 3);                  // 2
console.log(true || true);            // true
console.log(true || false);           // true
console.log(false || true);           // true
console.log(false || false);          // false
```

如果逻辑运算很复杂，同时有非、与和或时，则运算优先级依次是：非、与、或。比如：

```
console.log(true || (false && !true));  // true
```

运行代码后，先执行非运算，即原式变为 true || false && false。然后执行与运算，原式变为 true || false。最后输出结果为 true。

4.4.4　短路现象

请先思考下面代码的输出结果：

```
let a = 4;
console.log(a - 4 && ++a);                    // 0
console.log(a - 3 || ++a);                    // 1
console.log(a);                               // 4
```

运行代码后，控制台输出的结果为 0、1 和 4。

根据前面对"&&"运算符和"||"运算符的学习，可知当遇到"&&"运算符时，如果其左侧表达式对应的布尔值是 false，则直接返回左侧表达式的值，不解析右侧的表达式。在左侧输出中，"a-4"的值为 0，对应的布尔值为 0，根据规则直接返回左侧表达式的值，故输出结果为 0。

当遇到"||"运算符时，如果其左侧表达式的值对应的布尔值为 true，则结束运算，直接返回左侧操作数的结果。在左侧输出中，"a-3"的值为 1，对应的布尔值为 true，根据规则直接返回左侧操作数的结果，故输出结果为 1。

你可能会疑惑，在前两个输出语句中，"&&"运算符和"||"运算符的右侧都存在"++a"，为什么最后输出的结果还是 4 呢？

因为运算符右侧的"++a"表达式都没有被执行，使用的是左侧表达式的结果。这就是本节要讲解的两种短路现象。

短路与"&&"的表现形式是：表达式 1 && 表达式 2，如果左侧表达式对应的布尔值为 false，则直接返回表达式 1 的结果，不执行右侧的表达式 2。

短路或"||"的表现形式是：表达式 1 || 表达式 2，如果左侧表达式对应的布尔值为 true，则直接返回表达式 1 的结果，不执行右侧的表达式。

简单来说，不管短路与"&&"还是短路或"||"，都是指在一定条件下，不执行右侧表达式，直接使用左侧表达式结果的现象，我们也将这种现象称为"短路现象"。

4.4.5　案例：数轴上的范围表示

学习完逻辑运算符和关系运算符之后，在本节会进行一些逻辑小训练。

请判断变量 a 是否位于如图 4-6 所示的数轴上的阴影部分。

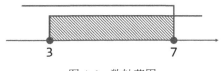

图 4-6　数轴范围

你可能会想到"3 <= a <= 7"这样的写法，但是这样书写是错误的：

```
const a = 99;
console.log(3 <= a <= 7);                     // true
```

变量 a 的值明明是 99，但是表达式 3 <= a <= 7 的结果竟然是 true。这是为什么呢？

当 JavaScript 面对表达式"3 <= a <= 7"时，它会从左到右进行计算，即先计算左侧"3 <= a"，由于 a 是 99，故表达式"3 <= a"的结果是 true；然后计算表达式"true <= 7"，这里 true 会被隐式转换为 1，故

"true <= 7" 的结果也为 true。

综上所述，表达式 "3<=a<=7" 是一个完全错误的 JavaScript 表达式，它不能正确地表示数轴上的范围。

如果借助且运算符就很容易实现该需求，代码如下：

```
const a = 99;
console.log(3 <= a && a <= 7);                // false
```

表达式 "3<=a&&a<=7" 的意思直接明了：3 小于或等于 a，并且 a 小于或等于 7，它能成功判断 a 是否介于 3 和 7 之间。

你可能会担心计算优先级问题，认为要将 3<=a 和 a<=7 分别加上括号，代码如下：

```
const a = 99;
console.log((3 <= a) && (a <= 7));            // false
```

虽然这样书写是正确的，但是我们不推荐这种写法。JavaScript 在同时面对逻辑运算和关系运算时，会优先进行关系运算，即 JavaScript 会优先计算 3<=a 和 a<=7，再进行且运算。

4.5 条件运算符

JavaScript 中有一种使用很灵活的运算符，叫作条件运算符。顾名思义，条件运算符主要用于条件判断。先来看条件运算符的语法：

```
表达式 1 ? 表达式 2 : 表达式 3;
```

条件运算符由问号和冒号构成，因其每次需要提供三个表达式，所以被称为"三元运算"。值得一提的是，条件运算符是运算符中唯一的三元运算符。执行过程非常简单：当表达式 1 的布尔值为 true 时，使用表达式 2 的结果，否则使用表达式 3 的结果。比如：

```
const a = 10 % 2 == 0 ? 5 : 6;
console.log(a);                               // 5
```

在这段代码中，"?"前的表达式 "10 % 2 == 0" 成立，执行表达式 1，输出结果 5。

再比如：

```
const a = 3 > 8 ? 5 : 6;
console.log(a);                               // 6
```

在这段代码中，表达式 "3 > 8" 不成立，判断结果为 false，执行表达式 2，输出结果 6。

其实条件运算符的原理与 if 语句十分相似，条件运算符的语法等同于下面的 if 语句的语法（这里只需了解，在第 5 章会介绍 if 语句）：

```
if(条件表达式){
    //true
}else{
    //false
}
```

几乎所有的编程语言都有条件运算符，而且只要出现条件运算符，就是 "……?……:……" 的形式。对于一些简单逻辑，更建议使用条件运算符来实现，这样不仅代码简洁，还可以增加代码的可读性。

4.6 其他运算符

除了前面介绍的运算符，JavaScript 还为开发者提供了位运算符、括号运算符和逗号运算符。下面对这三类运算符进行分别讲解。

位运算符用于数值的底层操作，这里只需了解即可。表 4-5 列出了 JavaScript 中的位运算符。

表 4-5 JavaScript 位运算符

运 算 符	含 义	规 律	举 例
&	按位与	将两边的操作数的每位对齐，基于真值表规则进行对应的操作	console.log(1 & 1);　　// 1 console.log(0 & 1);　　// 0 console.log(1 & 0);　　// 0 console.log(0 & 0);　　// 0
|	按位或	两边的操作数至少有一位是 1 时返回 1，两位都是 0 时返回 0	console.log(1 | 1);　　// 1 console.log(0 | 1);　　// 1 console.log(1 | 0);　　// 1 console.log(0 | 0);　　// 0
~	按位非	翻转操作数的位	let num1 = 100; console.log(~num1);　　// -101
^	按位异或	两边的操作数只有一位是 1 时返回 1，否则返回 0	console.log(1 ^ 1);　　// 0 console.log(0 ^ 1);　　// 1 console.log(1 ^ 0);　　// 1 console.log(0 ^ 0);　　// 0
<<	左移	按照指定位数将数值的所有位向左移动	let num2 = 100; console.log(num2 << 2);　// 400
>>	有符号右移	按照指定位数将数值的所有位向右移动	let num3 = 100; console.log(num3 >> 2);　// 25

>>>	无符号右移	对于正数，规则与有符号右移相同；对于负数，无符号右移会给空位补 0	let num4 = 100;
			console.log(num4 >>> 2);　// 25
			let num5 = -100;
			console.log(num5 >>> 2);
			// 1073741799

括号运算符由一对半角小括号 "()" 组成，用来覆盖常规的运算符优先级（运算符优先级在 4.7 节会详细讲解），主要用来改变表达式的优先级。括号运算符包裹表达式和子表达式，比如：

```
const a = 10;
const b = 2;
const result = (a + 10) * b;
console.log(result);                // 40
```

在没有括号的情况下，这段代码先执行 10*b，再加 a。使用了括号运算符之后，表达式 "a+10" 被提升，故输出结果为 40。

逗号运算符在实际开发中非常常见，在一条语句中执行多个操作时经常被使用。在声明多个变量时，也会使用逗号运算符，比如：

```
const a = 10, b = 2, c = 3;
```

本行代码使用逗号运算符声明多个变量，在 2.1 节中已进行了详细讲解，这里不再赘述。

4.7 运算符优先级

4.7.1 数学运算符的优先级

JavaScript 中的数学运算有明确的运算顺序，乘、除法优先于加、减法计算。比如：

```
let a = 1 + 2 * 3 - 4 / 5;
```

```
console.log(a);                          // 6.2
```

在本段代码中，JavaScript 会先计算 2 ★ 3，结果是 6；再计算 4 / 5，结果是 0.8；最后计算加、减法，即 1 + 6 - 0.8，最终输出结果是 6.2。

4.7.2　逻辑运算符的优先级

逻辑运算也有运算顺序，JavaScript 会按照非、与、或的顺序进行计算。比如：

```
const b = 2 || (3 && !0);
console.log(b);
```

在这段代码中，JavaScript 会先进行非运算，即 "!0"。0 是 "负性" 的，故被非运算符置反后结果是 true。原式等价于：

```
2 || (3 && true);
```

接下来，JavaScript 会进行与运算，即 "3 && true"。根据前文讲述的短路计算规则，"3 && true" 的运算结果为 true。原式等价于：

```
2 || true;
```

根据短路计算规则，最终结果为 2。

4.7.3　综合运算优先级

如果表达式非常复杂，例如，表达式中既有数学运算，又有关系运算和逻辑运算，则运算的先后顺序为：数学运算、关系运算、逻辑运算。比如：

```
const c = !5 >= 1 + 4 || 5 + true * 3;
console.log(c);
```

这段代码的运行结果是多少呢？

表达式 "!5 >= 1 + 4 || 5 + true ★ 3" 中含有三种运算，JavaScript 会按以下运算顺序执行计算。首先进行数学运算，"1 + 4" 是数学运算，计算结果为 5；"5 + true ★ 3" 也是数学运算，根据隐式转换规则，true 将被转换为 1 参与计算，因此 "5 + true ★ 3" 的运算结果是 8。上述代码可以简化为：

```
const c = !5 >= 5 || 8;
console.log(c);
```

然后进行关系运算。表达式 "5 >= 5" 是关系运算，结果是 true。上述代码可以简化为：

```
const c = !true || 8;
console.log(c);
```

最后进行逻辑运算。逻辑运算的顺序是非、与、或，因此 "!true" 会优先计算，结果是 false。而 "false || 8" 表达式根据短路计算规则输出结果 8。

上面我们讲解了运算符执行顺序的优先级。其实在 JavaScript 中，我们可以通过小括号来改变运算符的优先级。更准确地说，是小括号内的运算优先于小括号外的运算。在运算时，如果有小括号嵌套，那么小括号内部的优先级更高。下面我们将对案例提出不同需求，你需要思考如何使用小括号来实现需求中的执行顺序。比如：

```
// 需求一：最后进行乘法运算
let a = 1 + 2 * 3 - 4 / 5;

// 需求二：先进行且运算，后进行或运算
let b = 2 || 3 && !0;

// 需求三：先进行加法运算，后进行或运算
```

```
let c = !5 >= 1 + 4 || 5 + true * 3;
```

这三个案例分别为 4.7.1 节、4.7.2 节和 4.7.3 节的案例，这里不多做讲解。下面是实现上述需求的代码，具体如下：

```
// 需求一的实现
let a = (1 + 2) * (3 - 4 / 5);

// 需求二的实现
let b = 2 || (3 && !0);

// 需求三的实现
let c = !5 >= 1 + 4 || (5 + true) * 3;
```

这段代码通过小括号改变原有的运算顺序，从而实现需求。

4.8 本章小结

本章主要介绍了 JavaScript 中的四类运算符和运算符优先级，运算符和表达式在 JavaScript 中是重中之重，学好运算符和表达式对后续学习语句非常有帮助，应达到熟练掌握的程度。运算符优先级不仅在面试中非常常见，在实际开发中也经常使用，因此读者应熟记于心，这对日后的面试和开发都是十分有帮助的。

第5章

语句

一条 JavaScript 语句是向浏览器发出的一个完整命令，语句的作用是告诉浏览器应该做什么。之前我们书写的代码都是顺序结构，代码自上而下地按顺序执行，每条语句都会被执行一次。然而，使用顺序结构的代码并不能解决所有问题，比如，希望根据用户是否成年（年龄大于或等于 18 周岁）进行不同的处理，单纯使用顺序结构的代码显然无法实现这个需求。

事实上，JavaScript 提供了顺序结构、选择结构和循环结构三种流程控制语句。顺序结构是按照顺序一条条地从上向下执行代码，如果某一行代码出错，那么之后的代码就不执行。

选择结构也叫分支结构，它是执行代码的时候根据不同条件进行选择，条件越多，结果越多，分支也越多。换句话说，选择结构是选择性地去执行代码，主要包括 if 条件语句和 switch 开关语句。

循环结构是重复地做一件事情，换句话说，就是重复执行某段代码，主要分为 for 循环语句、while 循环语句和 do...while 循环语句。

早在 20 世纪末，计算机科学家就证明了任何逻辑均可使用顺序结构、选择结构和循环结构这三种控制结构来实现。编程就是把复杂的业务拆解落实到这三种控制结构上，所谓"拆解"是指编写一系列算法。这不仅说明了语句的重要性，也证明了算法在编程中的重要性。

本章将对 JavaScript 中的选择结构和循环结构分别进行学习，应熟练掌握流程控制语句的使用及适用场景。

本章学习内容如下：

- if 语句
- switch 语句
- for 循环
- while 循环
- do...while 循环
- break 关键字
- continue 关键字

5.1 条件语句之 if 语句

if 语句在 JavaScript 中是最常用的语句，是一种基础的控制语句，可以让代码选择性执行。简单地说，就是给出一个条件，使计算机判断是否满足该条件，并且按照不同的判断结果进行不同处理。if 语句一般分为单分支、双分支和多分支三种形式。本节对这三种形式分别进行讲解。

5.1.1　单分支 if 语句和双分支 if 语句

if 语句用来实现条件分支，使计算机根据条件选择性地执行某些语句。比如，判断 a 是否等于 b，就可以通过 if 语句实现：

```
const a = 22;
const b = 22;

// 判断a是否等于b
if (a === b) {
  console.log("相等");
}
```

if 代表"如果"的意思，这段代码的意思显而易见，如果 a 等于 b，则输出"相等"；如果 a 不等于 b，就什么都不输出。因为 a 和 b 的值都为 22，所以输出"相等"。

类似这段代码只描述测试条件为 true 的情况，我们称其为单分支 if 语句。简单地说，单分支 if 语句只有一条选择语句，如果符合条件，就执行选择语句中的代码；如果不符合条件，就不执行选择语句中的代码，而是继续向下执行。单分支 if 语句的语法如下：

```
if(条件表达式){
    代码块;
}
```

可以将单分支 if 语句执行流程总结为以下三步。

第一步：计算小括号中的结果。

第二步：如果结果不是布尔值，则转换为对应的布尔值。

第三步：如果结果为 true，则执行大括号内的代码块，反之则不执行大括号内的代码块。

单分支 if 语句执行流程图如图 5-1 所示。

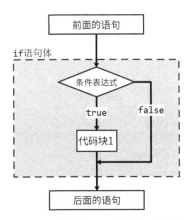

图 5-1　单分支 if 语句执行流程图

下面来看一个单分支 if 语句的案例，要求实现根据家产决定是否环游世界。

```
// 输入家产，如果家产大于100万元，就去环游世界
const money = 1500000;
if (money > 1000000) {
  console.log("带你去东京和巴黎~");
}
console.log("我很开心");
```

这段代码通过 if 语句判断家产是否大于 100 万元。当家产大于 100 万元时，就先执行大括号内的内容，再执行后面的语句；否则直接执行后面的语句。在起始部分，定义变量 money 并将其赋值为 1500000，

条件表达式 "1500000 > 1000000" 成立，先执行大括号内的内容，输出"带你去东京和巴黎~"，然后执行后面的语句，输出"我很开心"。

需要注意的是，要正确书写小括号和大括号，并且习惯上大括号中的语句应该缩进。其实，当代码块中的语句只有一行代码时，相应代码块的大括号可以被省略，上面的案例可以更改为：

```
const money = 1500000;
if (money > 1000000)
  console.log("带你去东京和巴黎~");
console.log("我很开心");
```

这样的书写是合法的。注意，仅当代码块中的语句是一行时，才能省略大括号；省略大括号后，代码也可以不换行。而当代码块中的语句超过一行时，则不能省略大括号。比如：

```
const money = 1500000;
if (money > 1000000) console.log("带你去东京和巴黎~");
console.log("我很开心");
```

这被称为单行 if 语句，也是合法语句。不过，业界普遍推崇的最佳实践是无论代码块中的代码有几行，都必须始终使用大括号，并保证代码有合理换行和缩进，这样可以让代码的可读性增强。

双分支 if 语句与单分支 if 语句不同，它有两条选择语句，语法如下：

```
if(条件表达式){
    代码块
}else{
    代码块
}
```

双分支 if 语句如果不满足第一个条件，就先执行 else 代码块中的内容，然后向下执行其他代码块。换句话说，必须先在 if 语句和 else 语句中选择一个，再向下执行代码。

这里将双分支 if 语句执行流程总结为以下三步。

第一步：计算小括号中的结果。

第二步：如果结果不是布尔值，则转换为对应的布尔值。

第三步：如果结果为 true，则执行大括号内的代码块，反之则不执行大括号内的代码块。

双分支 if 语句执行流程图如图 5-2 所示。

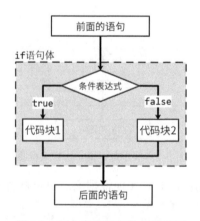

图 5-2　双分支 if 语句执行流程图

下面来看一个双分支 if 语句的案例，要求实现通过年龄来判断是否成年。

```
// 通过年龄判断是否成年
const age = 22;

// 判断年龄是否大于或等于18周岁
if (age >= 18) {
```

```
  console.log("你成年了");
} else {
  console.log("你未成年");
}
```

if 是"如果"的意思，else 是"否则"的意思。这段代码的意思显而易见：判断年龄是否大于或等于 18 周岁，如果是则输出"你成年了"，否则输出"你未成年"。因为给定的变量 age 的值为 22，"age >= 18"成立，所以输出"你成年了"。

双分支 if 语句也可以省略大括号，改写上面案例为以下形式：

```
// 通过年龄判断是否成年
const age = 22;

// 判断年龄是否大于或等于 18 周岁
if (age >= 18)
 console.log("你成年了");
else
 console.log("你未成年");
```

运行代码后可以发现，和上面案例的输出结果相同："你成年了"。

与单分支 if 语句相同，双分支 if 语句同样可以实现单行 if 语句，但是我们并不建议使用这种方式，代码如下：

```
if (age >= 18) console.log("你成年了"); else console.log("你未成年");
```

还记得 4.5 节提到的条件运算符吗？条件运算符的本质其实就是双分支 if 语句。但是需要注意的是，当双分支 if 语句的每个分支当中只有一条语句的时候，才能将双分支 if 语句改写为条件表达式。将上面的代码改写为条件表达式的形式：

```
const age = 22;
age >= 18 ? console.log("你成年了") : console.log("你未成年");
```

使用条件表达式后，通过判断表达式"age >= 18"的结果来决定执行哪个代码块。在初始时，将变量 age 赋值为 22，表达式"age >= 18"成立，故执行":"前的代码，输出"你成年了"。

5.1.2　多分支 if 语句

在 if 语句中可以添加若干 else if 语句，这被称为"多分支 if 语句"。语法如下：

```
if (条件表达式 1) {
    代码块 1;
} else if (条件表达式 2) {
    代码块 2;
} else if (条件表达式 3) {
    代码块 3;
} else {
    代码块 4;
}
```

多分支 if 语句有多条选择语句，它从上到下依次判断 if 后的小括号中的值是否为真，如果值为真，就执行相应大括号中的代码块，其他语句不再执行。

可以将多分支 if 语句执行流程总结为以下四步。

第一步：计算小括号中表达式的结果。

第二步：如果结果不是布尔值，则转换为对应的布尔值。

第三步：如果结果为 true，则执行大括号中的代码块，否则不执行。

第四步：如果 if 和所有 else if 后的小括号内的最终值都是 false，则执行 else 大括号中的代码块，如果没有代码块，else 可以省略不写。

注意：如果有 else 部分，则它必须位于整个 if 语句块的最后。

多分支 if 语句执行流程图如图 5-3 所示。

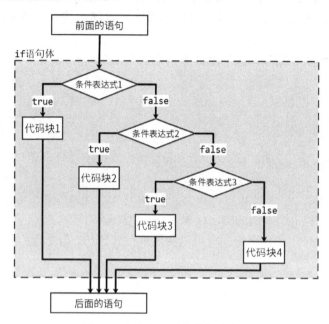

图 5-3　多分支 if 语句执行流程图

下面来看一个多分支 if 语句的案例：

```javascript
// 一个成年女性的体重为 110 斤，判断她属于什么体型
const weight = 110;
if (weight >= 70 && weight < 90) {
  console.log("骨感美~");
} else if (weight >= 90 && weight < 120) {
  console.log("性感美~");
} else if (weight >= 120 && weight < 160) {
  console.log("丰满美~");
} else if (weight >= 160 && weight < 200) {
  console.log("肉感美~");
} else if (weight >= 200 && weight <= 300) {
  console.log("胖胖美~");
} else {
  console.log("您输入的体重不合法,是 0 到 300 之间");
}
```

这段代码使用多分支 if 语句判断变量 weight 属于哪个区间，如果其在 70 和 90 之间，则执行对应大括号内的代码；如果其在 90 和 120 之间，则执行对应大括号内的代码；如果其在 120 和 160 之间，则执行对应大括号内的代码；如果其在 160 和 200 之间，则执行对应大括号内的代码；如果其在 200 和 300 之间，则执行对应大括号内的代码；当这些条件都不满足时，则执行 else 语句中的内容"您输入的体重不合法，是 0 到 300 之间"。

需要注意的是，如果满足任意条件，则只执行对应大括号中的内容，不会继续判断。这一特点也被开发者们形象地称为"跳楼现象"：将 if 语句体比作一个大厦，"小人儿"从楼顶开始下楼，每次测试某个条件的真假。如果条件是 false，则向下走一层并测试该楼层；如果条件为 true，则会立即跳楼，不再测试其他楼层。简单来说，if 语句至多只执行一个分支，如图 5-4 所示。

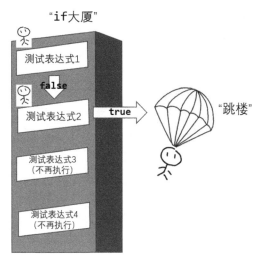

图 5-4　跳楼现象

再结合上面的代码来看，在初始时，weight 的值为 110，不符合第一个测试条件"weight >= 70 && weight < 90"，则向下执行第二个测试条件"weight >= 90 && weight < 120"，结果为 true。进入对应的大括号中，执行语句"console.log("性感美~")"，输出"性感美~"，不再进行下面的判断。

5.1.3　if 语句的嵌套

if 语句可以嵌套使用，即某个分支中还可以有分支，且嵌套深度没有限制。

请思考题目：用户分别输入三个数字，计算其中的最大值，不考虑输入相同数字的情况。

这个题目看似简单，实际上很考验编程者的逻辑缜密性。分别用 a、b、c 表示用户输入的三个数字，容易想到先判断 a > b 是否成立，关键问题是再判断什么呢？你可以尝试先自行在纸上推演一下。

正确的算法思想是先判断 a > c 是否成立，此时可能：

（1）若 a > b 是 true，那么紧接着判断 a > c 的情况。如果 a > c 是 true，就能知道 a 是最大的；如果 a > c 是 false，就能知道 c 是最大的，如图 5-5（a）所示。

（2）若 a > b 是 false，那么紧接着判断 b > c 的情况。如果 b > c 是 true，就能知道 b 是最大的；如果 b > c 是 false，就能知道 c 是最大的，如图 5-5（b）所示。

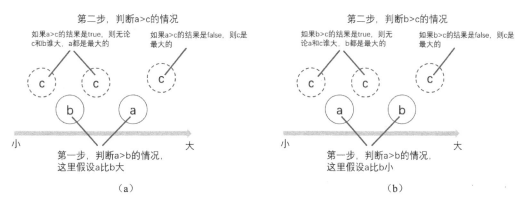

图 5-5　求三个数字中的最大值的算法思路

根据这个思路写出下面代码：

```
const a = Number(prompt("请输入第一个数字"));
const b = Number(prompt("请输入第二个数字"));
const c = Number(prompt("请输入第三个数字"));

if (a > b) {
  if (a > c) {
    alert("最大值是" + a);
  } else {
    alert("最大值是" + c);
  }
} else {
  if (b > c) {
    alert("最大值是" + b);
  } else {
    alert("最大值是" + c);
  }
}
```

这段代码是通过嵌套语法实现的，但是非常不容易想到，并且思维逻辑很长，需要借助纸笔推演。更好地实现本题的方式是使用多分支 if 语句，代码如下：

```
（……省略用户输入语句）
if (a > b && a > c) {
  alert("最大值是" + a);
} else if (b > a && b > c) {
  alert("最大值是" + b);
} else if (c > a && c > b) {
  alert("最大值是" + c);
}
```

这段代码并没有使用 if 语句的嵌套，而是使用了多分支 if 语句，考虑到了全部情况：a 最大时，条件就是"a > b && a > c"；b 最大时，条件就是"b > a && b > c"；c 最大时，就是"c > a && c > b"。这样的代码非常干净、直观，是实际开发中推崇的。其实在书写 if 语句时，是使用多分支 if 语句"盖楼"？还是使用 if 语句的嵌套？这需要具体情况具体分析。

在实际工作中，工程师始终推崇使用可读性高的代码，即使使用这种方法的效率可能差一些，但也更愿意使用它。

5.1.4　案例：考试成绩分档

题目：请用户输入考试成绩（0～100），并根据表 5-1 输出成绩档次。无须考虑用户输入数值的有效性。

表 5-1　成绩分档对照表

分　　　数	档　　　次
85～100	优秀
70～84	良好
60～69	及格
0～59	不及格

先直接给出题目的正确解法：

```
const score = Number(prompt("请输入考试成绩"));

if (score >= 85) {
```

```
  alert("优秀");
} else if (score >= 70) {
  alert("良好");
} else if (score >= 60) {
  alert("及格");
} else {
  alert("不及格");
}
```

在这段代码中，首先使用 prompt() 函数接收用户输入的数值，并使用 Number() 函数将其转为数值型。然后"搭建"了一个"高高的 if 语句大楼"。这段 if 语句的意思显而易见：当 score >= 85 为真时，则输出"优秀"；当 score >=70 为真时，则输出"良好"；当 score >=60 为真时，则输出"及格"；如果都不符合，则输出"不及格"。

上面这段代码是正确的，但初学者往往会认为 else if() 分支书写有错误，比如，成绩为 70 到 84 之间才是良好，那为什么条件只写了 score >= 70 呢？即初学者认为代码应该这样写：

```
const score = Number(prompt("请输入成绩"));

if (score >= 85) {
  alert("优秀");
} else if (score >= 70 && score < 85) {
  alert("良好");
} else if (score >= 60 && score < 70) {
  alert("及格");
} else {
  alert("不及格");
}
```

这段代码也是正确的，但非常啰唆。这段代码给"良好"这个分支补充了一个"&& score < 85"条件，这样就代表当分数大于或等于 70 且小于 85 时，成绩分档是"良好"。看似这个"且"运算让逻辑更严密，但实际上是没有必要的。这是因为当遇见 if 语句体时，当且仅当前面的条件表达式不满足时，才测试后面的条件表达式。比如，当测试 score >= 70 时，一定是之前测试 score >= 85 不满足时才进行的。换句话说，当测试到 score >= 70 时，已经暗含成绩一定小于 85。因此，补充"&& score < 85"是画蛇添足的。

只有当多分支 if 语句靠前的条件表达式为 false 时，才会测试后面的条件表达式。这就意味着测试到当前条件表达式时，之前的所有条件表达式一定均为 false。一旦某个条件表达式的测试结果是 true 时，则立即退出 if 语句体，不再测试后面的语句。

将代码改写为下面的写法：

```
const score = Number(prompt("请输入成绩"));

if (score < 60) {
  alert("不及格");
} else if (score < 70) {
  alert("及格");
} else if (score < 85) {
  alert("良好");
} else {
  alert("优秀");
}
```

这段代码也是正确的，并且精简高效，没有冗余的"且"运算。之前书写的代码是按照"优秀→良好→及格→不及格"的顺序书写的，这段代码改为了"不及格→及格→良好→优秀"的顺序。当 score < 60 时，则输出"不及格"；当 score < 70 时，则输出"及格"，以此类推。注意，当判断 score < 70 时，已经暗

含条件 score < 60 不满足了，因此无须画蛇添足写为"score < 70 && score >= 60"。

这两种情况的代码示意图如图 5-6 所示。

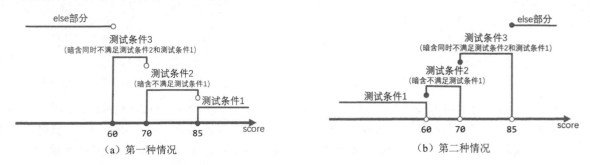

（a）第一种情况　　　　　　　　　　（b）第二种情况

图 5-6　这两种情况的代码示意图

下面再次改写考试成绩分档案例，请判断这段代码是否正确：

```javascript
const score = Number(prompt("请输入成绩"));

if (score >= 0) {
  alert("不及格");
} else if (score >= 60) {
  alert("及格");
} else if (score >= 75) {
  alert("良好");
} else {
  alert("优秀");
}
```

这段代码是错误的，虽然这也是按照"不及格→及格→良好→优秀"的顺序书写的，但这里使用的是大于号。也就是说，当用户输入任何一个合理数值时，第一个判断条件"score >= 0"一定为 true。因此无论用户输入什么数值，一定会输出"不及格"，而不会输出其他文字。而后面的测试条件，如"score >= 60"，执行它的先决条件是"score >= 0"为 false，这在数学上是矛盾的，一个数怎么可能在<0 的同时≥60 呢？

从本例可见，书写多分支 if 语句时一定要注意：

- 表达式要力求精简，当测试某个条件时，暗含它之前的所有测试条件均为 false，这样可以少些冗余代码。
- if 语句一定要逻辑严密，不要出现前后矛盾的情况。

5.2　条件语句之 switch 语句

JavaScript 还提供了 switch 语句，使用它也可以实现选择分支。switch 表示"开关"的意思，switch 需要和 case 配合使用，case 表示"情况"的意思。顾名思义，它能够独立设置每条分支语句的"开关状态"，从而决定当前情况，故 switch 语句也叫作 switch…case 语句。

在编程的过程中，很多时候都需要"让同一个变量和多个不同的值进行相等比较"，比如，在某游戏中，状态变量 state 用 0、1、2、3 分别表示主角的四种状态，使用 if 语句实现的代码如下：

```javascript
const state = 2;
if (state == 0) {
  console.log("站立");
} else if (state == 1) {
  console.log("走路");
} else if (state == 2) {
```

```
  console.log("跑步");
} else if (state == 3) {
  console.log("睡觉");
} else {
  console.log("异常状态");
}
```

这段代码是正确的，但是十分冗余，因为 state == x 重复出现了多次，即 if 语句的所有条件都是在判断 state 的值。

事实上，switch 语句的出现就是为了解决多分支造成的代码冗余、可读性差的现象。

5.2.1 基本语法

switch 语句在 JavaScript 中是非常常见的条件语句，语法如下：

```
switch (表达式) {
  case 值:
    代码块;
    break;
  case 值:
    代码块;
    break;
  default:
    代码块;
    break;
}
```

switch 关键字后面的小括号中的内容不管是什么形式，它都是一个表达式（在小括号中常用的是一个变量表达式）。如果 switch 关键字后面的小括号中的内容是表达式，则先计算表达式的值，然后依次比对每个 case 关键字后面的表达式或值和小括号中的值是否匹配，若匹配，则执行冒号后面的语句。请特别注意，case 后面没有小括号，也没有大括号，而是有一个冒号。

使用 switch 语句改写上面的代码：

```
const state = 2;
switch (state) {
  case 0:
    console.log("站立");
    break;
  case 1:
    console.log("走路");
    break;
  case 2:
    console.log("跑步");
    break;
  case 3:
    console.log("睡觉");
    break;
  default:
    console.log("异常状态");
}
```

这段代码完全规避了 state 重复判断的情况。JavaScript 会按顺序将变量 state 和 0、1、2、3 进行相等比较。这里要特别说明，比对是通过 "===" 运算符进行的，而不是通过 "==" 运算符进行的。也就是说，

case 后面的值必须与小括号中的变量"值相同且类型相同"。

值得注意的是，本段代码中出现了两个新关键字：break 和 default。break 表示"打破"的意思，它自身就是一条独立语句，在此处的功能是主动跳出 switch 语句。default 表示"默认"的意思，代表默认的输出，即当没有任何 case 的值匹配的时候执行的语句，它通常位于 switch 语句体的最后。

在这段代码中，每个 case 的最后都有一条 break 语句，也就是说，只要与 case 的值匹配上，执行对应语句后，就会通过 break 语句跳出 switch 语句。流程图如图 5-7 所示。

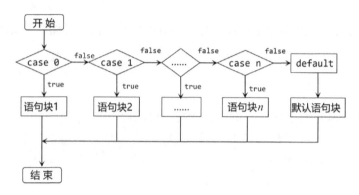

图 5-7　switch 语句流程图（带 break 语句）

你可能会疑惑：如果 case 语句后没有 break 语句就不会跳出 switch 语句吗？switch 语句没有"跳楼现象"，当某个分支比对成功时，它不会自动退出 switch 语句体，而是继续执行后面的所有语句体。也就是说，如果上面的代码中没有 break 语句，就会一直向下执行，如图 5-8 所示。假设 state 的值为 2，则与 case2 匹配，故输出"跑步"，然后执行默认 default 对应内容，输出"异常状态"。反之，若存在 break 语句，只会输出"跑步"。

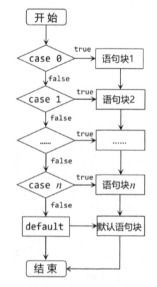

图 5-8　switch 语句流程图（不带 break 语句）

值得一提的是，在 switch 语句中可以将多个 case 语句罗列在一起，下面进行案例讲解。

5.2.2　案例：判断某月份有多少天

题目：用户输入一个月份，判断该月份有多少天。

关于月份有一个耳熟能详的口诀：一三五七八十腊，三十一天永不差，即每年的一月、三月、五月、七月、八月、十月和十二月都有 31 天；其余月份（除了二月）都有 30 天；二月的天数需要通过是平年还是闰年来决定，如果是闰年，二月就有 29 天，否则就有 28 天。

　　这样梳理下来，代码逻辑已经十分清晰了，只要在一月、三月、五月、七月、八月、十月和十二月的对应代码块中输出"这个月有 31 天"，在二月的对应代码块中输出"这个月通常有 28 天，如果是闰年则有 29 天"，其余月份对应代码块输出"这个月有 30 天"。在 switch 语句中可以将执行相同语句的 case 语句罗列在一起，那么代码就可以这样写：

```
// 请用户输入月份
const month = Number(prompt("请输入月份"));

switch (month) {
  case 1:
  case 3:
  case 5:
  case 7:
  case 8:
  case 10:
  case 12:
    alert("这个月有 31 天");
    break;
  case 4:
  case 6:
  case 9:
  case 11:
    alert("这个月有 30 天");
    break;
  case 2:
    alert("这个月通常有 28 天，如果是闰年则有 29 天");
}
```

　　这段代码将一月、三月、五月、七月、八月、十月和十二月这七个月份罗列在一起，只要匹配到这几个月份，就会执行代码"alert("这个月有 31 天");"在页面弹出"这个月有 31 天"。同理，当匹配到四月、六月、九月和十一月时，就会执行代码"alert("这个月有 30 天");"在页面弹出"这个月有 30 天"。由于二月比较特殊，所以将二月单独进行匹配，当匹配时，会执行代码"alert("这个月通常有 28 天，如果是闰年则有 29 天");"，页面弹出"这个月通常有 28 天，如果是闰年则有 29 天"。

　　上面这段代码完全可以使用关键字 default 来代替 case2：

```
// 请用户输入月份
const month = Number(prompt("请输入月份"));

switch (month) {
  case 1:
  case 3:
  case 5:
  case 7:
  case 8:
  case 10:
  case 12:
    alert("这个月有 31 天");
    break;
  case 4:
  case 6:
```

```
  case 9:
  case 11:
    alert("这个月有 30 天");
    break;
  default:
    alert("这个月通常有 28 天，如果是闰年则有 29 天");
}
```

这段代码是完全正确的，运行代码后可以发现其与上段代码的执行效果是完全一致的。

需要注意的是，初学者可能想使用或 "||" 运算符实现 case 罗列：

```
……（省略用户输入语句）
switch (month) {
  case 1 || 3 || 5 || 7 || 8 || 10 || 12:
    alert("这个月有 31 天");
    break;
  case 4 || 6 || 9 || 11:
    alert("这个月有 30 天");
    break;
  default:
    alert("我是默认");
}
```

这段代码是错误的，因为 case 后面是一个长长的表达式 "1 || 3 || 5 || 7 || 8 || 10 || 12"，它会被进行求值运算。根据短路计算规则，这个表达式的结果是 1，即上述代码等价于：

```
……（省略用户输入语句）
switch (month) {
  case 1:
    alert("这个月有 31 天");
    break;
  case 4:
    alert("这个月有 30 天");
    break;
  default:
    alert("我是默认");
}
```

这段代码明显没有实现需求，因此不能使用或 "||" 运算符实现 case 罗列。

最后，要提示开发者的是，并不是所有 if 语句都可以改写为 switch 语句，只有当 "让同一个变量和多个不同的值进行相等比较" 时，才可以使用 switch 语句。如果一定要将一些使用 else if 语句的代码改为 switch 语句，也是可以的，但是非常不优雅。比如之前的成绩分档案例，可以将多个测试条件和 true 进行相等比较：

```
const score = Number(prompt("请输入成绩"));

switch (true) {
  case score >= 85:
    console.log("优秀");
    break;
  case score >= 70:
    console.log("良好");
    break;
  case score >= 60:
    console.log("及格");
    break;
```

```
  default:
    console.log("不及格");
    break;
}
```

这段代码是正确的，但是不推荐使用，因为可读性较差。

5.3 循环语句之 for 循环

循环语句是功能更强大的流程控制结构，用来简化有规律的重复操作。循环语句的特点：在给定条件成立时，反复执行某段代码，直到该条件不成立为止。

JavaScript 提供了多种循环语句，本章讲解其中三种：for 循环、while 循环和 do…while 循环；在"对象"、"数组"和"ES6 其他常用新特性"章节，还将学习 for…in 循环、forEach 循环和 for…of 循环。

顺序结构、选择结构和循环结构是任何编程语言都提供的三种流程控制结构。本节将对循环语句中的 for 循环进行讲解。

5.3.1 基本语法

JavaScript 的 for 循环语法借鉴 C 语言，这种语法被称为"三表达式循环"，是指在 for 关键字后面的小括号中用三个表达式来控制循环进行，语法如下：

```
for (initialization; condition; afterthought) {
  循环体（代码块）
}
```

"for"一词有"在××范围中的每个"之意，使用 for 循环语句，计算机就会在执行范围中反复执行大量同类操作。initialization 一般为初始化表达式；condition 一般为条件表达式；afterthought 一般为自增自减表达式。

先来看一段实际代码：

```
for (let i = 1; i <= 100; i++) {
  console.log(i);
}
```

这段代码的运行结果是在控制台逐行输出"1""2""3"……"100"共 100 个数字。短短三行代码，就完成了一百次输出，足见循环语句功能之强大。

对照 for 循环语法和案例，分别讲解如下。

- 初始操作：表达式 let i = 1 是初始操作。初始操作会在循环开始前执行一次，通常用于初始化一个循环变量。这里的变量 i 就是循环变量，它的值被 for 循环不断改变。习惯上，循环变量使用字母 i、j、k 等进行命名。

- 循环继续条件：表达式 i <= 100 是循环继续条件，决定循环是否继续。这个表达式的结果通常为布尔值，在循环初始操作执行后和每次迭代开始前都会被计算。当循环继续条件为 true 时，将执行循环体；当循环继续条件为 false 时，则循环终止。

- 每次迭代后的操作：表达式 i++ 是每次迭代后的操作。循环体的每次执行都被称作一次循环的迭代（iteration），而每次迭代后的操作将在每次循环迭代后都执行一次。i++ 改变了循环变量 i 的值，使 i 每次自增 1，1 也被称作循环的步长。正是因为 i++ 语句的存在，才使循环继续条件"i <= 100"有可能变为 false，使循环停止。在语法上要注意，i++ 语句后不能书写分号，for 循环的小括号中必须有（且仅能有）两个分号。

执行流程图如图 5-9 所示。

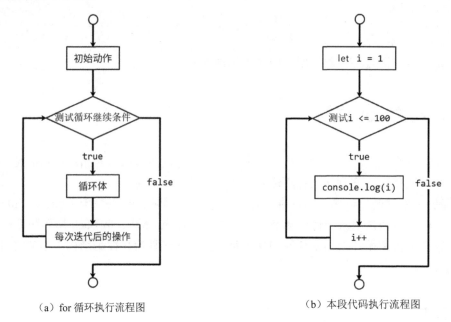

（a）for 循环执行流程图　　　　　　（b）本段代码执行流程图

图 5-9　执行流程图

下面来看关于 for 循环的案例。

【案例 1】

案例需求：输出 33 至 50 之间的所有数字（包括 33，不包括 50）。

```
for (let i = 33; i < 50; i++) {
  console.log(i);
}
```

本段代码的运行结果是逐行输出"33""34""35"……"49"。为什么最后输出的数字是"49"，而不是"50"呢？这是因为循环继续条件是"i < 50"而不是"i <= 50"。如果将循环结束条件改为"i <= 49"，则得到相同的结果。

【案例 2】

案例需求：从 4 开始，每隔一个数字输出一次，直至 20（包括 4 和 20）。

```
for (let i = 4; i <= 20; i += 2) {
  console.log(i);
}
```

表达式"i += 2"说明该 for 循环每次迭代后自增 2，循环变量每次自增 2，本段代码的运行结果是逐行输出"4""6""8"……"20"。

【案例 3】

案例需求：倒序输出 1 至 10 中的所有数字。

```
for (let i = 10; i >= 1; i--) {
  console.log(i);
}
```

表达式"i--"表示该 for 循环每次迭代后自减 1，本段代码的运行结果是逐行输出"10""9""8"……"1"。

【案例 4】

案例需求：请思考下方代码的输出结果。

```
for (let i = 10; i >= 1; i++) {
  console.log(i);
```

```
}
```

这个 for 循环是一个无限循环，即死循环。循环变量初始值是 10，每次迭代后自增 1，导致循环继续条件"i >= 1"永远为 true，循环永远不会停止。遇见死循环时，浏览器会"卡死"，需要借助操作系统的任务管理器将浏览器关闭。

在前面说过，for 循环是由三部分组成的，通常用于初始化表达式、条件表达式、自增自减表达式。为什么说"通常"呢？这是因为一些 for 循环写起来很花哨，比如：

```
let i = 2,
  j = 8;
for (; i * 2 != j; ) {
  console.log(i++, j++);
}
```

这个 for 循环是合法的，要想知道它的执行结果，必须深入研究 for 循环的执行机理。为讲解方便，我们给 for 循环的各部分进行编号：

```
for (①初始操作; ②循环继续条件; ③每次迭代后的操作) {
    ④循环体;
}
```

for 循环的具体执行过程是这样的：先执行语句①一次，紧接着立即判断语句②是否为 true，如果是，则执行循环体④，这样就完成一次迭代；循环体④执行完毕后，执行语句③，再判断语句②是否为 true，如果是，则再一次进入循环体，开启新迭代……如此反复，形成循环。而当某次判断语句②不再为 true 时，则退出循环。for 循环执行过程如图 5-10 所示。

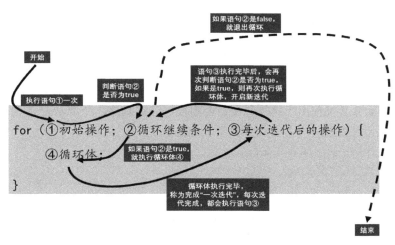

图 5-10　for 循环执行过程

for 循环也存在一些特殊情况，比如，for 循环的小括号内部可以不写表达式，但是必须写分号：

```
let i = 0;
for (; i < 100; ) {
  console.log("atguigu" + i);
  i++;
}
```

本段代码将"let i = 1"写在了 for 循环前，代替了初始表达式部分；将每次迭代后的操作"i++"写在循环体内，按照执行流程，每次循环先执行语句"console.log("atguigu"+i);"再将变量 i 进行自增，这样的执行顺序与写在小括号中的执行顺序其实是相同的。上面的代码等同于：

```
for (let i = 0; i < 100; i++) {
  console.log("atguigu" + i);
}
```

运行代码后，输出结果为"1""2""3"……"99"。

还有一种特殊情况：循环继续条件没有书写表达式，for 循环后面的小括号中只有两个分号，比如：

```
for (;;) {
  console.log("尚硅谷");
}
```

运行代码后，控制台不停地输出"尚硅谷"，这就是我们常说的死循环。在 for 循环的小括号中，第二个表达式决定了是否继续循环。如果第二个表达式的值永远为真，那么就会构成死循环，程序会不断地运行。这段代码省略了循环继续条件，JavaScript 会默认循环继续条件是 true。上面的代码等同于：

```
for (; true; ) {
  console.log("尚硅谷");
}
```

初学者在使用 for 循环时很容易出现这些情况，死循环会导致卡死、浏览器直接崩溃等现象，降低用户体验。因此在书写代码时应该尽量避免这些问题。

5.3.2　案例：使用 for 循环输出年份和年龄

题目：请在控制台逐行输出"2003 年我 0 岁""2004 年我 1 岁"……"2103 年我 100 岁"。

本题出现了年份和年龄两个数值，要使用两个循环变量吗？答案是否定的。因为这两个数值有明显的对应关系：不管年龄是多少，年份减去 2003（出生年份）就是年龄，因此使用一个循环变量即可。

解题思路是使用 for 循环迭代 2003 至 2103 中的每个整数，每迭代一个年份数字，就计算在该年份的年龄，并使用连字符按规定的格式输出。代码如下：

```
for (let year = 2003; year <= 2103; year++) {
  console.log(year + "年我" + (year - 2003) + "岁");
}
```

本段代码使用"year"作为循环变量，做到了见名知意。在循环体中，表达式 year-2003 即不同年份对应的年龄，要注意减法运算必须使用小括号包裹，否则根据计算顺序，变量 year 会优先与前面的字符串进行连接，然后才做减法运算，这样会导致计算结果为 NaN。

换个思路，也可以使用 for 循环迭代年龄：

```
for (let age = 0; age <= 100; age++) {
  console.log(2003 + age + "年我" + age + "岁");
}
```

这段代码使用 for 循环迭代年龄 age，通过出生年份 2003 加上每次迭代的当前年龄的方式，计算了当前年份，输出结果与上面的案例相同。

5.4　循环语句之 while 循环

5.4.1　基本语法

while 语句是 JavaScript 提供的另一种循环语句，语法是：

```
while (条件表达式) {
  循环体
}
```

while 的原意是"当……时"，while 关键字后面的小括号中为测试条件。while 语句的语法要比 for 语句简单很多，执行过程也更简单：当测试条件为 true 时，则循环执行循环体，直到测试条件为 false，如图 5-11 所示。

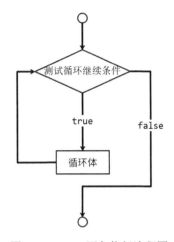

图 5-11 while 语句执行流程图

下面来看一段实际代码：

```javascript
let i = 0;
while (i < 10) {
  console.log(i);
  i++;
}
```

从这段代码来看，while 循环相比 for 循环明显可读性更高。在起始位置，将变量 i 赋值为 0，之后进行 while 循环，这段代码的含义是：当 i<10 时，就先执行 console.log(i)，然后让 i 自增 1。运行代码，输出结果为 "1" "2" "3" …… "9"。

关于 while 循环的一些细节需要注意：

- 在这段代码中，首先定义了循环变量 i。和 for 循环不同，while 循环没有预留定义循环变量的位置，这需要我们在循环之前定义循环变量。
- 遇见 while 语句时，JavaScript 会先判断测试条件是否为 true，如果是，就执行循环体，否则循环不会执行。这和 for 循环相同，它们都是预测试循环的循环体结构。
- i++ 语句让循环变量 i 改变，while 语句也没有预留循环变量改变的位置，需要我们在循环体中书写。一定不要忘记在循环体中书写改变循环变量的语句，否则循环将成为死循环。

可见，while 循环语法相对于 for 循环语法更简单，但 "麻雀虽小，五脏俱全"，只不过是换个地方书写了相同的语句。

在 while 循环中也可以使用关键字 break 来终止循环，break 的意思是 "打断"，在 JavaScript 中通常用来终止循环。关键字 break 将在 5.6 节进行讲解，这里只需知道在 while 循环中可以使用它终止循环。比如：

```javascript
let n = 0;
while (true) {
  if (n == 3) {
    break;
  }
  console.log(n++);
}
```

代码运行结果是逐行输出 "0"、"1" 和 "2"。

while 后的小括号中的表达式的运算结果如果不是布尔值，则会被 Boolean() 函数隐式转换为布尔值。比如：

```javascript
let n = 10;
while (n--) {
  console.log(n);
```

```
}
```

代码运行结果是逐行输出“9”“8”“7”……“0”。while 后的小括号中的运算结果是 Number 类型值，它将被隐式转换为布尔值：数字 10~1 都会被视为 true，而数字 0 将被视为 false，因此当 n 的值为 0 时，循环将停止。

你可能认为结果应该输出 10~1，但为什么输出的是 9~0 呢？这是因为 n-- 是“先用值，再自减”，一开始传入 while 的条件是 10 而不是 9，但进入循环体时，它已经被减 1 了，所以最先输出的数字是 9，而不是 10。同理，最后当 n 等于 1 时，while 判断的是数字 1，视为 true，但进入循环后 n 的值已经是 0 了，因此最后输出的是 0。

在使用 while 循环时，程序员经常会犯的错误就是循环多执行一次或少执行一次，这叫作“出一错误”，在编程时应注意。

一些有经验的程序员使用 while 循环解题时，经常会使用“死循环写法”，即故意书写一个死循环，当某条件符合时，就调用 break 语句结束循环。

题目：寻找最小的且同时能被 3、4、5、7 整除的数字。

使用普通的 while 循环书写代码：

```
let n = 1;
while (!(n % 3 == 0 && n % 4 == 0 && n % 5 == 0 && n % 7 == 0)) {
  n++;
}
console.log(n);
```

在这段代码中，使用逻辑非运算符“!”是非常关键的，表示当这些条件不满足时，要继续寻找下去，言外之意就是必须找到符合条件的数字才退出循环。如果改为 while(true) 的写法，则不会用到逻辑非运算符：

```
let n = 1;
// 死循环
while (true) {
  // 如果找到符合条件的数字，则终止循环
  if (n == 3 && n == 4 && n == 5 && n == 7) {
    break;
  }
  n++;
}
console.log(n);
```

使用习惯之后，相信 while(true) 会成为你“工具箱”中的一个得力工具。

5.4.2 案例：使用 while 循环输出年份和年龄

本节将 5.3.2 节的案例使用 while 循环重写。

题目：请在控制台逐行输出“2003 年我 0 岁”“2004 年我 1 岁”……“2103 年我 100 岁”。

本案例与 5.3.2 节案例的对应关系相同：不管年份是多少，年份减去 2003（出生年份）就是年龄，因此使用一个循环变量即可。

使用 while 循环实现的思路：使用 while 循环迭代 2003 至 2103 中的每个整数，每迭代一个年份数字，就计算在该年份的年龄，并使用连字符按规定的格式输出。

代码如下：

```
let year = 2003;
while (year <= 2103) {
  console.log(year + "年我" + (year - 2003) + "岁");
```

```
  year++;
}
```

　　在循环体外，声明变量 year 并赋值代表出生年份，相当于 for 循环中的初始操作。在循环体内，表达式 year – 2003 即每年对应的年龄，根据执行顺序，每次执行变量 year 的值都会自增，迭代执行直到条件不成立，停止循环。因此输出结果："2003 年我 0 岁""2004 年我 1 岁"……"2103 年我 100 岁"。

　　for 循环的另一种思路使用 while 循环同样可以实现：

```
let age = 0;
while (age <= 100) {
  console.log(2003 + age + "年我" + age + "岁");
  age++;
}
```

　　这段代码同样是通过出生年份（2003）加上每次迭代的当前年龄来计算当前的年份，思路和输出结果与 for 循环中的案例相同，这里不再赘述。

5.5　循环语句之 do…while 循环

5.5.1　基本语法

　　do…while 循环是 while 循环的变体，是一种后测试循环语句，语法为：

```
do {
    循环体
} while (循环执行条件)
```

　　do…while 循环的循环执行条件写在循环体的后面，它总会先无条件地执行循环体一次，然后检测循环执行条件是否为 true，如果是，则再次执行循环体，如此反复，如图 5-12 所示。

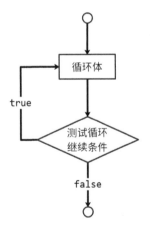

图 5-12　do…while 循环执行流程图

　　do…while 循环的后测试特性意味着：即使 do…while 的循环执行条件是 false，它也会执行循环体一次。比如：

```
do {
  console.log("A");                    // 能够输出一次 A
} while (false);
```

　　在上述代码中，循环语句的循环继续条件是 false，但它仍然会执行一次循环体，这和 while 循环有显著不同。

5.5.2　案例：生成不都为 0 的随机数

题目：请随机生成两个变量 dx 和 dy，它们均在[-4, 4]区间随机取值，要求 dx 和 dy 不能同时为 0。

解题思路：使用 do…while 循环，利用它的后测试特性，如同生产产品要验收一样，如果产品不合格，则必须进行返工。代码如下：

```
do {
  var dx = parseInt(Math.random() * 9) + -4;          // 随机数范围公式
  var dy = parseInt(Math.random() * 9) + -4;          // 随机数范围公式
} while (dx == 0 && dy == 0);

console.log(dx, dy);
```

本题不能使用 while 循环，原因很明显：我们要对生成的数字"后验收"，而不是"先判断"，当某个条件满足时再产生数字。

5.6　跳转

5.6.1　break

使用 break 关键字可以跳转到循环或其他语句结束，通常将其使用在 switch 语句和 for 语句中。在 switch 语句中使用 break 关键字可以跳出 switch 语句，比如：

```
const state = 0;
switch (state) {
  case 0:
    console.log("站立");
    break;
  case 1:
    console.log("走路");
    break;
  default:
    console.log("异常状态");
}
```

这段代码将 break 关键字写在 case0 语句和 case1 语句的最后，这代表只要进入 case0 和 case1，最终就会跳出 switch 语句，不会执行其他 case。也就是说，state 为 0 时，匹配到 case0，先执行语句 console.log("站立");，再执行 break;语句跳出 switch 语句，不会执行 case1 和 default，因此输出结果为"站立"。

在循环当中使用 break 关键字可以跳出循环。在实际开发中，经常会在 break 语句之前加一个条件判断。换句话说，先在循环中使用条件判断，当满足某个条件的时候，再退出循环。比如：

```
for (let i = 0; i < 10; i++) {
  if (i == 3) {
    break;
  }
  console.log(i);
}
```

代码运行结果是逐行输出"0"、"1"和"2"，后续数字不会输出。当 i 的值为 3 时，循环体中的 break 语句会命令该循环立即结束，还未被迭代的值将不再继续执行。在这段代码中，输出语句写在了 break 语句的后面，因此也不会输出数字 3。

如果是循环嵌套，break 语句默认打断所在的最内层循环，也就是跳出离它最近（包含它）的一层循环，比如：

```
for (let i = 0; i < 3; i++) {
  for (let j = 0; j < 3; j++) {
    if (j == 1) {
      break;                // 将终止内层循环
    }
    console.log("i是" + i, "j是" + j);
  }
}
```

在这段代码中，最内层循环使用 if 语句判断 j 的值，从而决定是否跳出最内层循环。内层循环虽然不再执行了，但并不影响外层循环进行。也就是说，第一次循环时，i 的值为 1，j 开始循环迭代，因为在循环体内判断 j 的值，所以只能执行一次。此后的每次迭代 i 都不断增加，j 却只能迭代一次。因此输出结果是"i 是 0，j 是 0"、"i 是 1，j 是 0"和"i 是 2，j 是 0"。记住：break 语句只终止所在的最内层循环，不会影响外层循环。

5.6.2　continue

continue 关键字和 break 关键字相似。不同的是，continue 关键字不是退出循环，而是终止当前迭代的剩余语句，重新开始一次新迭代。简单地说，使用 continue 语句是结束本次循环，从下一次循环继续开始。比如：

```
for (let i = 0; i <= 10; i++) {
  if (i == 3) {
    continue;
  }
  console.log(i);
}
```

这段代码将 break 案例中的 break 关键字换成了 continue 关键字，看起来大体相同，但执行效果却完全不一样。输出结果是"0"、"1"、"2"、"4"、"5"、"6"、"7"、"8"、"9"和"10"。通过输出结果可以发现：使用 continue 关键字跳出循环，没有输出数字 3。这是因为当 i 的值是 3 时，continue 语句命令循环立即结束当前迭代，后续的 console.log()语句无法执行，而是直接开始新循环，将数字迭代为 4，所以在运算结果中数字 3 不存在。

需要特别注意的是：continue 语句只能用在 while 语句、do...while 语句和 for 语句的循环体内，在其他地方使用会引起错误。

5.6.3　区分 while 和 do...while

while 循环和 do...while 循环不仅长得相似，功能也十分相似。很多初学者经常会混淆这两者，本节主要是帮助初学者区分 while 循环和 do...while 循环的。

while 循环和 do...while 循环执行流程图如图 5-13 所示。

通过流程图可以很清晰地看出：while 循环执行流程是当开始 while 循环时，先进行条件判断。如果条件为真，就执行循环体；如果条件为假，就跳出循环。do...while 循环执行流程是先执行一次循环体，然后进行条件判断，如果条件为真，就继续执行循环体，否则就跳出循环。简单地说，while 循环是先判断后执行，do...while 循环是先执行后判断。

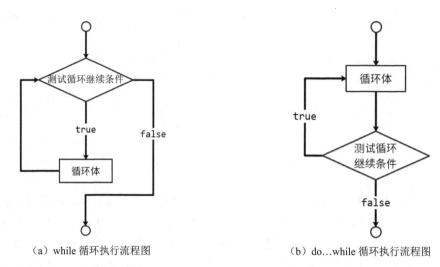

（a）while 循环执行流程图　　　　　　（b）do...while 循环执行流程图

图 5-13　while 循环和 do...while 循环执行流程图

这样看来，二者除了执行顺序的不同，在功能上并没有区别，那二者的区别到底是什么呢？事实上，只有在初始条件为真时，才会按照上面的规律执行。一旦初始条件为假，这二者的执行就完全不同了。当初始条件为假时，根据 while 循环执行过程，它会忽略循环体向下执行。而 do...while 循环就完全不同，它会先循环一次，再对测试循环继续条件进行判断，条件为 false 时就退出循环。简单地说，初始条件为假时，while 循环体一次都不会执行，而 do...while 循环体至少会执行一次。

书写测试案例：

```
// while 循环
let i = 0;
while (false) {
  i++;
  console.log(i);
}
console.log("aaaa");

// do...while 循环
let i = 0;
do {
  i++;
  console.log(i);
} while (false);
console.log("aaaa");
```

在这段代码中，while 循环的循环测试条件为 false，没有执行循环体内的内容，直接跳过循环向下执行，所以只输出结果 aaaa。do...while 循环的案例测试条件同样为 false，但根据规则会先执行循环体输出变量 i 的值，再进行判断，然后向下执行，所以输出结果为 1 和 aaaa。记住：在初始条件为假时，while 循环一次都不执行，do...while 循环至少执行一次。

5.7　循环嵌套

一个循环语句内可以书写另一个循环语句，形成嵌套。比如：

```
for (let i = 0; i < 3; i++) {
  for (let j = 0; j < 3; j++) {
```

```
    console.log("i是" + i, "j是" + j);
  }
}
```

在本段代码中有两层循环语句，外层循环的循环变量是 i，它迭代数字序列 0、1、2；内层循环的循环变量是 j（注意，此变量名不能和外层变量名相同），它也迭代数字序列 0、1、2。根据 for 循环的执行机理，循环是这样执行的：首先，当 i 等于 0 时，j 会依次遍历 0、1、2；然后，i 将变为 1，j 再依次遍历 0、1、2；最后，i 变为 2，j 再依次遍历 0、1、2，流程如图 5-14 所示。

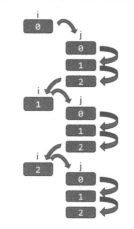

题目：请在控制台中输出一个由星号"★"组成的金字塔图形，如图 5-15 所示。

宏观地看，金字塔图形的每层都是一个字符串，整个金字塔图形由五个字符串构成；微观地看，每层字符串都由空格和星号构成，比如第一行的字符串是由四个空格和一个星号组成的，如图 5-16 所示。

图 5-14　循环的嵌套示意图

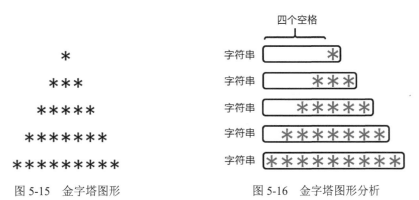

图 5-15　金字塔图形　　　　图 5-16　金字塔图形分析

解题的关键就是找到金字塔图形每层的层号和空格数、星号数的对应关系，如表 5-2 所示。

表 5-2　对每层空格数、星号数的分析

层　　号	空　格　数	星　号　数
1	4	1
2	3	3
3	2	5
4	1	7
5	0	9

当层数是 i 时（i 从 1 开始），该行的空格数就是 5 - i 个，该层出现的星号数是 2×i - 1 个。比如，第三层出现的星号数就是 5 个。这就需要使用 for 循环嵌套来解题，两层 for 循环的分工是：外层循环 i 负责迭代层数，内层循环 j 负责迭代该层出现的数字；其中，i 从 1 遍历到 5，j 从 1 遍历到 i。这样看来，每层星号前出现的空格总数是 5 - i 个。

根据思路编写代码如下：

```
let str;
for (let i = 1; i <= 5; i++) {
  // 每层都从空字符串开始
  str = "";
  for (let j = 0; j < 5 - i; j++) {
    // 拼接空格
```

```
  str += " ";
}
for (let k = 1; k <= 2*i-1; k++) {
  str += "*";
}
console.log(str);
}
```

金字塔的每层都是一个字符串，它们共同使用变量 str 来生成。遍历每层时，先重置变量 str，再生成本层所需的空格，然后使用内层循环语句向 str 中添加星号即可。

嵌套循环是在一个循环当中又出现另外一个循环，也就是说，外层循环执行一次，内层循环执行一轮。在实际开发中，建议嵌套的层次不宜过深，因为嵌套过深会导致时间复杂度变大，效率变低。

5.8 本章小结

本章主要介绍了 JavaScript 中的条件分支语句和循环语句，条件分支语句分为：if 语句和 switch 语句两种。if 语句主要应用在一个值对应两种情况的场景，switch 语句主要应用在一个值对应多种情况的场景。虽然使用 if 语句也可以实现 switch 语句的功能，但它比 switch 语句的可读性差，不易维护。因此对 if 语句和 switch 语句的应用场景应达到熟练掌握的程度，这样可以提升代码的可读性，写出高质量的代码。

循环语句分为 for 循环、while 循环和 do…while 循环。for 循环和 while 循环的作用基本是一致的，在实际开发中需要根据开发人员的习惯决定。while 循环和 do…while 循环对初学者来说极易混淆，因此对于二者的原理和应用场景应熟练掌握，以方便后续开发。

本章内容侧重逻辑思考，尤其是循环语句，对锻炼初学者的思维逻辑十分有帮助，应达到熟练掌握的程度。

第6章

函数（上）

函数这个词我们并不陌生，前面的内容多次涉及函数，那么什么是函数呢？下面通过一个案例来演示。

案例：计算 1—30 之间整数的和，以及 80—100 之间整数的和。

根据之前学习的知识，你应该很快就想到了使用 for 循环来实现，代码如下：

```
// 计算 1-30 之间整数的和
let sum = 0;
for (let i = 1; i <= 30; i++) {
  sum += i;
}
console.log(sum);                    // 465

// 计算 80-100 之间整数的和

let sum = 0;
for (let i = 80; i <= 100; i++) {
  sum += i;
}
console.log(sum);                    // 1890
```

这段代码使用 for 循环计算出了 1—30 之间整数的和，以及 80—100 之间整数的和，代码逻辑很简单，不再赘述。仔细观察这段代码，可以发现两个求和计算除了 for 循环的起始值和终止值不一样，其余位置的代码完全相同。试想在实际开发中出现类似的需求，开发人员就需要书写很多段含义相同的代码，代码量是庞大的，并且在需求更改的时候操作起来也很烦琐。

使用函数可以避免书写多段含义相同的代码，下面将上面的代码使用函数的方式改写：

```
//定义函数 total
function total(a, b) {
  let sum = 0;
  for (let i = a; i <= b; i++) {
    sum += i;
  }
  return sum;
}

//计算 1-30 之间整数的和
total(1, 30);                        //465

//计算 80-100 之间整数的和
total(80, 100);                      //1890
```

先不研究代码中的函数语法，从运行结果看，结果与上面使用 for 循环的结果是完全相同的；从代码量上看，使用函数的方式明显代码量更小，并且从代码可读性来说，函数的可读性更高。

再来看这段代码，代码使用关键字 function 定义了函数 total，其后小括号中的字母 a 和 b 代表可以接收两个参数。在代码块内，使用 for 循环将[a,b]区间内的整数遍历累加至变量 sum 中，最后使用 return 关键字将 sum 的值返回。在函数体外，调用了两次 total 函数，分别传入 1—30 和 80—100，从而实现需求，输出结果为 465 和 1890。

此时你应该可以理解什么是函数，以及函数的作用了，所谓函数就是具有某种特定功能的代码块的封装体。详细地说，函数就是封装了一些功能代码，当需要的时候可以多次调用函数，它的作用就是实现了代码复用。

本章学习内容如下：

- 函数的定义与调用
- 箭头函数
- 函数封装
- 参数默认值与剩余参数
- 作用域和作用域链

6.1 函数的定义与调用

定义函数有三种方式，分别是函数声明、函数表达式和创建函数对象。下面将对这三种定义方式依次展开介绍。

第一种方式是函数声明，是在 JavaScript 中使用 function 关键字来进行函数定义，语法如下：

```
function 函数名（参数1，参数2……）{
    代码块（函数体）;
}
```

function 是"功能、函数"的意思，表示其内部封装了一个功能。function 关键字后面是函数名，如 function total(){}，它的函数名就是 total，也叫作 total()函数。需要注意的是，函数名需要符合标识符命名规范：只能由字母、数字、下画线和美元符号组成，不能以数字开头等，具体规则见 2.5 节。

在函数名后的小括号中书写函数的参数，也叫作形式参数（简称"形参"）。形参相当于函数中定义的局部变量，需要在调用函数时传入参数的具体数据。形参的个数可多可少，一个函数可以有多个形参，也可以没有形参。可以使用逗号来分隔形参，如（a,b,c,d）。但是需要注意的是，无论小括号中是否存在参数，都要书写小括号。比如：

```
// 函数 total() 指定两个形参
function total(a, b) {
  let sum = 0;
  sum = a + b;
  return sum;
}

// 函数 total() 不指定形参
let a = 1;
let b = 2;
function total() {
  let sum = 0;
  sum = a + b;
  return sum;
```

```
}
```

在大括号中书写功能性代码，也被叫作函数体。通常在函数体内需要书写 return 关键字来返回值，简单地说，return 关键字后面的值最终要返回给函数调用表达式。比如：

```
function total(a, b) {
  let sum = 0;
  sum = a + b;
  return sum;
}
const result = total(1, 2);
console.log(result);    ·                  // 3
```

本段代码定义了函数 total()，函数体内计算了形参 a 和形参 b 的和，并使用 return 关键字将结果返回。调用函数后返回结果为 3。记住：函数调用的结果就是函数体内 return 的结果值。

你可能会疑惑，如果 return 关键字后面不写值，那么返回什么呢？其实函数有一个默认的返回值 undefined，当 return 关键字后面没有返回值时，就会返回默认值，比如：

```
function total(a, b) {
  let sum = 0;
  sum = a + b;
  return;
}
const result = total(1, 2);
console.log(result);
```

运行代码后，输出结果 undefined。

JavaScript 也允许函数体内没有 return 关键字，此时返回的同样是函数默认的返回值 undefined。比如：

```
function total(a, b) {
  let sum = 0;
  sum = a + b;
}
const result = total(1, 2);
console.log(result);                      // undefined
```

这段代码的函数体内没有 return 返回值，因此运行后返回 undefined。但需要注意的是，这并不代表函数体内部没有执行，在函数体内部还是将形参 a 和形参 b 进行了相加，只不过没有 return 语句无法显示结果而已。尽管函数体内部没有使用 return 语句进行返回，但是它本质上是默认执行了 return undefined ;语句。因此，当函数体内部没有 return 语句时，函数默认的返回值是 undefined。

可以将函数体内部的 return 关键字总结为以下三种情况：

- 如果函数没有显式地使用 return 语句，那么函数有默认的返回值 undefined。
- 如果函数使用了 return 语句，但是 return 后没有值，则返回值为 undefined。
- 如果函数使用 return 语句，则 return 后面的值为函数的返回值。

需要注意的是：当函数使用了 return 语句后，这个函数在执行完 return 语句之后停止并立即退出，也就是说，return 语句后面的所有代码都不再执行。在实际开发中推荐的做法是：要么让函数始终都返回一个值，要么就不书写返回值。

第二种方式是函数表达式定义，它不再在 function 关键字后面定义函数名，而是通过 var 关键字声明函数名，其余部分与函数声明定义的语法相同。

```
var 变量名（函数名）= function(参数 1，参数 2……){
    代码块；(函数体)
}
```

将函数声明定义改为函数表达式定义：

```
var total = function (a, b) {
```

```
  return a + b;
};
console.log(typeof total);                        // function
```

其实不管使用哪种方式定义函数，本质上都是先定义一个变量，然后将函数数值赋给这个变量。值得一提的是，函数在定义时是不会自动执行的，只有在调用函数的时候才会执行函数。

第三种方式是创建函数对象，可以通过内置的 JavaScript 函数构造器（Function()）定义。语法如下：

```
new Function(arg1,arg2,arg3,…,argN,functionBody)
```

语法中的 arg1,arg2,arg3,…,argN 代表函数可以接收的参数名称。functionBody 是函数体中包含的所有语句组成的字符串。比如：

```
const total = new Function("a", "b", "return a+b");
const result = total(1, 2);
console.log(result);                              // 3
```

这段代码使用创建函数对象的方式创建了一个 total() 函数，它可以接收 a 和 b 两个形参。

将创建函数对象的方式改写为函数表达式定义的方式，代码如下：

```
let total = function (a, b) {
  return a + b;
};
```

在实际开发中，我们并不推荐使用这种方式来定义函数，因为从编码上来说，它书写起来不太方便；从性能上来说，它不利于 JS 引擎优化。

值得一提的是，无论是函数声明还是函数表达式，它们的内部本质上都会利用第三种方式创建函数对象。也就是说，函数都是对象数据，但是使用 typeof 测试函数（函数声明或函数表达式）的时候，返回的不是 object，而是 function。在前面讲解过，对象数据类型包括数组、对象和函数。这里需要特别记忆：使用 typeof 测试对象数据类型时，只有数组和对象返回 object，函数返回 function。

书写代码测试：

```
const fn1 = function () {
  console.log("我是 fn1");
};

function fn2() {
  console.log("我是 fn2");
}

console.log(typeof fn1);                          // function
console.log(typeof fn2);                          // function
```

运行代码后，输出的结果都是 function。

在实际开发时，可以使用函数对代码进行封装，让函数内部的代码对外部不可见，将整个代码项目通过函数实现模块化，从而解决代码的冗余问题，形成代码复用。

学习过定义函数后，下面开始讲解调用函数。

函数调用非常简单，只需书写要调用的函数名再加上一个小括号即可。在小括号中可以书写需要传递的参数，这样的参数也叫作实参。在通常情况下，实参的个数由形参的个数决定，也就是说，实参的数量和形参的数量对应。比如，调用上一个案例的函数就可以这样：

```
total(1,2);
```

函数 total() 定义了 a 和 b 两个形参，在函数体内会对形参的值进行求和操作。在全局作用域中，调用函数 total() 传入两个实参 1 和 2，依次对应形参 a 和形参 b。也就是说，在函数体中 a 的值是 1，b 的值是 2，调用函数后输出结果 3，如图 6-1 所示。

```
                                             a的值: 1
                                          ┌──────────────────┐
                                          ↓     b的值: 2     │
                                          │ ↓  ┌──────────┐  │
var total = function (a, b) {             total(1, 2)
  return a + b;
};
console.log(typeof total);
```

图 6-1　形参和实参的对应

其实，形参的个数不等于实参的个数也是可以的。当实参的个数少于形参的个数时，多余的形参的值为 undefined。比如：

```
// 实参的个数少于形参的个数
function sum(a, b, c) {
  console.log(a + b);          // 30
  console.log(c);              // undefined
}
sum(10, 20);
```

这段代码定义了函数 sum()，它可以接收三个形参。在调用函数 sum() 时传入两个实参 10 和 20，分别对应形参 a 和形参 b。也就是说，在函数体内，a 的值为 10，b 的值为 20。因为没有传入 c 的值，所以 c 的值为 undefined。故输出结果为 30 和 undefined。

当实参的个数多于形参的个数时，多余的实参可以通过 arguments 来获取（arguments 在 8.2 节进行介绍）。比如：

```
// 实参的个数多于形参的个数
function sum(a, b) {
  console.log(a + b);          // 30
  console.log(arguments[2]);   // 30
}
sum(10, 20, 30);
```

在本段代码中，函数 sum() 接收两个形参，调用时传入三个实参。形参和实参是相对应的，也就是说，在函数体中，a 的值为 10，b 的值为 20。至于多传入的实参，可以通过类数组对象 arguments 获取。故输出结果为 30 和 30。

6.2　函数封装练习

前面学习了函数的基本知识，本节主要利用所学知识来书写相关代码，从而实现函数封装的练习。

题目 1：编写 1 到 n 中的整数的和的函数。

根据题目可以得知此题目有两个重点：一个是要求计算 1 到任意整数 n 的和，一个是使用函数封装。第一个重点对你来说应该信手拈来，根据之前所学，可以使用循环实现求 1 到任意整数的和，由此可以写出这样的代码：

```
const n = 10;
let sum = 0;
for (let i = 1; i <= n; i++) {
  sum += i;
}
```

第二个重点使用函数封装就用到了本章所学知识点，形参用于接收函数外部传入的不确定数据。分析题目中谁是不确定数据，审题得知题目中只有一个不确定数据：任意整数 n。也就是说，在定义函数的时候要将 n 写在形参的位置。

解题思路：先封装函数 total()，需要定义形参 n，在函数体内部使用 for 循环迭代从 1 到 n 的整数，在 for 循环内部计算累加和，最后使用 return 语句返回和。代码如下：

```
function total(n) {
  let sum = 0;
  for (let i = 1; i <= n; i++) {
    sum += i;
  }
  return sum;
}
```

在这段代码中，total 表示"总共的，全部的"。使用"total"作为函数名，顾名思义，该函数就是用来计算全部数字的和。调用函数 total()，传入实参 100，测试该函数功能是否正确。代码如下：

```
const result = total(100);
console.log(result);                    // 5050
```

运行代码后，输出结果 5050。答案正确，说明函数功能正常。

将上面的代码使用箭头函数书写：

```
const total = (n) => {
  let sum = 0;
  for (let i = 1; i <= n; i++) {
    sum += i;
  }
  return sum;
};
```

这段代码的函数体内包含多条语句，因此函数体部分不需要改动，其余部分只需要按照正常规则进行改写即可。值得一提的是，这里只展示箭头函数的写法，相关知识会在 6.6 节详细讲解。

箭头函数调用函数代码与普通函数调用函数代码相同：

```
const result = total(100);
console.log(result);                    // 5050
```

运行代码后，输出结果 5050，使用箭头函数实现功能正常。

题目 2：编写函数计算某个数的阶乘。

这道题目与题目 1 相似，同样有两个重点：一个是计算某个数的阶乘，一个是使用函数封装。相信通过题目 1 的学习，你可以书写出以下代码：

```
const n = 10;
let sum = 1;
for (let i = 1; i <= n; i++) {
  sum *= i;
}
```

这段代码与上一个题目书写代码的思路相同，只是将累加变为累乘，这里不再赘述。需要注意的是：变量 sum 是用作存储累乘结果的变量，初始值不能设置为 0，因为任何数乘以 0 结果都为 0，所以将变量 sum 的初始值设置为 1。

解题思路：先封装函数 total()，需要定义形参 n，在函数体内部使用 for 循环迭代从 1 到该形参的整数，内部进行累乘，最后使用 return 语句返回结果。

代码如下：

```
function total(n) {
  let sum = 1;
  for (let i = 1; i <= n; i++) {
    sum *= i;
  }
```

```
    return sum;
}
const result = total(10);
console.log(result);                    // 3628800
```

运行代码后，输出结果 3628800。

同样使用箭头函数书写该代码，并调用输出结果：

```
const total = (n) => {
  let sum = 1;
  for (let i = 1; i <= n; i++) {
    sum *= i;
  }
  return sum;
};
const result = total(10);
console.log(result);                    // 3628800
```

运行代码后，输出结果 3628800，使用箭头函数实现功能正常。

6.3　函数参数相关

在 ES6 之前，只能通过检测某个参数是否等于 undefined 来确认这个值是否存在。但 ES6 之后就不用这么麻烦了，它支持为参数显式地定义默认值。也就是说，不必再判断这个参数是否等于 undefined，可以在初始阶段直接为参数定义默认值。

ES6 还提供了剩余参数，也就是 rest 参数，能够比较方便地在函数体内得到全部或部分实参数据列表，使用它可以很好地代替 ES5 函数内的 arguments。

6.3.1　参数默认值

在 ES6 规范出来之前，函数参数的默认值需要我们手动进行处理。比如，需要定义一个自我介绍函数，函数功能为介绍名字和性别。当没有传入性别时，默认为男。根据之前所学可以书写出以下代码：

```
function person(name, sex) {
  sex = sex || "男";
  console.log("我的名字是" + name + ",我的性别是" + sex);
}
// 传递完整参数
person("五花肉", "女");                 // 我的名字是五花肉,我的性别是女
// 使用参数默认值
person("大力丸");                       // 我的名字是大力丸,我的性别是男
```

这段代码定义了一个名为 person 的函数，它可以接收两个形参 name 和 sex。函数体内部通过代码 scx= sex || "男"来判断 sex 是否传入。当没有传入性别时，sex 的值为 undefined，代码变为 sex = undefined|| "男"，故返回"男"。反之，当传入性别时，sex 就会存入传入的值。比如，传入（"五花肉"/"女"）时，代码变为 sex = "女"|| "男"，执行后 sex 中会存入"女"。

但是在某些情况下判断 sex 的状态时会存在一些问题。比如，用户传递的参数是 0 或空字符串时会自动转为 false，这种情况可以通过 typeof 或全等运算符"==="判断当前的参数是否是 undefined 来解决，代码如下：

```
function person(name, sex) {
  // 使用 typeof 判断
```

```
  // sex = typeof sex === "undefined"?"男":sex;

  // 使用全等运算符 "===" 判断
  sex = sex === undefined ? "男" : sex;
  console.log("我的名字是" + name + ",我的性别是" + sex);
}

// 传递完整参数
person("五花肉", "女");                    // 我的名字是五花肉,我的性别是女

// 使用参数默认值
person("大力丸", 0);                       // 我的名字是大力丸,我的性别是男
```

运行代码后，输出结果为"我的名字是五花肉，我的性别是女"和"我的名字是大力丸，我的性别是男"。

这就是在 ES6 之前参数默认值的一种基本解决方案，它们太偏向于手动编写代码。在 ES6 之后提供了一种非常简单的语法结构：可以在函数头中直接定义参数默认值。将上面的案例使用 ES6 的方式进行改写：

```
function person(name, sex = "男") {
  console.log("我的名字是" + name + ",我的性别是" + sex);
}

// 传递完整参数
person("五花肉", "女");                    // 我的名字是五花肉,我的性别是女

// 使用参数默认值, sex 的值为"男"
person("大力丸");                          // 我的名字是大力丸,我的性别是男
```

这段代码在形参中定义了参数默认值，当没有传入 sex 的值时，默认使用"男"；当传入 sex 的值时，就使用传入的值。故运行代码后，输出结果为"我的名字是五花肉，我的性别是女"和"我的名字是大力丸，我的性别是男"。

从代码量上来看，明显使用 ES6 在函数头中直接定义默认值的方案的代码量更少；从代码可读性来看，同样是使用 ES6 在函数头中直接定义默认值的方案略胜一筹。在日常开发中，对于参数默认值的实现更推荐开发者使用 ES6 的方式来提升代码质量。

6.3.2 剩余参数

在正式讲解剩余（rest）参数之前，先介绍函数内部的 arguments 对象。在函数调用的时候，浏览器每次都会传递一个封装实参的类数组对象 arguments。使用 typeof 检测 arguments 的类型时，返回的是 object。虽然 arguments 的类型是对象，但它不是无序的内部属性，而是有序的实参数据。也就是说，使用 arguments 可以在调用函数时不再局限于函数声明定义的参数列表。arguments 具备和数组相同的访问性质及方式，并拥有数组长度属性 length，因此 arguments 是特殊对象，又叫作类数组对象。

需要注意的是，arguments 是函数执行时内部自动创建的对象，我们不能显式地创建或修改它。

书写测试代码：

```
function test() {
  // 输出 arguments 对象
  console.log(arguments);                    // ["name","age"]

  // 判断 arguments 类型
```

```
    console.log(typeof arguments);            // "object"

    // 使用 toString.call()判断内置类型
    console.log(toString.call(arguments));    // [object Arguments]

    // 通过.length 的方式得到 arguments 的长度
    console.log(arguments.length);            // 2

    // 通过调用对象属性的方式，在函数内部得到第一个实参
    console.log(arguments[0]);                // "name"
}
test("name", "age");
```

这段代码定义了名为 test 的函数，通过 test("name", "age")调用函数，并传入实参“name”和“age”。因此在函数内部输出 arguments 对象时，输出结果为调用函数时传入的实参["name","age"]。

在前面提及过 arguments 的类型是对象，在使用 typeof 检测 arguments 的类型时会返回 object。toString.call()是开发者常用来判断内置类型的方式，比如，当 Array 和 arguments 同时使用 typeof 进行检测时都会返回 object，此时就可以用 toString.call()来区分其具体类型。故代码 toString.call(arguments)的输出结果为[object Arguments]。

arguments 不是数组，而是一个拥有 length 属性的对象，它可以通过.length 的方式获得 arguments 的长度，还可以通过中括号来获取其中的值，比如，通过 arguments.length 获得了长度 2，通过 arguments[0]获得了 arguments 第一位的值 name。

在实际开发中并不推荐过多地使用 arguments 对象，因为从性能角度而言，在所有主流浏览器中，访问命名参数比访问 arguments 对象的速度要快得多。所以我们更推荐使用定义形参的形式来访问实参。

ES6 引入 rest 参数技术，让我们可以更方便地在函数中得到实参数据列表，这也是它叫作剩余参数的原因；除此之外，还可以通过 rest 参数得到所有的实参列表，此时就可以完全替代 arguments 对象。语法如下：

```
// 写法一：收集部分实参列表
function(a, b, ...args) {
  // ...
}

// 写法二：收集所有实参列表
function(...args) {
  // ...
}
```

从本段代码可以看出：rest 参数是由三个点“...”和变量名组成（...变量名）的。

首先需要认识到 rest 参数变量是一个数组，数组中的元素可能是部分实参数据，也可能是所有实参数据。下面来看看 rest 参数是如何使用的吧！

在声明 rest 参数 args 之前，我们可以先在左侧定义 n 个形参，最终 args 就是部分实参数据的数组，在该数组中不包含与左侧形参对应的实参。具体如下：

```
function fn(a, b, ...args) {
  console.log(a, b, args);
}
fn(1, 3, 5, 7, 9);                        // 1 3 [5, 7, 9]
```

本段代码定义了 a 和 b 两个形参，用来接收对应位置的实参 1 和 3，并使用“...args”接收剩余的实参5、7 和 9。

如果在函数形参部分只声明 rest 参数 args，那么 args 就是所有实参数据组成的数组。比如：

```
function fn(...args) {
  console.log(args);
```

```
}
fn(1, 3, 5, 7, 9);                          // [1, 3, 5, 7, 9]
```

6.4 作用域

作用域就是变量起作用的区域,即作用域控制变量(任何类型)在哪个区域(范围)才可以访问。事实上,任何编程语言都有作用域的概念,它是一个抽象的概念,不是真实存在的任何一种类型的数据。

来看这样一个例子:

```
function fn() {
  const a = 100;
  console.log("函数内部", a);              // 函数内部 100
}
fn();
console.log("函数外部", a);                // 报错: a is not defined
```

通过运行结果我们能看到,在函数 fn()内部是可以访问到 a 的,但在函数外部就完全看不到函数内部的变量 a。这其实就是作用域的作用,它决定了变量起作用的区域(范围),即作用域控制变量与函数的可见性和生命周期。

事实上,在 ES5 中,变量的作用域只分为函数作用域和全局作用域。作用域是具有局限性的,在函数内部定义的变量,它的作用域就是函数作用域,该变量也叫局部变量;在全局定义的变量,它的作用域就是全局作用域,该变量也叫全局变量。换句话说,局部变量在函数作用域中定义,只能在函数作用域中使用;全局变量在全局作用域中定义,可以在整个程序中使用。下面通过案例来具体讲解函数作用域和全局作用域,代码如下:

```
const a = 10;
const b = 20;
function fn() {
  const a = 100;
  const b = 200;
  console.log(a, b);
}
fn();
console.log(a, b);
```

这段代码在函数 fn()内部定义了局部变量 a 和局部变量 b,它们的作用域就是函数作用域。在全局中定义了全局变量 a 和全局变量 b,它们的作用域就是全局作用域。因为作用域是具有局限性的,所以函数内部读取的是函数作用域中 a 和 b 的值,全局中读取的是全局作用域中 a 和 b 的值,依次输出结果"100 200"和"10 20"。

你可能会疑惑:变量 a 和变量 b 在函数作用域和全局作用域中重名不会影响两次的输出结果吗?其实是不会的,正是因为作用域具有隔离性,所以当全局变量和局部变量重名时不会互相影响,而是各自使用各自的变量。相当于将函数内定义的变量"圈"在了函数作用域内,因此不会影响两次输出结果,如图 6-2 所示。记住:函数作用域和全局作用域中声明的变量是允许重名的。

在 2.2 节学习的 let 关键字为 JavaScript 新增了块作用域。任何一对大括号(除了函数)中的语句集都属于一个块,在大括号内定义的所有变量在代码块外都是不可见的,我们将这样的范围称为块作用域。比如:

```
let a1 = 12;
let b1 = "atguigu";

if (a1) {
  let a2 = 13;
  let b2 = "atguigu2";
```

```
  console.log("块作用域", a2, b2);
}

function fn() {
  let a3 = 14;
  let b3 = "atguigu3";
  console.log("函数作用域", a3, b3);
  if (a3) {
    let a4 = 15;
    console.log("函数内部的块作用域", a4);
  }
}

console.log("全局作用域", a1, b1);
```

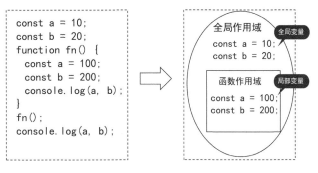

图 6-2　作用域图例解析

　　这段代码在全局作用域中定义了全局变量 a1 和全局变量 b1，在块作用域中定义了局部变量 a2 和局部变量 b2，在函数作用域中定义了局部变量 a3 和 b3，还在函数内部定义了一个块作用域，并在内部定义了局部变量 a4。

　　需要注意的是，在块作用域中定义的变量只能在其作用域范围内被读取，在作用域外部是无法被读取的。也就是说，a4 变量只能在函数作用域中的块作用域中被读取，不管是在全局作用域中，还是在函数作用域（块作用域外部），读取 a4 都会出现报错。该案例图解如图 6-3 所示。

```
-------------------------- 全局作用域 --------------------------
let a1 = 12;
let b1 = "atguigu";

if (a1) {
              -------------- 块作用域 --------------
  let a2 = 13;
  let b2 = "atguigu2";
  console.log("块作用域", a2, b2);

}

function fn () {
              -------------- 函数作用域 --------------
  let a3 = 14;
  let b3 = "atguigu3";
  console.log("函数作用域", a3, b3);

  if(a3){
    let a4 = 15;
    console.log("函数内部的块作用域",
    a4);
  }

}

console.log("全局作用域", a1, b1);
```

图 6-3　案例图解

6.5　作用域链

当我们在一个函数中读取一个变量时，JS 引擎会先在当前作用域中查找目标变量；如果没有查找到目标变量，就去外层作用域中查找；如果还没有找到目标变量，则继续向外层作用域查找，直到查找到全局作用域。在查找变量时，由内向外的多个作用域形成的链式结构被称为作用域链。

比如：

```
let b = 0;
function fn1() {
  let a = 1;
  function fn2() {
    let a = 2;
    console.log(a, b);
  }
  fn2();
}
fn1();                          // 2 0
```

这段代码共定义了两个函数，函数 fn2()定义在函数 fn1()的函数体内部。先在全局作用域中定义了变量 b 和函数 fn1()，fn1()函数体内部定义了变量 a 和函数 fn2()，并在该函数体内调用了函数 fn2()。也就是说，变量 a 和函数 fn2()的作用域是函数 fn1()的作用域；fn2()函数体内部也定义了变量 a，变量 a 的作用域为函数 fn2()的作用域。最后在 fn2()函数体中读取变量 a 和变量 b 的值。

那么，函数 fn2()中输出的 a 和 b 的值是多少？内部又如何找到对应的值呢？下面我们分情况对变量 a 和变量 b 的寻找过程进行分析，如图 6-4 所示。

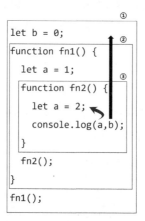

图 6-4　代码对应图解

- 变量 a 的情况十分简单，在函数 fn2()作用域中就被定义赋值，因此不需要向上寻找，直接输出值 2。
- 在读取变量 b 时，发现其在函数 fn2()作用域内没有被定义，因此向上寻找，上级作用域为函数 fn1()作用域，在该作用域中并未定义 b，再向上一级寻找，此时已经找到了全局作用域。全局作用域的头部定义了变量 b，故输出结果 0。

查找变量 b 就是沿着作用域链查找的过程，下面将沿着作用域链寻找变量的过程总结为以下三步。

（1）先从自身所在作用域查找，如果没有查找到，就去上级作用域查找，直至找到全局作用域当中。

（2）如果找到变量，就不再向上查找，直接返回它的值。

（3）如果没有找到变量，那么就会报 ReferenceError 引用错误，提示变量没有定义。

最后总结一下作用域和作用域链：作用域是一个变量可访问的范围，通过代码定义的位置来确定。作用域用于隔离变量，可以实现在不同作用域中定义同名变量的情况。还要明确的是，函数作用域和函数在何处被调用没有任何关系。作用域链是函数调用时动态确定的，是由当前函数作用域及依次向外的所有作用域组成（直到全局作用域为止）的。在函数内查找变量时会沿着作用域链由内向外查找，如果最终没有找到变量，会报变量没有定义的错误。

6.6　箭头函数

6.6.1　箭头函数的语法使用

ES6 规范提出了箭头函数语法，以简化函数表达式的编码。箭头函数有多种书写方式，具体如下：

```
// 方式一：完整写法
(param1,param2,…,paramN) => { statements }
() => { statements }              // 没有参数也需要书写小括号

// 方式二：只有一个参数的写法
singleParam => { statements }

// 方式三：函数体中只有一条语句的写法
(param1,param2,…,paramN) => expression
// 相当于：(param1,param2,…,paramN) =>{ return expression; }

// 方式四：函数体中只有一条返回对象的语句的写法
params => ({foo: bar})
```

下面将对这四种写法进行编码，并与函数表达式写法进行对比，使读者感受箭头函数的简洁之处。

方式一是箭头函数的完整写法，适用于所有函数表达式。可以使用=>代替 function，其余部分都没有变化。代码如下：

```
// 带参数的函数表达式
const fn = function (a, b) {
  console.log(a, b);
  return a + b;
};

// fn 对应的箭头函数
const fn2 = (a, b) => {
  console.log(a, b);
  return a + b;
};

// 不带参数的函数表达式
const fn3 = function () {
  console.log("hello");
  console.log("world");
};

// fn3 对应的箭头函数
const fn4 = () => {
  console.log("hello");
  console.log("world");
};
```

本段代码演示了带参数的函数表达式 fn 和不带参数的函数表达式 fn3 两种情况，分别使用箭头函数 fn2 和 fn4 进行改写。

方式二是当函数只有一个形参时，可以省略小括号。比如：

```
// 带一个参数的函数表达式
const fn5 = function (a) {
  console.log(a);
  return a + 2;
};

// fn5 对应的箭头函数
const fn6 = a => {
  console.log(a);
  return a + 2;
};
```

本段代码中的函数 fn5 只有一个参数 a，故在其使用箭头函数 fn6 进行书写时省略小括号，其余部分不变。

方式三是当函数体中只有一条 return 语句时，可以省略大括号，此时的=>还具有 return 的作用。比如：

```
// 函数体中只有 return 语句的函数表达式
const fn6 = function (a) {
  return a + 2;
};

// fn6 对应的箭头函数
const fn7 = a => a + 2;
```

函数 fn6 只有一个参数，并且函数体内只有一条语句 return a + 2，故在使用箭头函数进行书写时可以直接省略小括号和大括号。

方式四是当函数体中只有 return 语句，并且返回的是一个对象时，必须用小括号包含这个对象。比如：

```
// 返回对象的函数表达式
const fn8 = function () {
  return {
    name: "tom",
    age: 12,
  };
};

// 对应的箭头函数
const fn9 = () => ({ name: "tom", age: 12 });          // 正确

const fn9 = () => {name: "tom", age: 12}               // 错误
```

函数 fn8 返回的是一个对象，如果使用箭头函数改写时不书写小括号，大括号就会被当作函数体的大括号进行解析，此时就会出现报错现象，就像上方注释代码的运行效果。

6.6.2　箭头函数的特性

箭头函数除了在编码上更简洁，还有自己的特性，这些特性有时在实际开发时会非常有用。本节涉及 this 相关内容，此内容会在 8.8 节进行介绍，读者可以学习完 8.8 节内容后再学习本节内容。

箭头函数最大的特性就是函数作用域内没有自己的 this。如果在函数内读取 this，就会沿着作用域链去外层作用域中寻找 this。如果查找到全局作用域，那么 this 就是 window。代码如下：

HTML 代码：

```
<button id="btn">箭头函数_this</button>
```

JavaScript 代码：

```
// document.getElementById 可以获取元素 id 为 btn 的标签
let btn = document.getElementById("btn");

// ES5
btn.onclick = function () {
  console.log(this);                    // btn 对象
};

// ES6
btn.onclick = () => console.log(this);    //window 对象
```

在使用普通函数书写代码时，点击按钮，触发点击事件（在 12.3 节会介绍点击事件，这里读者只需知道 DOM 对象.onclick=function(){}是点击事件的语法），此时点击事件对应的匿名函数内部的 this 指向的是 btn 对象，因此输出结果为<button id = "btn">箭头函数_this</button>。

在使用箭头函数书写功能相同的代码时，因为箭头函数没有自己的 this，所以先观察外部有没有函数，发现外部并没有函数，this 指向 window，控制台输出 window 对象。

值得一提的是：如果将点击事件放入对象（对象在第 7 章介绍）中，this 指向的依旧是 window，读者可以学习完对象后再看这部分代码。代码如下：

JavaScript 代码：

```
const btn = document.getElementById("btn");
const obj = {
  username: "atguigu",
  age: 7,
  getName: () => {
    btn.onclick = () => {
      console.log(this);                      // window 对象
    };
  },
};
obj.getName();
```

当点击按钮时，触发 onclick 函数，onclick 函数内部输出 this，开始寻找。可以发现当前函数外层也有函数，并且外层函数也是箭头函数，再向外观察是否有函数嵌套，观察后可以发现，这个箭头函数外部已经没有函数了，故 this 指向 window。

箭头函数除了没有自己的 this，还有下面几个特性：

- 开发者不可以使用箭头函数定义构造函数，也就是说，不可以使用 new 实例化构造函数，否则会抛出一个错误。
- 箭头函数内不可以使用 arguments 对象，该对象在函数体内不存在，若想使用该对象可以使用 rest 参数代替。

箭头函数常见的使用场景是定义匿名函数/回调函数，代码如下：

```
const values = [1, 2.4, 7, 2, 7];
// 正常函数写法
const result = values.sort(function (a, b) {
  return a - b;
});
```

```
// 箭头函数写法
const result = values.sort((a, b) => a - b);
```

6.7 本章小结

本章从函数的定义开始讲解，由浅入深地介绍了函数的基本使用方法。关于函数的内容本书分为上、下篇进行介绍。

上篇内容较基础，主要讲解函数的定义和调用方式，以及箭头函数、函数参数、作用域、作用域链的相关知识。其中，6.3 节和 6.6 节为 ES6 相关内容，在开发中使用的频率极高。作用域和作用域链是开发中和面试时常见的知识点，本书中出现的知识点和案例读者应熟练掌握。

至于函数剩余的复杂知识点，我们将在第 8 章进行详细讲解。

第7章 对象

JavaScript 中有各种不同类型的对象，如数字对象、布尔值对象、字符串对象、时间对象、函数对象、数组对象等，它们都继承于 Object 类型，因此它们拥有共同的基本属性和方法。

对象（Object）是复合型的结构、引用型的数据。ECMA-262 把对象定义为："无序属性的集合，其属性可以包含基本值、对象或者函数"。也可以说，对象就是装有一组没有顺序的数据的容器，包含任意多个属性或方法。对象的每个属性都有一个名称，而且每个名称都映射到一个值，如果该值为函数，那么通常这个属性被称为方法。

可以将 JavaScript 中的对象生活化，以帮助读者理解。以人为例，一个指定的人就可以是一个对象，这个人有姓名、性别、年龄三个状态数据，对应的对象就有对应的三个属性。这个人有能吃饭、能跑步、能自我介绍的行为数据，对应的对象就有对应的三个方法。当然，人还有更多的状态数据和行为数据，那么对应的对象可以有更多对应的属性和方法。

JavaScript 将对象分为内置对象、宿主对象和自定义对象三类。内置对象是由 ES 标准定义的对象，如 Object、Math、Date、String、Array、Number、Boolean、Function 等。宿主对象是 JavaScript 的运行环境提供的对象，主要指由浏览器提供的对象，如 BOM、DOM、console、document 等。自定义对象是用户自己创建的类，通过 new 关键字创建出对象实例并进行应用。

本章会从创建对象开始由浅入深地为读者介绍操作对象属性、原型与原型链、内置对象和内存管理等知识。

本章学习内容如下：
- 创建对象
- ES6 对象的简写
- 操作对象属性和方法
- 原型与原型链
- instanceof 的使用与原理
- 内置引用类型和对象

7.1 创建对象

在 JavaScript 中"创建对象"是一个复杂的话题，JavaScript 语言提供了三种创建对象的方式：new object()、对象字面量、Object.create()。虽然创建对象的方法很多，看上去语法差异也很大，但实际上都是大同小异的。本节将分别介绍创建对象的三种方式。

7.1.1 new Object()

在 JavaScript 中可以使用 new 关键字和 Object()构造函数来显式创建实例对象，语法如下：

```
new Object();
```

该语法通过 new 关键字来执行 Object()函数，此时 Object()称为构造函数，会返回对应的实例对象。这样解释可能有些晦涩，下面通过代码来具体讲解：

```
const obj = new Object();
console.log(obj);
```

这段代码通过 new Object()产生并返回一个实例对象，使用 obj 接收这个实例对象，后面我们就可以通过 obj 来访问该实例对象。上面代码的输出结果如图 7-1 所示。

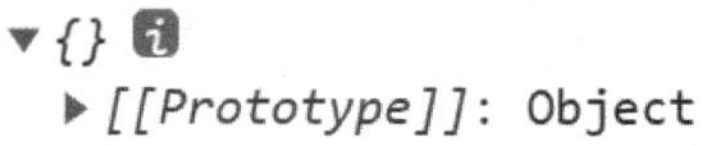

```
▼ {} 🛈
  ▶ [[Prototype]]: Object
```

图 7-1 输出结果

大家可以看到，对象中只有一个 [[Prototype]]属性，没有其他属性，该属性涉及对象底层知识，这里不多做讲解，在 7.4 节中会对其具体讲解，这里读者可先忽略。

向对象内部增加属性可以使用中括号操作符[]或点操作符 "."（7.3 节会介绍中括号操作符 "[]" 和点操作符 "."）。比如：

```
obj.name = "尚硅谷";
obj["age"] = 9;
console.log(obj);
```

这段代码通过点操作符 "."为 obj 对象添加了 name 属性，其值为 "尚硅谷"。通过中括号操作符 "[]"为 obj 对象添加了 age 属性，其值为 "9"。在控制台输出此时的 obj 对象，如图 7-2 所示。

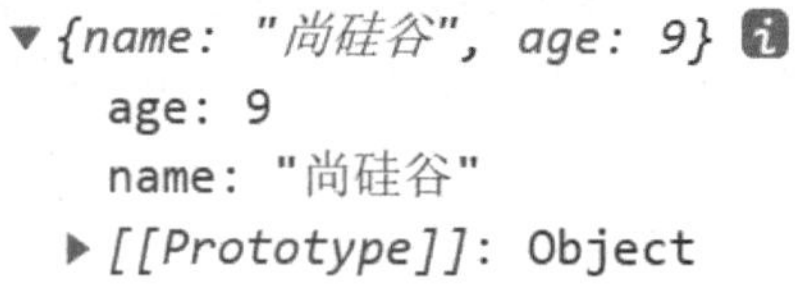

```
▼ {name: "尚硅谷", age: 9} 🛈
    age: 9
    name: "尚硅谷"
  ▶ [[Prototype]]: Object
```

图 7-2 obj 对象

需要特别注意的是：一个对象中不能存在两个同名的属性，否则后声明的属性会覆盖同名属性的值。比如，在 obj 对象中再次添加 age 属性，代码如下：

```
obj.age = 6;
console.log(obj);
```

在实例对象 obj 中声明了两次 age 属性，则后声明的属性会覆盖同名属性的值，因此 obj 对象中的属性 age 对应的值是 "6"。运行代码，在控制台输出 obj 对象，如图 7-3 所示。

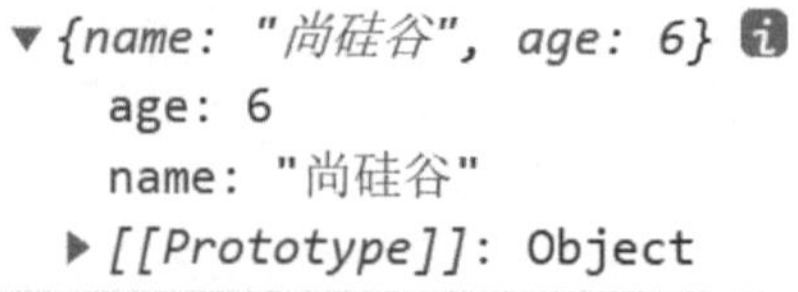

```
▼ {name: "尚硅谷", age: 6} 🛈
    age: 6
    name: "尚硅谷"
  ▶ [[Prototype]]: Object
```

图 7-3 输出 obj 对象

7.1.2 对象字面量

在 JavaScript 中可以使用对象字面量快速定义对象，这是实际开发中最常用的方式，也是最高效、最简便的方式。语法如下：

{ 属性名 1: 属性值 1, 属性名 n: 属性值 n }

在对象字面量中，属性名与属性值之间通过冒号进行分隔。属性名是一个字符串，一般省略引号。属性值可以是任意类型数据，当它是字符串时，引号是不能省略的。属性与属性之间通过逗号进行分隔，最后一个属性的末尾一般不加逗号，这在语法上是允许的。

如果属性值是对象，则可以设计嵌套结构的对象，比如：

```
const obj = {
  name: "Lucy",
  sex: "女",
  score: [100, 90, 80, 12, 35, 34],
  family: {
    father: "Tom",
    mother: "Marry",
    sister: {
      sis1: "amy",
      sis2: "alice",
      sis3: "angela",
    },
  },
};
```

这段代码使用字面量定义了对象 obj，其内部存在两层嵌套。尽管属性 family 是一个实例对象，但它也作为属性嵌套在实例对象 obj 内。同理，属性 sister 也是作为属性嵌套在实例对象 family 中的。

值得一提的是，如果当前的属性值是一个函数，则把当前属性称作方法。也就是说，方法是特殊的属性。比如：

```
const obj = {
  name: "Lucy",
  sex: "女",
  score: [100, 90, 80, 12, 35, 34],
  eat: function () {
    console.log("吃货~");
  },
};
```

实例对象 obj 的 eat 属性的属性值是一个函数，此时可以将 eat 属性叫作 eat 方法。

实例对象内也可以不包含任何属性，则该对象被称作空对象。比如：

```
const obj = {}
```

7.1.3　new 自定义构造函数

在 7.1.1 节，我们通过 new 执行内置的 Object() 构造函数来创建实例对象。其实，我们也可以自定义构造函数，再通过 new 调用来创建自定义类型的实例对象，并在构造函数中给实例对象添加属性或方法。

比如，我们可以定义用来创建"人"对象的构造函数，并通过 new 构造函数执行创建"人"类型的实例对象。代码如下：

```
// 定义"人"类型的构造函数
function Person(name, age) {
  // 为实例对象添加属性
  this.name = name;
  this.age = age;

  // 为实例对象添加方法
```

```
  this.sayInfo = function () {
    console.log('我叫${this.name}, 今年${this.age}');
  };
}

// 创建"人"类型的两个实例
const person1 = new Person("Tom", 21);
const person2 = new Person("Jack", 22);

// 通过实例对象访问对象中的属性或方法
console.log(person1.name, person1.age);          // Tom 21
console.log(person2.name, person2.age);          // Jack 22
person1.sayInfo();                               // 我叫 Tom, 今年 21
person2.sayInfo();                               // 我叫 Jack, 今年 22

console.log(person1 instanceof Person);          // true
console.log(person2 instanceof Person);          // true
```

观察上方代码后，我们对这段代码进行分析。

第一步定义了构造函数 Person()（需要注意：构造函数的首字母一般都大写），并接收 name 和 age 两个参数，用于初始化实例对象中的 name 和 age 属性。值得一提的是，构造函数中的 this 是后面产生的 Person 的实例对象，在这里用于为实例对象添加 name 属性、age 属性和 sayInfo()方法。

第二步就可以通过 new 执行 Person()构造函数，同时创建两个"人"类型的实例 person1 和 person2。当然，我们还可以创建任意多个实例，只是在这段代码中，为了演示功能不会创建太多。此时，person1 和 person2 对象就都需要 name 属性和 age 属性，只是两个对象的属性值不相同；两个对象都有 sayInfo()方法，因为每个人都有介绍自己信息的行为。当然，给每个"人"类型的实例添加相同的 sayInfo()方法并不是最佳方案，在后面讲解原型时将告诉大家如何优化。

第三步，我们可以通过实例对象 person1 和 person2 来访问对象中的属性或方法。

那么，构造函数模式相比于 new Object()方式和对象字面量的方式，有什么优势呢？

使用这三种方式创建的对象本质都是 Object 类型的，好像我们无法区别。但与 new Object()方式和对象字面量的方式不同的是，使用构造函数模式产生的对象是有具体类型的。读者看到这可能会有些疑惑，在下面的讲解中会为读者解开疑惑。

那我们如何判断一个对象的具体类型呢？很多小伙伴马上想到了我们学过的 typeof。但是不管使用哪种方式创建实例对象，typeof 的结果都是 object，因此使用 typeof 是无法区别对象的具体类型的。具体如下：

```
const o1 = new Object();
const o2 = {};
const o3 = new Person();
console.log(typeof o1);                 // "object"
console.log(typeof o2);                 // "object"
console.log(typeof o3);                 // "object"
```

其实除了 typeof，我们还可以用一个新操作符 instanceof 来判断对象的类型。语法格式为：

```
A instanceof B
```

instanceof 主要用来判断 A 是否是 B 类型的实例，返回结果是布尔值。在上面代码的基础上，来看看下面的代码：

```
console.log(o1 instanceof Object);      // true
console.log(o2 instanceof Object);      // true
console.log(o3 instanceof Object);      // true
```

通过这个结果可以看到，使用这三种方式产生的对象都是 Object 类型的。即使是使用 new 自定义构造函数产生的对象也是 Object 类型的实例。但问题是我们要识别出 o1 与 o2 是 Object 类型的，虽然 o3 也是 Object 类型的，但更准确地说它是 Person 类型的，使用 instanceof 完全可以判断出来。代码如下：

```
console.log(o1 instanceof Person);          // false
console.log(o2 instanceof Person);          // false
console.log(o3 instanceof Person);          // true
```

上面的结果清楚地告诉我们 o3 是 Person 类型的实例，而 o1 与 o2 不是 Person 类型的实例。知道对象是 Person 类型的实例对象后，我们就可以放心地访问其拥有的属性和方法。

7.1.4　Object.create()

本节内容涉及 7.3 节和 7.4 节的内容，建议读者先学习这两节内容，再学习本节内容。

Object.create()是 ECMAScript 5 新增的一个 Object 的静态方法，主要用于创建指定对象的子对象。语法如下：

```
Object.create (prototype, descriptors)
```

Object.create()方法接收两个参数，第一个参数 prototype 为必需参数，代表指定的原型对象。第二个参数 descriptors 为可选参数，它是包含 n 个属性及其描述符的对象，这里我们不做详细介绍。它的使用如下：

```
// 使用对象字面量创建一个对象
const obj1 = { name: "老王" };
// 通过 create 方法创建 obj1 的子对象
const obj2 = Object.create(obj1);
// 通过子对象 obj2 能读取到父对象中的 name 属性
console.log(obj2.name);                    // 老王
// 查看 obj2 的内部结构
console.log(obj2);
```

运行代码后，控制台输出结果如图 7-4 所示。

通过输出结果我们能看到，使用 Object.create()创建的对象，其原型对象就是第一个参数指定的对象。虽然其自身没有任何数据，但依然能读取到 name 属性。

值得一提的是，在调用 Object.create()时，可以传入 null 来创建一个更干净的没有原型对象的对象。比如：

```
// 创建一个干净的对象
const obj4 = Object.create(null);
console.log(obj4);
```

运行代码后，控制台输出结果如图 7-5 所示。

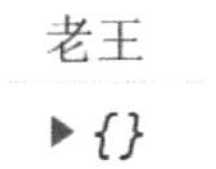

老王

▶ {}　　　　　　　　　　　　　▶ {}

图 7-4　控制台输出结果（1） 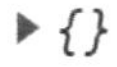　　　图 7-5　控制台输出结果（2）

需要注意的是，当获取指定对象中指定属性名的属性值时，需要使用[]来获取，具体代码如下：

```
// 获取指定对象中指定属性名的属性值
function getInfo(obj, propName) {
  //获取 obj 的 propName 属性值
  return obj[propName];
}

const user = { name: "华华", sex: "男", age: 19 };
console.log(getInfo(user, "sex"));               // "男"
console.log(getInfo(user, "age"));               // 19
```

本段代码中的 getInfo()函数需要读取 obj 对象中的某个属性值，但属性名是动态的参数值，必须通过使用[]来读取。而调用函数会传入不同的属性名参数，得到的就是对应的属性值。

7.2 ES6 新增对象书写格式

为了使代码变得简洁，可读性更高，ES6 新增了一些关于对象的语法：对象的属性和方法的简写与属性名表达式。本节将从两个方面来分别介绍这两种语法。

7.2.1 属性和方法的简写

简写对象主要分为两种，第一种为当属性名和属性值同名时（在这种情况下，属性名必须是变量），省略属性名。比如：

```javascript
const name = "xiaowang";
const age = 20;
const sex = "女";

// ES5
const p1 = {
  name: name,
  age: age,
  sex: sex,
};
console.log(p1);

// ES6 对象的属性简写
const p2 = {
  name,
  age,
  sex,
};
console.log(p2);
```

在 ES5 代码片段中定义了实例对象 p1，p1 对象内的三个键值对都存在属性名和属性值同名的情况，因此可以在 ES6 代码片段中省略属性名。两者的实例对象相同，输出结果同样相同，如图 7-6 所示。

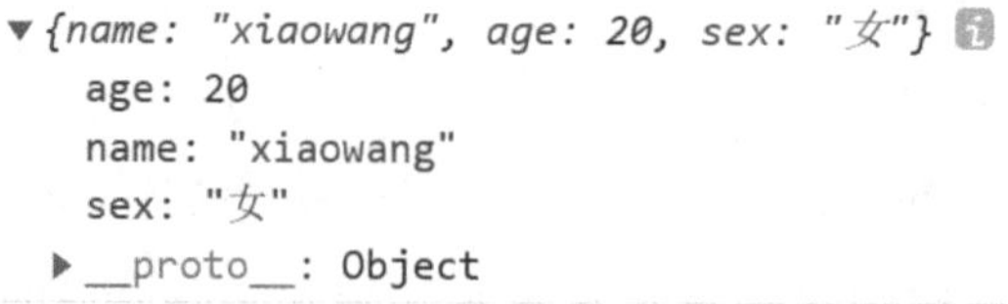

```
▼ {name: "xiaowang", age: 20, sex: "女"} ▤
    age: 20
    name: "xiaowang"
    sex: "女"
  ▶ __proto__: Object
```

图 7-6 控制台输出结果

还有一种简写语法：在将对象属性名（key）定义为方法时，可以省略方法的 function 关键字。在普通函数中定义方法时，function 关键字是必须存在的，而在 ES6 对象简写语法中是可以将 function 关键字省略的。也就是说，属性后面的冒号"："和 function 关键字可以省略不写，直接书写函数名(){}即可。比如：

```javascript
const p = {
  // ES5
  eat1: function () {
    console.log("eat1");
```

```
  },
  // ES6 对象的方法简写
  eat2() {
    console.log("eat2");
  },
};

p.eat1();                     // eat1
p.eat2();                     // eat2
```

7.2.2　属性名表达式

在 ES5 中，对象字面量的属性名只能是固定字符串。在通常情况下，属性名的引号都会被省略，从而简化代码。比如：

```
// 在 ES5 中，对象字面量中的属性名只能是固定不变的字符串
const person1 = {
  name: "Tom",
  sex: "男",
};
```

而 ES6 支持属性名是动态的字符串值，可以通过中括号来包含一个变量，比如：

```
let n = "name";
const person2 = {
  [n]: "Jack",
};

// 读取属性
console.log(person2[n]);             // Jack
```

这段代码定义了实例对象 person2，在对象外部定义了变量 n，对象内部将变量 n 书写在中括号中形成属性表达式。也就是说，n 是可以变化的值。本段通过 person2[n]读取 n 的属性，因此输出结果为 Jack。

在中括号操作符中还可以书写运算符进行计算，比如：

```
let n = "name";
let s = "sex";
const person3 = {
  [n]: "Tom",
  [s + "type"]: "男",
};
console.log(person3);                // { name: "Tom", sextype: "男" }
```

7.3　操作对象的属性和方法

本节将为读者介绍如何操作对象的属性。

7.3.1　点操作符和中括号操作符

访问对象中的属性有两种方式：第一种方式是使用点操作符.访问，第二种方式是使用中括号操作符[]访问。

```
// 方式一
Obj.propName

// 方式二
Obj["propName"]
```

使用点操作符访问的方式编码更简洁，也是我们开发中使用频率较高的方式；使用中括号操作符访问的方式虽然编码更复杂，但是更通用的编写方式。

比如：

```
const person = {
  name: "Tom",
  say() {
    console.log("我的名字叫 Tom");
  },
};
console.log(person.name);                  // Tom
console.log(person["name"]);               // Tom
console.log(person.say());                 // 我的名字叫 Tom
console.log(person["say"]());              // 我的名字叫 Tom
```

其实，使用点操作符不仅可以访问对象的属性，还可以新增属性，关于新增属性的操作，在 7.3.2 节会详细讲解。

如果需要访问的属性名是使用变量保存的，或者属性名是一个不规则字符串，则只能使用中括号操作符来访问变量的属性。比如：

```
const person = {
  name: "Tom",
};

// 当要添加的属性名被当作变量保存的时候，需要使用中括号操作符
let key = "sex";
person[key] = "男";

// 当属性名是一个不规则字符串的时候，需要使用中括号操作符
person["user-name"] = "atguigu";

console.log(person[key]);                  // 男
console.log(person["user-name"]);          // atguigu
```

这段代码演示了使用中括号操作符的两种情况，当属性名被当作变量保存的时候，可以使用中括号操作符来操作，如代码中的 person[key] = "男"。当属性名是一个不规则字符串的时候，也需要使用中括号操作符来操作，如代码中的 person["user-name"] = "atguigu"。这两种情况不仅在操作的时候需要使用中括号操作符，在读取属性时同样需要使用中括号操作符，因此输出结果为男和 atguigu。

下面为实际操作中使用中括号操作符的场景：

```
// 获取指定对象中指定属性名的属性值
function getInfo(obj, propName) {
  // 获取 obj 的 propName 属性值
  return obj[propName];
}

const user = { name: "华华", sex: "男", age: 19 };
console.log(getInfo(user, "sex"));         // "男"
console.log(getInfo(user, "age"));         // 19
```

本段代码中的 getInfo()函数需要读取 obj 对象中的某个属性值，但属性名是动态的参数，此时必须通过中括号操作符来读取。在调用函数时，传入不同的属性名参数得到的就是对应的属性值。

在通常情况下，开发人员使用点操作符的频率会更高一些，只有出现"属性名不是合法的标识名"或"属性名不确定"的情况时才使用中括号操作符。

7.3.2 新增属性

在讲解新增属性之前，我们需要先初始化一个对象。再次注意：属性名与属性值之间要通过冒号分隔，冒号左侧是属性名，右侧是属性值，名值对（属性）之间通过逗号分隔。比如：

```
// 创建对象
const person = {
    name:"xiaowang"
}
```

对象 person 已经被初始化，但是仍然需要给 person 对象扩增属性或方法，可以使用点操作符和中括号操作符来实现：

```
// 添加属性：使用点操作符
person.sex = "男";

// 添加属性：使用中括号操作符
person["age"] = 18;

console.log(person);

// 添加方法：使用点操作符
person.study = function () {
  console.log("我在学习");
};
// 添加方法：使用中括号操作符
person["eat"] = function () {
  console.log("我在吃锅包肉");
};
console.log(person);
```

使用点操作符新增属性或方法，只需在操作符后加上要新增的属性名即可，比如，代码 person.sex = "男";为 person 对象新增了 sex 属性，值为男。新增方法同理，不再赘述。

使用中括号操作符新增属性即在中括号中书写想要增加的属性名，比如，代码 person["age"] = 18;为 person 对象新增了 age 属性，值为 18。新增方法同理，不再赘述。

最后对象内部存在三个属性 name、sex、age 和两个方法 study、eat。输出此时的 person 对象，如图 7-7 所示。

```
▼{name: "xiaowang", sex: "男", age: 18, study: f, eat: f} ⓘ
    age: 18
  ▶eat: f ()
    name: "xiaowang"
    sex: "男"
  ▶study: f ()
  ▶__proto__: Object
```

图 7-7 控制台输出结果

7.3.3 修改属性

因为对象不允许有重名的属性出现，所以可以通过重新设置某个属性的方式对原有的值进行覆盖，从而达到修改属性值的目的。比如：

```javascript
const person = {
  name: "xiaodeng",
  say: function () {
    console.log("我的名字叫小邓");
  },
};
// 重新设置 name 属性, 即可对 name 属性进行修改
person.name = "xiaoli";
console.log(person.name);          // xiaoli

// 重新设置 say 方法, 即可对 say 方法进行修改
person.say = function () {
  console.log("我改名字啦，改完我叫" + person.name);
};
person.say();

// 重新设置 name 属性, 即可对 name 属性进行修改
person["name"] = "laoli";
console.log(person.name);

// 重新设置 say 方法, 即可对 say 方法进行修改
person["say"] = function () {
  console.log("我又改名字啦，改完我叫" + person.name);
};
person["say"]();
```

这段代码使用点操作符和中括号操作符重新设置了 person 对象中的 name 属性和 say 方法，从而实现对 name 属性和 say 方法的修改。运行代码后，控制台输出结果为"xiaoli"、"我改名字啦，改完我叫 xiaoli"、"laoli"和"我又改名字啦，改完我叫 laoli"。

7.3.4 读取属性

读取一个属性的属性值可以直接通过点操作符和中括号操作符来实现，比如：

```javascript
const obj1 = {
  name: "xiaowang",
  like: "篮球",
  time: "两年半",
};

// 通过点操作符读取属性
console.log(obj1.name);             // xiaowang

// 通过中括号操作符读取属性
console.log(obj1["like"]);          // 篮球
```

这段代码通过 obj1.name 和 obj1["like"]读取了 name 属性和 like 属性的值。运行代码后，控制台输出结果 xiaowang 和篮球。

7.3.5　删除属性

使用 delete 运算符可以删除对象的属性。比如：

```
const obj = {
  name: "laowang",
  sex: "nan",
  like: undefined,
};
delete obj.sex;                                  // 删除一个属性
console.log(obj);
console.log(Object.getOwnPropertyNames(obj)); // 当一个属性被删除后，就枚举不到它的这个属性名了
```

这段代码使用 delete obj.sex;删除了 obj 对象中的 sex 属性。Object.getOwnPropertyNames()方法可以获取对象自身的所有属性名，当使用 delete 删除 sex 属性后，使用该方法获取不到 sex 属性。因此，输出 obj 对象和使用 Object.getOwnPropertyNames()方法可以获取自身属性名的结果，如图 7-8 所示。

```
▼ {name: "laowang", like: undefined} 🛈
    like: undefined
    name: "laowang"
  ▶ __proto__: Object
▼ (2) ["name", "like"] 🛈
    0: "name"
    1: "like"
    length: 2
  ▶ __proto__: Array(0)
```

图 7-8　控制台输出结果

需要注意的是：删除对象属性完全区别于将属性值设置为 undefined，我们认为删除属性后其就不再存在。

7.3.6　定义 getter 和 setter 的属性

前面我们已经讲解了两种给对象定义属性的方式：一种是创建对象时直接指定，一种是创建对象后通过点操作符或中括号操作符动态添加。但有的需求使用这两种方式都无法实现，需要使用下面要讲解的带 getter 和 setter 的属性。

我们来看一个需求：

```
const person = {
  firstName: "Lao",
  lastName: "Wang",
};
```

现在需要给 person 对象添加 fullName 属性，该属性有以下要求：

要求 1：它由 firstName 与 lastName 组成，中间用"-"连接。

要求 2：如果修改 firstName 或 lastName，则 fullName 的值也相应发生变化。

要求 3：如果修改 fullName，则 firstName 与 lastName 的值也相应发生变化。

根据我们前面所学，你可能会想到使用点操作符来添加 fullName 属性，书写出以下代码：

```
// 通过点操作符为 person 对象添加 fullName 属性
```

```
person.fullName = person.firstName + "-" + person.lastName;

// 直接读取 fullName  → 满足要求1
console.log(person.fullName);                              // Lao-Wang

// 问题1：修改 firstName 或 lastName 后，fullName 没有同步变化  → 不满足要求2
person.firstName = "Xiao";
person.lastName = "Li";
console.log(person.fullName);                              // Lao-Wang

// 问题2：修改 fullName 后，firstName 和 lastName 也没有同步变化  → 不满足要求3
person.fullName = "Da-Mao";
console.log(person.firstName, person.lastName);           // Xiao  Li
```

　　测试后发现本段代码并不能实现所有要求，那如何才能实现 fullName 与 firstName 和 lastName 之间的同步更新呢？

　　这时候就需要我们定义带 getter 和 setter 的属性了，实现的语法有两种，先来看第一种实现方式：使用 Object.defineProperty()给对象添加带 getter 和 setter 的属性，基本语法如下：

```
Object.defineProperty(obj, propName, {
  get() {},
  set(value) {},
});
```

　　参数1为要添加属性的对象，参数2为要添加属性的属性名，参数3是一个属性的描述配置对象，其中可配置的选项有多个，这里只研究我们关注的 get()方法与 set()方法。

　　get()方法一般被称为属性的 getter，当我们读取对象的此属性值时就会自动调用，返回值就是属性值。也就是说，getter 就是用来返回属性值的回调函数。set()方法一般被称为属性的 setter，当我们给当前属性设置新的属性值时，它就会自动调用，并且接收的 value 就是最新设置的值。也就是说，setter 是用来监视当前属性值变化的回调函数。

　　需要特别注意的是：getter 和 setter 中的 this 都是当前对象 obj。

　　利用 Object.defineProperty()就可以轻松实现上面的需求，具体实现代码如下：

```
const person = {
  firstName: "Lao",
  lastName: "Wang",
};
Object.defineProperty(person, "fullName", {
  get() {
    console.log("get()");
    return this.firstName + "-" + this.lastName;
  },
  set(value) {
    console.log("set()");
    const names = value.split("-");
    this.firstName = names[0];
    this.lastName = names[1];
  },
});

// 直接读取 fullName  → 满足要求1
console.log(person.fullName);                              // Lao-Wang
```

```
// 修改 firstName 或 lastName 后，fullName 同步变化    → 满足要求 2
person.firstName = "Xiao";
person.lastName = "Li";
console.log(person.fullName);                      // Xiao-Li

// 修改 fullName 后，firstName 和 lastName 也同步变化  → 满足要求 3
person.fullName = "Da-Mao";
console.log(person.firstName, person.lastName);     // Da  Mao
```

当我们每次读取 fullName 属性值时，都是通过调用 fullName 属性的 get() 方法动态读取最新的 firstName 属性和 lastName 属性。当我们修改了 fullName 属性值时，fullName 属性的 set() 方法就会自动调用，可以在其中同步更新 firstName 属性和 lastName 属性。

当然，Object.defineProperty() 方法针对的是对象已经存在的情况。其实，我们在创建对象时，就可以定义带 getter 和 setter 的属性，但是这种方式用得不多。虽然我们刚开始接触 JavaScript，但理解起来并不困难，下面使用这种方式来实现一下上面的需求，具体代码如下：

```
const person2 = {
  firstName: "Lao",
  lastName: "Wang",
  get fullName() {
    return this.firstName + "-" + this.lastName;
  },
  set fullName(value) {
    const names = value.split("-");
    this.firstName = names[0];
    this.lastName = names[1];
  },
};
```

在创建对象时就指定属性 fullName 的 getter 和 setter，它们的特点与前面 Object.defineProperty() 方法指定的是一样的，只是在语法形式上不一样。我们也可以像前面一样进行测试，这段代码是完全没有问题的。

7.4　原型与原型链

在详细讲解原型与原型链之前，先给大家抛出几个问题。来看下面这段代码，并在此基础上思考后续问题：

```
const obj = new Object();
console.log(obj.toString);                   // function
```

问题一：obj 指向的空对象自身并没有 toString() 方法，为什么通过 obj 可以调用 toString() 方法呢？

再来看一段代码：

```
function Person() {}
const p = new Person();
console.log(p.toString());                   // [object Object]
```

问题二：p 指向的 Person 类型实例对象没有 toString() 方法，为什么通过 p 可以调用 toString() 方法呢？

要回答这两个问题，你就需要掌握原型与原型链相关技术。下面我们就一起来看看。

7.4.1　原型

每个函数默认都有一个 prototype 属性，该属性为引用类型，指向一个特别的对象。下面我们测试一下：

```
function Fn() {}
console.log(Fn.prototype);
console.log(typeof Fn.prototype);
```

运行代码后，控制台输出结果如图 7-9 所示。

▶ {constructor: **f**}

object

图 7-9　控制台输出结果

函数的 prototype 属性，我们一般称为显式原型属性，简称"显式原型"。prototype 属性指向的对象我们一般称为原型对象，原型对象都有一个 constructor 属性，它指向的就是这个函数。我们来验证一下：

```
Fn.prototype.constructor === Fn;                           // true
```

无论是显式原型还是原型对象，在我们定义函数时，JS 引擎都会自动添加。它们有什么作用呢？

我们可以将函数作为构造函数来创建实例对象，这个实例对象就会有一个特别的属性__proto__，该属性的值就等于对应构造函数的 prototype 属性值。我们来验证一下：

```
const fn = new Fn();
console.log(fn.__proto__ === Fn.prototype);                // true
```

实例对象的__proto__属性，我们一般称为隐式原型属性，简称"隐式原型"。现在我们知道了，实例的隐式原型与构造函数的显式原型都指向同一个对象，这就是原型对象。

构造函数、实例对象与原型对象在内存中的结构关系如图 7-10 所示。

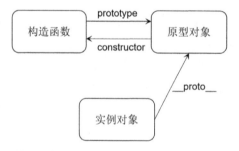

图 7-10　构造函数、实例对象与原型对象在内存中的结构关系

原型对象又有什么作用呢？我们来看下面这段代码：

```
function Fn() {}
Fn.prototype.test = function () {
  console.log("test");
};
const fn = new Fn();
fn.test();                              // test
```

通过上面的测试代码，我们能看到当我们调用对象的方法时，如果对象自身没有该方法，会自动查找原型对象的方法直接使用。

利用这一特点，我们可以优化 7.1.3 节的代码：

```
function Person(name, age) {
  // 为实例对象添加属性
  this.name = name;
  this.age = age;

  // 为实例对象添加方法
  // this.sayInfo = function () {
  //   console.log(`我叫${this.name}，今年${this.age}`);
```

```
//  };
}

// 将方法添加到原型对象上
Person.prototype.sayInfo = function () {
  console.log(`我叫${this.name}, 今年${this.age}`);
};

// 创建 Person 类型的多个实例
const person1 = new Person("Tom", 21);
const person2 = new Person("Jack", 22);

// 调用原型对象的 sayInfo()方法
person1.sayInfo();                         // 我叫 Tom, 今年 21
person2.sayInfo();                         // 我叫 Jack, 今年 22
```

我们将方法添加到原型对象上，就不必为每个实例对象都添加相同的方法，这样更节省内存，代码效率更高。

现在来看在本节开始时提出的问题一：obj 指向的空对象自身并没有 toString()方法，为什么通过 obj 可以调用 toString()方法呢？

```
const obj = new Object();
console.log(obj.toString());               // [object Object]
console.log(obj);
```

obj 的内部结构如图 7-11 所示。

```
▼{} 🛈
  ▼[[Prototype]]: Object
    ▶ constructor: ƒ Object()
    ▶ hasOwnProperty: ƒ hasOwnProperty()
    ▶ isPrototypeOf: ƒ isPrototypeOf()
    ▶ propertyIsEnumerable: ƒ propertyIsEnumerable()
    ▶ toLocaleString: ƒ toLocaleString()
    ▶ toString   ƒ toString()
    ▶ valueOf: ƒ valueOf()
    ▶ __defineGetter__: ƒ __defineGetter__()
    ▶ __defineSetter__: ƒ __defineSetter__()
    ▶ __lookupGetter__: ƒ __LookupGetter__()
    ▶ __lookupSetter__: ƒ __LookupSetter__()
      __proto__: (...)
    ▶ get __proto__: ƒ __proto__()
    ▶ set __proto__: ƒ __proto__()
```

图 7-11　obj 的内部结构

obj 对象的__proto__属性指向的原型对象，也就是 Object 的原型对象上有 toString()方法，所有原型对象上的方法对应的实例对象都可以直接访问。

7.4.2　原型链

上一小节我们解决了本节开头提到的问题一，在这一小节我们来解决问题二。

```
function Person() {}
const p = new Person();
console.log(p.toString());                 // [object Object]
```

p 指向的 Person 类型实例对象上没有 toString()方法，为什么通过 p 可以调用 toString()方法呢？
我们先来看一下 p 对象的内部结构：

```
console.log(p);
```

运行代码后，控制台输出结果如图 7-12 所示。

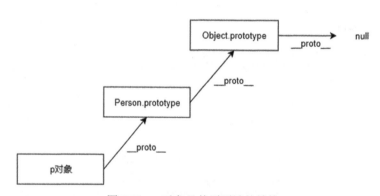

图 7-12　控制台输出结果

观察结构我们可以看到：toString 方法存在于 p 对象的原型对象的原型对象上。至此我们可以推理出，当通过 p 对象调用 toString 方法时，内部会先在自身查找，然后去对象的原型对象上查找，再去原型对象的原型对象上查找，这样就找到了 toString 方法进行调用。

上面查找的过程就用到了一个非常重要的结构：原型链。原型链就是通过__proto__属性连接的多个原型对象组成的链式结构。p 对象及其原型链的结构如图 7-13 所示。

```
                    ┌──────────────────┐   __proto__   null
                    │ Object.prototype │ ─────────────▶
                    └──────────────────┘
                             ▲
                             │ __proto__
                    ┌──────────────────┐
                    │ Person.prototype │
                    └──────────────────┘
                             ▲
                             │ __proto__
                    ┌──────────────────┐
                    │      p对象        │
                    └──────────────────┘
```

图 7-13　p 对象及其原型链的结构

该原型链包含两个原型对象，第一个原型对象是 Person 的原型对象，本质是一个 Object 的实例对象；第二个原型对象是 Object 的原型对象，它的__proto__属性值为 null，因此 null 是原型链的尽头。通过下面的代码进行验证：

```
console.log(Person.prototype === p.__proto__);            // true
console.log(Object.prototype === p.__proto__.__proto__);  // true
console.log(Object.prototype.__proto__);                  // null
```

当读取对象的属性时，内部查找的流程是先在对象自身查找。如果查找不到，则会沿着原型链依次查找。如果查找到 Object 的原型对象还是没有查找到目标，就返回 undefined。在查找过程中，一旦找到了目标，就会直接返回目标值。

当通过对象调用方法时，先根据属性的查找流程得到属性值。如果属性值是函数，就正常执行这个函数；如果属性值不是函数，则会抛出错误。

大家可以思考下面程序的输出结果，以加深对原型链的理解。具体代码如下：

```
function Fn() {
  this.a = "abc";
}
```

```
Fn.prototype.b = 123;

const fn = new Fn();
console.log(fn.a);                      // "abc"
console.log(fn.b);                      // 123
console.log(fn.toString);               // function () {}
console.log(fn.c);                      // undefined
```

第一个输出：a 是 fn 引用对象自身的属性，直接就可以找到，结果为 abc。

第二个输出：b 是 fn 引用对象的原型对象上的属性，在对象自身找不到后，沿着原型链在直接原型对象上可以找到，结果为 123。

第三个输出：toString 是 fn 引用对象的原型对象的原型对象上的属性，在对象自身找不到后，沿着原型链查找最终也能找到，结果为 function()函数。

第四个输出：c 属性在 fn 引用对象和原型链上都没有，在对象自身查找后，再沿着原型链查找也没有找到，结果为 undefined。

7.4.3　instanceof 原理分析

在 JavaScript 中，如何判断一个对象的具体类型呢？在前面的小节中，我们使用 instanceof 运算符来进行类型判断，本节将对 instanceof 运算符进行具体分析。它的使用语法如下：

```
A instanceof B
```

该表达式用来判断 A 是否是 B 类型的实例。是不是只有 A 是 B 构造函数的实例结果才为真呢？其实不是的。看看下面这段代码的输出：

```
function Fn() {}
const fn = new Fn();

console.log(fn instanceof Fn);          // true
console.log(fn instanceof Object);      // true
```

第一个结果为 true，因为 fn 就是 Fn 构造函数的实例，所以结果很容易理解。第二个结果也为 true，这就不好理解了，因为 fn 并不是 Object 构造函数的实例，那为什么返回结果为 true 呢？

其实，instanceof 运算符内部的判断依据是看 B 类型的原型对象是否是 A 原型链上的某个原型对象。如果是，则结果为 true，否则为 false。这个判断过程会涉及 Function 原型链、Object 原型链及自定义构造函数的实例对象原型链。

下面我们通过一段代码来画一张完整的终极原型链结构图，一旦你理解了整个结构图，进行 instanceof 的判断就会变得非常简单了。请观察下面的代码：

```
function Fn() {}
const fn1 = new Fn();
const fn2 = new Fn();
const o1 = new Object();
const o2 = new Object();
```

这段代码的结构图如图 7-14 所示。

对于整个结构，有下面几个重难点需要专门说明。

（1）实例对象的隐式原型等于对应构造函数的显式原型，因此下面的结果为 true。

```
fn1.__proto__ === Fn.prototype
fn2.__proto__ === Fn.prototype
o1.__proto__ === Object.prototype
o2.__proto__ === Object.prototype
```

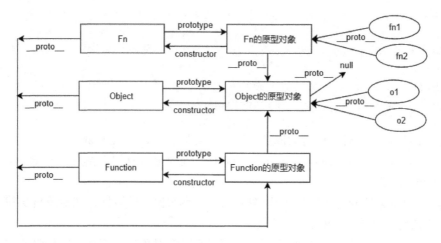

图 7-14 结构图

（2）自定义函数的原型对象是 Object 的实例，因此下面的结果为 true。

```
Fn.prototype.__proto__ === Object.prototype
```

（3）所有函数都是 Function 的实例，包括 Function 本身，因此下面的结果都为 true。

```
Fn.__proto__ === Function.prototype
Object.__proto__ === Function.prototype
Function.__proto__ === Function.prototype
```

（4）Object 的原型对象的隐式原型属性为 null，因此下面的结果都为 true。

```
Object.prototype.__proto__ ===null
```

（5）Function 的原型对象虽然不是 Object 的实例对象，但它的__proto__属性也指向 Object 的原型对象。Function 的原型对象是一个函数，不可能是 Object 的实例对象。

```
Function.prototype.__proto__ ===Object.prototype      // true
typeof Function.prototype                              // function
```

理解上面的结构后，我们再进行 A instanceof B 的判断就变得容易多了。只需要先找出 A 原型链上的所有原型对象，再看 B 的 prototype 属性是否指向某个原型对象，如果有，则为 true，否则为 false。根据这个判断技巧，我们可以轻松地做出下面的判断。请你来试试吧！

```
console.log(Fn instanceof Function);                  // true
console.log(Fn instanceof Object);                    // true
console.log(Object instanceof Function);              // true
console.log(Object instanceof Object);                // true
console.log(Function instanceof Function);            // true
console.log(Function instanceof Object);              // true
console.log(fn1 instanceof Fn);                       // true
console.log(fn1 instanceof Object);                   // true
console.log(fn1 instanceof Function);                 // false
console.log(o1 instanceof Object);                    // true
console.log(o1 instanceof Function);                   // false
```

7.5 内置引用类型和对象

我们知道，在 JavaScript 中，引用类型对应的就是构造函数，通过 new 执行构造函数我们可以创建指定类型的实例对象。JavaScript 内置了不同的引用类型，除了前面讲解的 Function 和 Object，还有 String、Number、Boolean、Date、RegExp 等常用引用类型。而且，JavaScript 还有一个内置对象 Math。

在分别详细讲解它们之前，先简单介绍一个重要技术概念：基本类型的包装类型。String 类型是基本类型 String 的包装类型，Number 类型是基本类型 Number 的包装类型，Boolean 类型是基本类型 Boolean 的包装类型。当操作这些基本类型变量时，可以自动转换为对应包装类型的实例对象。看看下面的测试代码：

```
const a1 = "atguigu";
console.log(a1.toString());                      // "atguigu"
const a2 = 123;
console.log(a2.toString());                       // "123"
const a3 = true;
console.log(a3.toString());                       // "true"
```

基本类型数据本身是不能进行点操作符运算的，只有引用类型对象才能进行点操作符运算。为什么 a1、a2 和 a3 能进行点操作符运算呢？原因很简单，当 String、Number 和 Boolean 这三种基本类型变量进行点操作符运算时，内部会自动转换为对应的包装类型对象来进行点操作符运算。

7.5.1　String 类型

String 类型是字符串的对象包装类型，我们可以利用 String 构造函数创建字符串对象。

```
let strObject = new String("atguigu");
```

但一般我们不会使用该方式创建字符串对象，而是先定义基本类型字符串，当我们使用字符串变量进行点操作时，会自动转换为字符串对象进行对象的点操作。

```
const str = "atguigu";
console.log(str.length);                          // 7
```

所有 String 类型的实例都有一个 length 属性，用来表示字符串中包含的字符个数。当基本类型 String 变量 str 进行点操作符运算时，内部自动创建 String 类型实例，并继续进行读取对象的 length 属性操作，得到 atguigu 的字符数量，即 7。

JavaScript 还提供了一些操作字符串的方法，下面将分为字符串操作方法、字符串位置方法、字符串转换方法和字符串的其他方法四类进行讲解，如表 7-1 所示。

表 7-1　字符串方法分类

方法分类	方　　法
字符串操作方法	concat()
	slice()
	substring()
	split()
字符串位置方法	indexOf()
	lastIndexOf()
字符串转换方法	toUpperCase()
	toLowerCase()
字符串的其他方法	trim()
	repeat()

1．字符串操作方法

下面将介绍几个操作字符串的方法。首先是 concat()方法，它通常用于将一个或多个字符串拼接为一个字符串，语法如下：

```
str.concat(string1,string2,…,stringN)
```

string 为字符串对象，小括号中的参数可以是一个，也可以是多个。下面来看实际例子：

```
const str = "尚硅谷";
```

```
const result = str.concat("yyds");
console.log(result);                    // 尚硅谷 yyds
console.log(str);                       // 尚硅谷
```

运行代码后，控制台输出结果"尚硅谷 yyds"和"尚硅谷"。从输出结果来看，变量 str 调用了字符串方法 concat()，将字符串"尚硅谷"和字符串"yyds"拼接起来，并赋值给变量 result。但变量 str 的值没有改变，依旧是"尚硅谷"。

这是参数有一个时的输出结果，当参数有多个时，依旧是将小括号内的内容和字符串进行拼接，还以上面案例中的变量 str 为例：

```
const result = str.concat("y", "y", "d", "s", "!");
console.log(result);                    // 尚硅谷 yyds!
console.log(str);                       // 尚硅谷
```

运行代码后，控制台输出结果"尚硅谷 yyds!"和"尚硅谷"。

在实际开发中这种方式并不常用，对于字符串的拼接，我们经常使用加号运算符"+"来实现，这不仅在使用上更方便，而且增加代码的可读性。

JavaScript 还提供了三种方法从字符串中提取子字符串，分别是 slice()、substring()和 split()。

slice()方法用来提取字符串的某部分，并以新的字符返回被提取的部分。语法如下：

```
str.slice(start,end);
```

str 为字符串对象；参数 start 表示"开始"，代表子字符串开始位置的下标；参数 end 表示"结束"，代表子字符串结束位置的下标。参数可以是一个，也可以是多个，还可以不写。

当没有参数时，代表截取整个字符串。代码如下：

```
// 没有传递参数的情况：截取整个字符串
const str = "尚硅谷 yyds";
console.log(str.slice());               // 尚硅谷 yyds
```

运行代码后，控制台输出结果"尚硅谷 yyds"。

当有一个参数时，从开始位置进行截取，直到字符串最后。代码如下：

```
// 传递一个参数的情况：从 str 下标为 3 的元素开始截取，一直截取到最后
const str = "尚硅谷 yyds";
console.log(str.slice(3));              // yyds
```

运行代码后，控制台输出结果"yyds"。从运行结果来看，截取的子字符串是从下标为 3 的元素开始截取的，也就是说截取时包含起始位置，如图 7-15 所示。

图 7-15　slice()方法只有一个参数时的图例

当有两个参数的时候，参数分别代表起始位置和结束位置，截取时只包含起始位置，不包含结束位置。比如：

```
// 传递两个参数的情况：从 str 下标为 3 的元素开始截取，截取到下标为 5 的元素
const str = "尚硅谷 yyds";
console.log(str.slice(3, 5));           // yy
```

运行代码后，控制台输出结果"yy"。这段代码中 str[5]的值为"d"，但是截取的子字符串中并没有"d"，最后一位为"y"。这就说明使用 slice()方法截取的字符串只包含起始位置，不包含结束位置，也就是数学中的"左闭右开"，如图 7-16 所示。

图 7-16　slice()方法有两个参数时的图例

slice()方法的参数也可以为负数，当第一个参数为负数时，代表从字符串的尾部开始计算位置，比如，"-1"指字符串的最后一个字符，"-2"指的是字符串的倒数第二个字符，依次类推。代码如下：

```
const str = "尚硅谷 yyds";
console.log(str.slice(-6, 4));                    // 硅谷 y
```

这段代码代表将 str 字符串的倒数第六位作为起始位置开始截取，截取到第四位，也就是 str[4]。str 字符串的倒数第六位为"硅"，第四位为"y"。因为 slice()方法的截取结果是"左闭右开"，所以输出结果为"硅谷 y"，如图 7-17 所示。

当第二个参数为负数时，同样代表从字符串尾部开始计算位置。比如：

```
const str = "尚硅谷 yyds";
console.log(str.slice(-6, -4));                    // 硅谷
```

这段代码代表将 str 字符串的倒数第六位作为起始位置开始截取，截取到倒数第四位。str 字符串的倒数第六位为"硅"，倒数第四位为"y"。因为 slice()方法的截取结果是"左闭右开"，所以输出结果为"硅谷"，如图 7-18 所示。

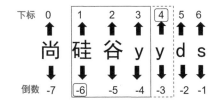

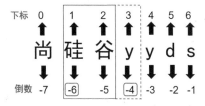

图 7-17　slice()方法中的第一个参数为负数时的图例　　图 7-18　slice()方法中的两个参数为负数时的图例

需要注意的是，slice()方法不允许后面参数对应的字符在前面参数对应字符的前面，如果出现这种现象会返回空字符串，比如：

```
const str = "尚硅谷 yyds";
console.log(str.slice(-2, -4));
console.log(str.slice(3, 2));
```

在这段代码中，字符串 str 的倒数第二位和倒数第四位分别是"d"和"y"，后面参数对应的字符在前面参数对应字符的后面，返回空字符串；str[3]和 str[2]分别是"y"和"谷"，同样是后面参数对应的字符在前面参数对应字符的后面，也返回空字符串。

substring()方法用于提取字符串中介于两个指定下标之间的字符。语法如下：

```
str.substring(start,end);
```

str 为字符串对象，参数 start 表示"开始"，同样代表子字符串开始的下标。参数 end 表示"结束"，代表结束截取的下标。这里将不传递参数、传递一个参数和传递两个参数的情况放在一起演示，代码如下：

```
const str = "尚硅谷 yyds";

// 不传递参数的情况
console.log(str.substring());                    // 尚硅谷 yyds

// 传递一个参数的情况
console.log(str.substring(2));                    // 谷 yyds

// 传递两个参数的情况
```

```
console.log(str.substring(2, 4));          // 谷 y
```

运行代码后，控制台输出结果"尚硅谷 yyds"、"谷 yyds"和"谷 y"。从运行结果来看，str[2]的值为"谷"，输出结果中包含该值，因此 substring()方法截取的字符串是包含起始位置的，如图 7-19 所示。str[4]的值为"y"，虽然输出结果包含"y"，但是如果包含结束位置，输出结果中应该包含两个"y"，因此 substring()截取的字符串也不包含结束位置，如图 7-20 所示。

图 7-19　substring()方法只传递一个参数时的图例

图 7-20　substring()方法传递两个参数时的图例

事实上，substring()方法的参数为起始位置还是结束位置是不确定的，substring()方法内部会先比较两个参数的大小，再决定起始位置和结束位置。比如：

```
const str ="尚硅谷 yyds";
console.log(str.substring(3, 0));          // 尚硅谷
```

运行代码后，控制台输出结果"尚硅谷"。在执行代码时，先在内部比较两个参数的大小，发现后面的参数比前面的参数小时，先在内部"偷偷"地将两个参数调换，再执行，因此这段代码截取的是 str[0]至 str[3]的字符串。

substring()方法也可以不传递参数，此时默认截取整个字符串，下面对上面案例中的 str 进行操作：

```
// 不传递参数的情况
console.log(str.substring());          // 尚硅谷 yyds
```

对于 substring()方法，当其不传递参数时，截取的是整个字符串；当其传递一个参数时，从该下标对应的字符开始截取，直到最后；当其传递两个参数时，如果参数是后者比前者大，则对应的是起始位置和结束位置；反之，如果参数是前者比后者大，则对应的是结束位置和起始位置。还要注意的是：substring()方法只包含起始位置，忽略结束位置。

最后来看 split()方法，它可以根据指定的分隔符把字符串切分成数组。语法如下：

```
str.split(separator,limit);
```

str 为字符串对象，参数 separator 是"分离器"的意思，代表从该参数指定的位置分隔。参数 limit 是"有多少"的意思，代表返回数组的最大长度。当 split()方法不传递参数时，字符串整体作为数组的一个元素，比如：

```
const str = "尚硅谷 yyds";
console.log(str.split());          // ["尚硅谷 yyds"]
```

运行代码后，控制台输出结果"["尚硅谷 yyds"]"。

如果书写一个参数，则以指定的参数切割字符串，并返回切割后的数组。比如：

```
const str = "尚硅谷 yyds";
console.log(str.split("谷"));          // ["尚硅","yyds"]
```

运行代码后，控制台输出结果"["尚硅","yyds"]"。这段代码代表以"谷"为切割点切割字符串，将字符串 str 分成两半，分别为"尚硅"和"yyds"，如图 7-21 所示。

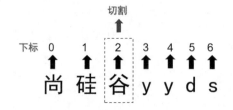

图 7-21　split()方法只有一个参数时的图例

如果只需要返回一部分字符，则可以书写两个参数。比如：

```
const str = "尚硅谷 yyds";
console.log(str.split("", 3));                    // ["尚","硅","谷"]
```

split()方法中的第二个参数"3"代表返回数组的最大长度为 3。运行代码后，控制台输出结果为"["尚", "硅","谷"]"。

如果参数是空字符串，则按照每个字符进行切分，返回和字符串等长的数组。比如：

```
const str = "尚硅谷 yyds";
console.log(str.split(""));                    // ["尚", "硅", "谷", "y", "y", "d", "s"]
```

运行代码，控制台输出结果为"["尚","硅","谷","y","y","d","s"]"。

2．字符串位置方法

下面介绍两种在字符串当中定位子字符串的方法 indexOf()和 lastIndexOf()，这两种方法是从字符串中搜索传入的字符串，如果搜索到对应字符串，则返回位置；如果没有搜索到对应字符串，则返回-1。index 表示"索引"，last 表示"最后的"，通过名字就可以理解这两种方法的区别：lastIndexOf()方法是从字符串的最后开始搜索，indexOf()方法是从字符串的开头开始搜索。

indexOf()的语法如下：

```
str.indexOf(searchValue,fromIndex);
```

indexOf()可以接收两个参数，第一个参数 searchValue 代表要寻找的字符，第二个参数 fromIndex 是可选参数，代表开始查找的位置。

lastIndexOf()的语法如下：

```
str.lastIndexOf(searchValue,fromIndex);
```

lastIndexOf()可以接收两个参数，第一个参数 searchValue 代表要寻找的字符，第二个参数 fromIndex 是可选参数，代表开始查找的位置。

本节将二者放在一起进行讲解。

```
const str = "半山腰太挤了，你得去山顶看看！";
console.log(str.indexOf("山"));                    // 1
console.log(str.lastIndexOf("山"));                // 10
```

在字符串 str 中，一共有两个"山"字。第一个"山"字的位置为 str[1]，最后一个"山"字的位置为 str[10]。indexOf()方法是从前向后搜索的，因此输出"山"字的位置为"1"；lastIndexOf()方法从后向前搜索，因此输出"山"字的位置为"10"，如图 7-22 所示。

图 7-22　方法 indexOf()和 lastIndexOf()图例（1）

这两种方式可以接收第二个参数时，代表开始搜索的位置。当书写了第二个参数时，不管是 indexOf()方法还是 lastIndexOf()方法，都会从该位置向后或向前搜索目标字符。比如：

```
const str = "半山腰太挤了，你得去山顶看看！";
console.log(str.indexOf("山", 5));                    // 10
console.log(str.lastIndexOf("山", 5));                // 1
```

运行代码后，发现输出结果与原来完全不同。这是因为在执行 indexOf()方法时，是从下标为 5 的字符开始搜索的，所以忽略了从前向后数的第一个"山"字；执行 lastIndexOf()方法时同理，也忽略了从后向前数的第一个"山"字，从 str[5]开始搜索。所以输出结果为"10"和"1"，如图 7-23 所示。

图 7-23　方法 indexOf()和 lastIndexOf()的图例（2）

如果使用这两种方法在字符串中没有搜索到目标字符串，则返回-1。比如：

```
const str = "半山腰太挤了，你得去山顶看看! ";
console.log(str.indexOf("JS"));                        // -1
console.log(str.lastIndexOf("JS"));                    // -1
```

因为 str 字符串中没有目标字符串，所以输出结果为"-1"和"-1"。

3．字符串转换方法

这里将介绍两种字符串大小写转换的方法：toUpperCase()和 toLowerCase()。UpperCase 表示"大写"，LowerCase 表示"小写"。顾名思义，toUpperCase()代表将字符串转换为大写，toLowerCase()代表将字符串转换为小写。比如：

```
const str = "JavaScript";
console.log(str.toUpperCase());                        // JAVASCRIPT
console.log(str.toLowerCase());                        // javascript
```

在这段代码中，使用 toUpperCase()方法将字符串 str 中的内容全转换为大写，使用 toLowerCase()方法将字符串 str 中的内容全转换为小写。输出结果为"JAVASCRIPT"和"javascript"。

4．字符串的其他方法

下面将分别介绍两种常用的字符串方法：trim()和 repeat()。

Trim 表示"修剪、去除"，使用 trim()方法可以将字符串前后的所有空格去除，并返回结果。比如：

```
const str = "  半山腰太挤了，你得去山顶看看!    ";
const result = str.trim();
console.log(result);                                   // "半山腰太挤了，你得去山顶看看! "
```

这段代码将字符串 str 中的前后空格去除，输出结果为"半山腰太挤了，你得去山顶看看!"。

Repeat 表示"重复"，repeat()方法可以接收一个整数，表示将目标字符串复制的次数。比如：

```
const str = "红鲤鱼";
console.log(str.repeat(3));                             // 红鲤鱼红鲤鱼红鲤鱼
```

7.5.2　Number 类型

Number 类型是数值的对象包装类型，我们可以利用 Number()构造函数创建数值对象。比如：

```
let numObject = new Number(1314);
```

但一般我们不会使用该方式创建数值对象，而是先定义基本类型数值。当我们使用数值变量进行点操作时，会自动转换为数值对象进行对象的点操作。

```
let num = 1314;
console.log(num.toString());                           // "1314"
```

所有对象都有 toString()方法，而 Number 类型对象的 toString()方法返回的是内部数值的字符串值。数值 num 在进行点操作时，自动创建 Number 类型对象来调用其 toString()方法，得到其对应的数值字符串，即"1314"。

Number 类型对象提供了 Number.isInteger()方法，用来判断数值是否为整数，返回结果为布尔值。比如：

```
const result = Number.isInteger(123);
console.log(result);                                   // true
```

123 是一个整数，因此使用 Number.isInteger()方法验证后，返回结果应为 true。运行代码后，控制台输出结果为 true。

Number 类型对象还提供了 toFixed()方法，表示数值在小数点后保留多少位，返回的结果是字符串。比如：

```
const num = 21.1243;
const result = num.toFixed(3);

//输出结果
console.log(result);                    // 21.124

//验证结果的类型
console.log(typeof result);             // string
```

本段代码通过 num.toFixed(3)保留了小数点后的三位。运行代码后，控制台输出结果"21.124"和"string"。

7.5.3　Boolean 类型

Boolean 类型是布尔值的对象包装类型，我们可以利用 Boolean()构造函数创建布尔对象。比如：

```
let boolObject1 = new Boolean(true);
let boolObject2 = new Boolean(false);
```

但一般我们不会使用该方式创建布尔对象，而是先定义基本类型布尔值。当我们使用布尔值变量进行点操作时，会自动转换为布尔对象进行对象的点操作。比如：

```
const str = new Boolean(false);
console.log(str.toString());            // false
```

所有对象都有 toString()方法，而 Boolean 类型对象的 toString()方法返回的是内部布尔值的字符串。布尔值 bool 在进行点操作时，自动创建 Boolean 类型对象来调用其 toString()方法，得到对应的布尔值字符串，即 false。

7.5.4　Date 类型

JavaScript 内置的 Date 类型是代表日期时间的引用类型。Date 对象用来处理日期和时间，保存的是当前时间到计算机元年（1970 年 1 月 1 日 8:00）的毫秒数。当我们实例化 Date 对象的时候，会得到当前的时间戳，并自动转为具体时间展示出来。

它是通过 Date()构造函数创建的，比如：

```
const str = new Date();
```

使用 new Date()可以创建一个固定时间，小括号中可以写入毫秒数和字符串格式的时间，或者按照年、月、日、时、分、秒和毫秒的顺序写入多个参数。下面将演示写入不同参数设置日期的方式。

```
// 传入毫秒数（先把毫秒数转换成一个时间，然后加上 1970 年 1 月 1 日 8:00 的时间）
let date = new Date(1000 * 60 * 60);
console.log(date);
date = new Date(1546354578234);
console.log(date);

// 写入字符串格式的时间
date = new Date("2019-10-01 8:0:0");
console.log(date);
// 如果不写时间，只写年、月、日，那么时间按照 0 点来计算
```

```
date = new Date("2019-10-1");
console.log(date);
// 如果不写年、月、日，那么时间是错误的
date = new Date("8:0:0");
console.log(date);

// 按照年、月、日、时、分、秒和毫秒的顺序写入多个参数

// 当以数字形式传递或获取月份的时候，月份是从 0 开始计算的，"0" 代表 1 月
date = new Date(2019, 9, 1, 8, 10, 20, 300);
console.log(date);
// 日期溢出，自动向前进一位，但是不建议这样书写
date = new Date(2019, 16, 1, 8, 10, 20, 300);
console.log(date);
```

Date 对象中提供了一些获取时间的方法，如表 7-2 所示。

表 7-2　获取 Date 日期对象

Date 对象的常用方法	描　　　述
getFullYear()	年
getMonth()	月（用 0-11 表示）
getDate()	日
getHours()	时
getMinutes()	分
getSeconds()	秒
toLocaleTimeString()	获取本地的时间字符串
toLocaleDateString()	获取本地的日期字符串
getTime()	到 1970 年 1 月 1 日之前的毫秒数

Date 对象的方法都很简单，这里通过一个实际案例进行演示，需求为返回一个日期时间字符串，要求日期为当天。代码如下：

```
function getFormatString() {
  const date = new Date();
  const year = date.getFullYear();
  const month = date.getMonth() + 1;
  const day = date.getDate() + 1;
  const time = date.toLocaleDateString();
  return "现在是" + year + "年" + month + "月" + day + "日" + time;
}
console.log(getFormatString());
```

通过构造函数调用获取当前时间，并赋值给对象 date。对象 date 先调用 getFullYear()、getMonth()、getDate()、toLocaleDateString()等方法获取当前的年、月、日及本地时间。最后将字符串拼接并返回。运行代码后，控制台输出当前日期的年、月、日、时。

时间戳代表当前时间的数值，具体来说，就是当前时间距离格林尼治时间 1970 年 1 月 1 日 8:00:00 的毫秒数，以下代码得到的就是时间戳：

```
const now = new Date();

// 获取当前时间距离 1970 年 1 月 1 日 8:00:00 的毫秒数
const nowTime = now.getTime();
console.log(nowTime);                    // 1630308351662
```

通过 Date 对象不仅可以获取时间，还可以设置时间，如表 7-3 所示。

表 7-3　设置 Date 日期对象

Date 对象的常用方法	描　述
setFullYear()	设置年
setMonth()	设置月（用 0-11 表示）
setDate()	设置日
setHours()	设置时
setMinutes()	设置分
setSeconds()	设置秒
setMilliseconds()	设置毫秒

案例：获取当前时间的年、月、日、时、分、秒和毫秒。

```javascript
const now = new Date();

// 设置年份
now.setFullYear(2023);
console.log(now);

// 设置月份
now.setMonth(0);
console.log(now);

// 设置日期
now.setDate(4);
console.log(now);

// 设置小时
now.setHours(19);
console.log(now);

// 设置分钟
now.setMinutes(40);
console.log(now);

// 设置秒
now.setSeconds(10);
console.log(now);

// 设置毫秒
now.setMilliseconds(100);
console.log(now);
```

运行代码后，控制台输出结果如图 7-24 所示。

```
Wed Jun 28 2023 11:35:24 GMT+0800 (中国标准时间)
Sat Jan 28 2023 11:35:24 GMT+0800 (中国标准时间)
Wed Jan 04 2023 11:35:24 GMT+0800 (中国标准时间)
Wed Jan 04 2023 19:35:24 GMT+0800 (中国标准时间)
Wed Jan 04 2023 19:40:24 GMT+0800 (中国标准时间)
Wed Jan 04 2023 19:40:10 GMT+0800 (中国标准时间)
Wed Jan 04 2023 19:40:10 GMT+0800 (中国标准时间)
```

图 7-24　控制台输出结果

7.5.5 RegExp 类型

ECMAScript 内置的 RegExp 类型用来表示正则表达式（Regular Expression），它的实例是一个描述字符串模式的对象。换句话说，正则表达式是对字符串操作的一种逻辑公式，就是用事先定义好的特定字符串及这些特定字符串的组合，组成的一个规则字符串，表示对字符串的一种过滤逻辑。

创建正则表达式和创建字符串类似，也有两种创建方式。第一种创建方式是使用 RegExp() 构造函数并输入一个数值，比如：

```
const patt=new RegExp(pattern,modifiers);
```

RegExp() 构造函数可以接收两个参数，第一个参数 pattern（模式）为字符串，指定了正则表达式的模式；第二个参数 modifiers（修饰符）为可选模式修饰符。

第二种创建方式是采用字面量，代码如下：

```
const patt=/pattern/modifiers;
```

pattern 描述了表达式的模式，modifiers 用于指定全局匹配、区分大小写的匹配和多行匹配。

1. 正则表达式的测试方法

1）正则对象方法

RegExp 对象包含 test() 和 exec() 两种方法，它们的功能基本相似，用于测试字符串匹配。

（1）test() 方法

test() 方法用于检测一个字符串是否匹配某个模式。如果字符串中含有匹配的文本，则返回 true，否则返回 false。比如：

```
// 判断一个字符串中的字符是不是全是数字

// "\d" 代表匹配数字，"\D" 代表匹配非数字
const i = 12354356465;
const reg1 = /\d/;
const reg2 = /\D/;

// 若 "\D" 一个都匹配不到，则代表字符全部是数字
if (reg2.test(i)) {
  alert("不全是数字");
} else {
  alert("全是数字");
}
```

"\d" 代表匹配数字，"\D" 与之相反，代表匹配非数字。这段代码的含义是判断字符串 i 中的字符是不是全是数字，如果字符全是数字，则弹出"全是数字"；如果有一个字符不是数字，则弹出"不全是数字"。

（2）exec() 方法

exec() 方法也用于在字符串中查找指定正则表达式，如果该方法执行成功，则返回包含该查找字符串的相关信息数组。如果该方法执行失败，则返回 null。比如：

```
const reg = /\d/g;              // g 是全局匹配的修饰符
const str = "aabb223";

/*
    通过 exec() 方法对字符串进行查找，每次调用只查找一次，查找到一个字符以后便停止查找，
    并把下标移到查找元素的后一位。
    返回查找到的相关信息数组
*/
console.log(reg.exec(str));
```

```
console.log(reg.exec(str));
console.log(reg.exec(str));
console.log(reg.exec(str));
```

　　g 是全局匹配的修饰符，这段代码使用 exec()方法对 str 进行 reg 正则查找，每次只能查找符合条件的一个字符。在字符串 str 中，符合条件的只有"2"、"2"和"3"三位，因此前三次查找返回的是相关信息数组。最后一次已经查找不到符合 reg 条件的字符，因此返回"null"。控制台输出结果如图 7-25 所示。

> ["2", index: 4, input: "aabb223", groups: undefined]

> ["2", index: 5, input: "aabb223", groups: undefined]

> ["3", index: 6, input: "aabb223", groups: undefined]

null

图 7-25　控制台输出结果（1）

　　2）字符串对象方法

　　（1）search()方法

　　search()方法用于在字符串中搜索符合正则的内容。如果搜索到内容，则返回出现的位置；如果搜索失败，则返回-1。search()方法只能返回第一次搜索。

　　例如：查找在字符串 str 中"d"第一次出现的位置。

```
const reg = /d/g;
const str = "bjkgdlahxjqgasj;lj112!@#$#%#!#";
console.log(str.search(reg));                    // 4
```

　　运行代码后，输出结果为"4"。因为在字符串 str 中下标为 4 的位置是第一个"d"出现的位置。

　　这里需要区分 search()方法和 indexOf()方法，它们都返回匹配元素出现的位置。search()方法可以传递正则匹配，而 indexOf()方法只能传递要匹配的字符串匹配。事实上，indexOf()方法是底层方法，如果执行相同的查找，那么 indexOf()方法的效率更高。如果不使用正则匹配，更建议使用 indexOf()方法来实现。

　　（2）match()方法

　　match()方法在字符串中搜索符合规则的内容，如果搜索成功，就返回内容，格式为数组；如果搜索失败，则返回 null。如果正则不加 g，那么返回第一次符合的结果；如果正则加 g，则返回所有结果。如果查找到一个匹配，在数组中会详细进行展示；如果查找到多个匹配，则在数组中展示找到的所有内容子串，不会详细展示。

　　例如：查找字符串 str 内的所有数字。

```
const reg = /\d/g;
const str = "3h45h3gg4gf3";

console.log(str.match(reg));                    // ["3", "4", "5", "3", "4", "3"]
```

　　当使用 match()方法对某个字符串进行搜索时，可以查找到多个匹配，则返回的是数组。这段代码使用 match()方法在字符串中搜索数字，运行代码后，控制台输出结果为"["3","4","5","3","4","3"]"。

　　（3）replace()方法

　　replace()方法用于查找符合正则的字符串，如果查找到符合条件的字符串，就替换为对应的字符串。replace()方法返回的是替换后的内容。

　　例如：将"年少有为想成功，不会 ES 一场空！"中的"ES"换为"JS"。

```
console.log("年少有为想成功，不会 ES 一场空！".replace(/ES/g, "JS"));
```

　　本段代码使用 replace()方法将字符串"年少有为想成功，不会 ES 一场空！"中的"ES"替换为"JS"，运行代码后，控制台输出结果如图 7-26 所示。

年少有为想成功，不会JS一场空！

图 7-26　控制台输出结果（2）

（4）split()方法

split()方法用来将字符串转换为数组，其参数可以是正则表达式，表示按一定的模式进行字符串切割。例如：将字符串 str 按空格切割。

```javascript
const reg = /\s+/;
const str = "at gui gu";
console.log(str.split(reg));                    // ["at", "gui", "gu"]
```

"\s"代表匹配空白字符，"n+"代表匹配前面原子（这里指的是空白字符）的数量是 1 次或多次。顾名思义，"\s+"代表的是匹配一个空白字符或多个空白字符。运行代码后，控制台输出结果为 "["at","gui","gu"]"。

2．正则表达式的使用

在正则表达式中常会用到修饰符、转义字符和控制范围的量词，下面将通过表格将这三类展示出来。

正则表达式中的修饰符用于区分大小写和全局匹配，如表 7-4 所示。

表 7-4　修饰符

修　饰　符	描　　述
i	忽略大小写
g	执行全局匹配（查找所有匹配，而非查找到第一个匹配后停止）
m	执行多行匹配

在正则表达式语法中，中括号标识字符范围。在中括号中可以包含多个字符，标识匹配其中任意一个字符。如果多个字符的编码顺序是连续的，则可以指定开头字符和结尾字符，省略中间字符，仅使用连字符（-）表示。如果在中括号内添加脱字符（^）前缀，则可以表示范围之外的字符，如表 7-5 所示。

表 7-5　中括号

字　　符	描　　述
[abc]	查找 abc 任意一个
[^abc]	查找不是 abc 的任意一个
[0-9]	查找任意一个数字
[a-z]	查找任意一个小写字母
[A-Z]	查找任意一个大写字母

元字符也叫原子，它是拥有特定功能的特殊字符，是正则表达式的基本组成单位。大部分元字符需要加反斜杠进行标识，以便与普通字符进行区别；少数元字符是不需要加反斜杠的，以便转义为普通字符使用，如表 7-6 所示。

表 7-6　元字符

字　　符	描　　述
.	匹配任意一个字符，除了换行符（\n）
\b	匹配一个单词边界，不匹配任何字符，只是匹配一个位置（一边是数字、字母、下画线，另一边必须是开头位置、结束位置及非数字、字母、下画线）
\d	匹配 0～9 中的任意一个数字
\D	匹配任意一个非数字
\s	匹配任意一个空白字符

字　符	描　述
\S	匹配非空格
\w	匹配任何 ASCII 字符组成的单词，等价于[A-Za-z0-9]
\W	匹配任何非 ASCII 字符组成的单词，等价于[^A-Za-z0-9]
\n	查找换行符

下面综合修饰符、转义字符和控制范围的量词来书写一些常见案例。

案例 1：通用的邮箱标准为长度不限，可以使用字母（区分大小写）、数字、点号、下画线、减号，首字母必须是字母或数字：

```
"^[a-z0-9A-Z]+[- | a-z0-9A-Z . _]+@([a-z0-9A-Z]+(-[a-z0-9A-Z]+)?\\.)+[a-z]{2,}$"
```

案例 2：手机号验证：

```
/^1[0-9]{10}$/
```

或：

```
/^1\d{10}$/
```

案例 3：用户名验证：

```
/^[a-zA-Z] [a-zA-Z0-9]{3,15}$/
```

案例 4：密码验证：

```
/^[a-zA-Z0-9]{4,10}$/
```

案例 5：邮箱验证：

```
/^\w+@\w+(\.[a-zA-Z]{2,3}){1,2}$/
```

案例 6：十六进制颜色正则：

```
/^#?([a-fA-F0-9]{6}|[a-fA-F0-9]{3})$/
```

案例 7：车牌号正则：

```
/^[京津沪渝冀豫云辽黑湘皖鲁新苏浙赣鄂桂甘晋蒙陕吉闽贵粤青藏川宁琼使领 A-Z]{1}[A-Z]{1}[A-Z0-9]{4}[A-Z0-9挂学警港澳]{1}$/
```

在实际开发中，我们主要使用正则表达式来验证客户端的输入数据。在没有使用正则表达式之前，用户填写完表单并单击按钮之后，表单就会被发送到服务器。在服务器端通常使用 PHP、ASP.NET 等服务器脚本对其进行进一步处理。而在使用正则表达式之后，可以在客户端进行验证，这样就节约了大量服务器端的系统资源，并且可以提供更好的用户体验。

7.5.6　Math 对象

Math 对象是 JavaScript 的内置对象，它提供一系列的数学常数属性和数学处理方法。常用的属性和方法如表 7-7 所示。

表 7-7　Math 对象

常用的属性和方法	含　义
PI	圆周率，约等于 3.14159
round()	把小数四舍五入取整
floor()	把小数向下取整
ceil()	把小数向上取整
random()	取 0 到 1 之间的随机数，能取到 0，但是取不到 1
max()	取多个值之间的最大值
min()	取多个值之间的最小值
pow()	幂运算

续表

常用的属性和方法	含　义
abs()	取绝对值
sin()	求三角函数的正弦值

下面只对几个常用的方法进行案例演示。

min()方法和max()方法用于确定一组数值中的最小值和最大值，它们都可以接收多个参数。比如：

```
const min = Math.min(6, 2, 34, 7, 8, 20);
const max = Math.max(6, 2, 34, 7, 8, 20);
console.log(min);                        // 2
console.log(max);                        // 34
```

运行代码后，控制台输出参数中的最大值"34"和最小值"2"。

Math 对象提供了三种将小数舍入为整的方法：Math.ceil()、Math.floor()和 Math.round()。它们代表的意思与英文含义相对应，依次是：向上取整、向下取整和四舍五入取整。下面通过案例来了解它们的使用方法：

```
// 当小数为正数时
console.log(Math.ceil(52.1));            // 53
console.log(Math.floor(52.6));           // 52
console.log(Math.round(52.6));           // 53

// 当小数为负数时
console.log(Math.ceil(-52.1));           // -52
console.log(Math.floor(-52.6));          // -53
console.log(Math.round(-52.6));          // -53
```

运行代码后，控制台输出结果为"53"、"52"、"53"、"-52"、"-53"和"-53"。

Math.random()方法可以返回一个随机数，其中包含 0 不包含 1，可以认为是"左闭右开"，比如：

```
console.log(Math.random());
```

运行代码后，每次输出结果都不一样，都是范围在 0 到 1 的一个随机数。

7.6　本章小结

本章由浅入深地讲解了对象的创建、使用、ES6 新增书写格式、原型和原型链。对象在 JavaScript 中是极其重要的知识点，本章内容不仅在实际开发和面试中常见，更能体现开发者对 JavaScript 的掌握程度。

7.2 节介绍了 ES6 提供的新增对象书写格式：对象的属性与方法的简写和属性名表达式，在书写代码时不仅可以减少代码量，还可以增加代码的可读性，从而写出更高效、优美的代码。7.4 节讲解了原型与原型链的原理，对于一个程序员来说，理解实现原理会使自身有极大的提升，应对该节的内容反复学习，达到理解并掌握的程度。

第8章

函数（下）

在第 6 章对函数的基本使用、作用域和作用域链进行了讲解。关于函数的知识并不限于此，事实上，函数还有更复杂的知识点，如函数提升、回调函数、函数递归等。

本章主要从 IIFE、arguments、回调函数、函数递归等方面进行介绍。

本章学习内容如下：

- IIFE
- arguments
- 回调函数
- 函数递归
- 函数中的 this
- 函数也是对象
- 函数的 call()、apply() 与 bind()
- 变量提升与函数提升
- 执行上下文与执行上下文栈
- 闭包
- 内存管理

8.1 IIFE

IIFE（Immediately Invoked Function Expression，立即调用函数表达式）也叫作匿名函数自调用，主要用来隐藏内部实现，使用 IIFE 可以实现对项目的初始化，防止外部命名空间污染，隐藏内部代码暴露接口等好处。

IIFE 在函数定义的时候同时执行，且只执行一次，不会发生预解析（在函数内部执行的时候进行预解析）。语法如下：

```
(function(){
    代码块;
})();
```

使用 IIFE 只需先使用小括号包裹函数表达式整体，再在后面添加小括号调用。需要注意的是，使用 IIFE 的函数不能是使用函数声明方式定义的函数，必须是函数表达式。比如：

```
(function () {
    alert(1);
})();
```

运行代码后，页面弹出对话框，内容为"1"。

　　将一元运算符 "+"、"-"、"~" 和 "!" 写在匿名函数前边，可以让函数变为一体，此时直接加小括号调用：

```
!function () {
   alert(1);
}();

+function () {
   alert(2);
}();



-function () {
   alert(3);
}();

~function () {
   alert(4);
}();
```

　　运行代码后，控制台依次弹出对话框，内容为 "1"、"2"、"3" 和 "4"。

　　立即调用函数表达式和闭包经常在模块化中应用。立即调用函数表达式被当作一个私有作用域，在作用域内部可以访问外部变量，而外部环境是不能访问作用域内部变量的。因此，立即执行函数是一个封闭的作用域，不会和外部作用域起冲突。这一特性恰好可以配合闭包完成一些功能。

　　JavaScript 文件（简称 js 文件）：

```
// 封装一些模块时使用
(function () {
  var i = 0;
  window.my = {
    get: function () {
      return i;
    },
    set: function (val) {
      i = val;
    },
    add: function () {
     ++i;
    },
  };
})();
```

　　要运行的 JavaScript 代码：

```
console.log(my.get());            // 0
my.set(3);
my.add();
console.log(my.get());            // 4
my.add();
console.log(my.get());            // 5
```

　　这段代码演示了立即调用函数表达式和闭包配合的场景，首先通过 my 调用 get() 方法获取 i 的值，此时返回结果为 0；再调用 set() 方法并传入实参 3，代表将函数中 i 的值变为 3；最后调用两次 add() 方法，在 i 为 3 的基础上依次自增 1。运行代码后，控制台输出结果为 "0"、"4" 和 "5"。

8.2 arguments

前面已经介绍过函数的参数分为实参和形参，形参是在函数定义时用来接收实参的变量，实参是调用函数时传入的数据。请思考：函数没有形参时，在函数内部可以获得传递的实参吗？事实上是可以的，当函数没有形参时，可以利用函数内的隐含局部变量 arguments 得到实参列表数据。本节主要为读者介绍 arguments。

8.2.1 伪（类）数组

在学习 arguments 之前，我们需要先理解一个常见的技术名称"伪数组"，有时也称作类数组。伪数组是指使用包含从 0 开始且自然递增的整数做属性名，并且定义了 length 表示属性个数的对象。arguments 中的每个条目对应一个索引，索引从 0 开始，并且它也有类似数组的 length 属性，因此也被叫作类数组对象。值得一提的是，类数组对象是不具有数组的方法的。比如：

```
const names = {
  0: "xiaowang",
  1: "xiaozhang",
  2: "xiaoli",
  length: 3,
};
```

这段代码定义了一个对象 names，包含从 0 开始的依次递增的属性名、属性及标识属性数据个数的属性 length，因此对象 names 是一个类数组对象。

JavaScript 中存在一些内置的伪数组，其中包括之后要学习的 arguments 对象和 NodeList 对象。值得一提的是，所有的伪数组都有数值下标属性和标识数量的 length 属性，我们可以利用这两个特性遍历内部数据。

8.2.2 arguments 的使用

arguments 对象是所有函数（箭头函数除外）都可用的局部变量。arguments 对象在函数中引用函数的所有实参数据，也叫作实参伪数组。通过 arguments 这个伪数组，我们可以在函数内轻松得到所有实参数据。比如：

```
function fn() {
  // 通过 arguments 依次取出所有参数
  let arg1 = arguments[0];
  let arg2 = arguments[1];
  let arg3 = arguments[2];
  let arg4 = arguments[3];
  console.log(arg1, arg2, arg3, arg4);

  // 参数也可以被设置
  arguments[1] = "new value";
  console.log(arguments);
}
fn(1, 2, 3, 4);
```

本段代码调用了函数 fn，并传递了实参"1,2,3,4"，在函数内部可以通过 arguments[index]的形式索引获取对应的值。比如：代码 arguments[0]可以获取传递的第一个实参。arguments 中的值不仅可以被获取，也可以被设置。比如，代码 arguments[1] = "new value"将传递的第二个实参的值设置为"new value"。最后输出 arguments，如图 8-1 所示。

```
1 2 3 4
▼Arguments(4) [1, 'new value', 3, 4, callee: ƒ, Symbol(Symbol.iterator): ƒ] ⓘ
    0: 1
    1: "new value"
    2: 3
    3: 4
  ▶callee: ƒ fn()
    length: 4
  ▶Symbol(Symbol.iterator): ƒ values()
  ▶[[Prototype]]: Object
```

图 8-1　控制台输出结果

在实际开发中可以利用 arguments 遍历参数求和，比如：

```
function add() {
  let sum = 0,
    len = arguments.length;
  for (let i = 0; i < len; i++) {
    sum += arguments[i];
  }
  return sum;
}
add();                        // 0
add(1);                       // 1
add(1, 2, 3, 4);              // 10
```

这段代码巧妙地利用 arguments 的 length 属性作为 for 循环的临界条件，在 for 循环中进行累加的操作。当没有传递参数时，返回结果为 0；当传递多个参数时，进行累加并返回累加值。经过三次调用后，返回的结果分别为 "0"、"1" 和 "10"。

8.3　回调函数

8.3.1　内置的回调函数

本节内容涉及数组、定时器和 AJAX 等内容，建议读者学习完第 13 章内容再学习本节内容。

若你定义了一个函数，没有直接调用，但最终这个函数却执行了，这样的函数被称作回调函数。JavaScript 的很多内置语法中就包含了回调函数的使用，在数组章节我们也使用过回调函数。比如，数组的 forEach() 方法调用时，就接收一个用于遍历每个元素的回调函数，代码如下：

```
const arr = [1, 2, 3];
arr.forEach((item) => {
  // 回调函数
  console.log(item);
});
```

上面的箭头函数就是典型的回调函数：我们定义了函数，没有调用它，但最终它会执行。

在后面的章节中我们会学习一些内置语法的回调函数，包括定时器回调函数、DOM 事件监听回调、ajax()请求回调函数。下面我们通过一个定时器回调来演示说明。

```
setInterval(() => {
  // 回调函数
  console.log("atguigu");
}, 2000);
```

setInterval()函数是用来启动一个循环间隔执行的定时器，本段代码通过 setInterval()函数调用指定了一个循环执行的箭头函数，同时指定间隔时间为 2 秒。最终效果是每隔 2 秒，执行箭头函数输出"atguigu"。这个箭头函数就是非常典型的回调函数：我们定义它，没有直接调用它，但最终它会执行。

8.3.2　自定义回调函数

除了 JavaScript 内置语法的回调函数，我们也可以自定义回调函数。回调函数既是我们定义的，也是我们调用的。可以将回调理解为回头调用的意思，换句话说，主函数的事先干完，再调用传递进来的函数参数，也就是回调函数。

通过生活中的例子来理解回调函数：同学聚会结束后，你送小明上车。离别时，你说："到家了给我发一条信息"。小明回家以后给你发了一条信息"到家了"。

其实这就是一个回调过程。你留了函数参数（要求小明给你发信息）给小明，然后小明回家，回家的动作是主函数。小明必须先回家，也就是主函数执行完毕，再执行传递进去的函数，然后你就收到一条来自小明的信息。

现在书写一个自定义回调函数：

```
// 定义主函数，并指定用于接收回调函数的参数
function goHome(callback) {
  console.log("正在回家路上...");
  console.log("到家了");
  // 调用回调函数
  callback("小明，我到家了");
}

// 定义回调函数
function sendMsg(msg) {
  console.log(msg);
}

// 调用主函数，将回调函数 b 传递进去
goHome(sendMsg);
```

这段代码定义了主函数 goHome()，它声明了接收回调函数的参数 callback，在函数体中先执行主体的工作，最后调用回调函数 callback()，并指定了特定参数。本段代码还定义了发送消息的函数 sendMsg()，而且调用主函数 goHome()，并将 sendMsg()函数作为回调函数传入。

8.4　函数递归

如果一个函数在调用的时候内部又调用了它，这种情况被称作函数的递归调用，简称"函数递归"。简单地说，函数的递归就是在函数中调用自身。其实，它相当于一种循环嵌套调用，在使用时需要避免死循环，应给定一个条件停止调用。比如：

```
function fn(a) {
  // 只有当a大于1时才进行递归调用，否则直接结束返回1
  if (a > 1) {
    return a * fn(a - 1);
  }
  return 1;
```

```
}
console.log(fn(10));
```

这段代码声明了一个具名函数 fn()，在函数内部通过调用自身实现指定数的阶乘。运行代码后，控制台输出结果为"3628800"。

函数递归特别适用于做一些重复性处理。下面我们来使用函数递归实现一个经典案例：生成指定位数的斐波那契数列的值。斐波那契数列指的是：1,1,2,3,5,8,13,21,34,55,89,144……，这个数列的规律为：第一项和第二项都为 1，后面任意一项都是其前面两项的和，可以表达为：$F(n) = F(n-1) + F(n-2)$。

使用代码实现该功能非常简单，只需要封装一个递归调用的函数，从指定的位数开始根据 $F(n) = F(n-1) + F(n-2)$ 不断进行计算，直到第 2 位为止。代码如下：

```
function func(n) {
  // 只要位数 n 大于 2，就进行递归调用计算，否则直接返回
  if (n > 2) {
    return func(n - 1) + func(n - 2);
  }

  return 1;
}

const a = func(11);
console.log(a);                      // 89
```

运行代码后，控制台输出结果为"89"。

同样功能的计算我们也可以使用循环来实现。下面就使用 for 循环实现第 n 位斐波那契数，具体代码如下：

```
/*
使用 for 循环实现第 n 位斐波那契数
*/
function func2(n) {
  // 如果要求的是第 1 位或第 2 位，则直接返回 1
  if (n == 1 || n === 2) {
    return 1;
  }
  // 用来存储前 1 位值的变量
  let valueN_1 = 1;
  // 用来存储前 2 位值的变量
  let valueN_2 = 1;
  // 要计算的当前第 n 位值
  let valueN;
  // 从第 3 位开始一直遍历到第 n 位
  let num = 3;
  // 只要当前计算的位不大于指定的 n，就不断计算
  while (num <= n) {
    // 计算出遍历的当前位的值
    valueN = valueN_1 + valueN_2;
    // 更新前面 2 位的值，用于下一个数的计算
    valueN_2 = valueN_1;
    valueN_1 = valueN;
  }
  // 返回计算出的第 n 位的值
  return valueN;
```

```
}
console.log(func2(11));                    // 89
```

对比这两种方式的实现，从编码简易性来说，函数递归比 for 循环简单很多。但如果比较占用的内存和运行效率，那么函数递归相对占用更大的内存，运行更慢。每个函数调用都要分配一个单独的空间，如果同时有很多函数在执行，则占用内存会明显增加。而函数递归调用，本质就是多层的函数嵌套调用，当递归的层级比较深时，外层的所有函数都是正在执行状态，占用内存更大，运行也更慢。

使用递归有时会出现调用栈溢出的情况。每次调用时都会在内存栈中分配空间，但栈的空间是有限的，如果调用的次数太多，就会超出栈的容量，从而造成调用栈溢出。

在开发中，如果计算量不太大，开发者很自然地就会选择编码更简洁的函数递归方式。但当计算量比较大时，还是建议开发者尽量选择遍历的方式来代替函数递归。

8.5 函数中的 this

this 是 JavaScript 内置的一个变量，在全局或函数中都可以访问此变量，在全局中 this 是 window。this 在函数中相对全局来说比较复杂，代表调用函数的当前对象。具体来说，在定义函数时还无法确定 this，只有在执行时才动态地绑定 this。简单地说，谁调用了这个函数，this 就指向谁。

不同的场合 this 的指向不同，在 JavaScript 当中，this 的指向通常有五种情况，下面将为读者分别进行介绍。

第一种情况是 this 的默认绑定，这是常用的函数调用类型，指向的是 window。独立函数调用时 this 就会默认绑定至 window，可以把这个规则看作无法应用其他规则时默认的规则。比如：

```
/* 默认绑定 */
function fn() {
  console.log(this);
}
fn();                          // window
```

函数 fn()被直接调用，this 默认绑定指向 window。运行代码后，控制台输出为 window 对象，如图 8-2 所示。

> ▶ *Window {window: Window, self: Window, document: document, name: "", locat ion: Location, …}*

图 8-2　控制台输出结果（1）

需要注意的是，this 的默认绑定只看调用方式，而不管调用位置。无论在全局还是在另一个函数内部，只要不做指定，而是直接调用，函数中的 this 就是 window。比如：

```
function fn2() {
  function fn3() {
    console.log(this);
  }
  fn3();
}
fn2();                         // window
```

函数 fn3()是在函数 fn2()内部直接调用的，也是使用的默认绑定规则。运行代码后，输出结果为 window 对象，如图 8-3 所示。

> ▶ *Window {window: Window, self: Window, document: document, name: "", locat ion: Location, …}*

图 8-3　控制台输出结果（2）

第二种情况是当函数作为方法通过对象进行调用时，就会执行隐式绑定的规则，会将 this 绑定在调用方法的对象上。比如：

```
var a = 1;
function fn() {
  console.log(this.a);
}
const obj = {
  a: 2,
  foo: fn,
};
obj.foo();                      // 2
```

对于上面的这段代码来说，函数 foo() 是通过 obj 对象进行调用的，函数 foo() 中的 this 自然就是 obj 对象。输出的就是 obj 对象中 a 的属性值，而不是全局变量中 a 的属性值。

对于隐式绑定要注意，绑定的时机不是在定义对象的方法时，而是在通过对象调用方法时。比如：

```
var a = 1;
function fn1() {
  console.log(this.a);
}
const obj = {
  a: 2,
  foo: fn1,
};
// 将 obj 对象的 foo 方法取出赋值给 fn2 变量
const fn2 = obj.foo;
fn2();                          // 1
```

本段代码中的 fn1 虽然被添加为 obj 对象的方法，但是实际上函数 fn1() 是通过 fn2 直接调用的，属于默认绑定，故输出结果为 1。

第三种情况是显式（强制）绑定，通过函数对象使用 call()、apply() 或 bind() 方法（这三种方法将在 8.7 节进行介绍，读者也可以学习完 8.7 节内容后学习这部分内容）来执行函数，函数中的 this 是 call()、apply() 或 bind() 方法的第一个参数对象。这里我们以 call() 方法为例进行简单说明，比如：

```
function foo() {
  console.log(this.a);
}
const obj = {
  a: 2,
};
foo.call(obj);                  // 2
```

本段代码通过 call() 方法调用 foo() 函数，把 foo() 函数的 this 强制绑定在 obj 对象上。运行代码后，控制台输出结果为"2"。

第四种情况是 new 绑定。当使用 new 调用函数时，会创建一个新实例对象，此时函数中的 this 被绑定为新创建的实例对象。比如：

```
function Foo(a) {
  this.a = a;
}
const foo = new Foo(2);
console.log(foo.a);             // 2
```

本段代码中的 Foo() 函数是通过 new 调用的，也就是使用 new 绑定的，this 为新创建的实例对象，并且 a 的属性值为 2。因此 foo.a 的值最终输出结果为"2"。

在开发中找到 this 的指向十分重要，为了使读者可以快速判断 this 指向，下面将判断 this 指向的过程分为以下四步：

（1）函数是否通过 new 调用（new 绑定）。如果是，则 this 绑定为新创建的对象。

（2）函数是否通过 call、apply 或 bind 方法调用（显式绑定）。如果是，则 this 绑定为调用 call、apply 或 bind 方法时指定的第一个参数对象。

（3）函数是否作为对象的方法通过对象调用（隐式绑定）。如果是，则 this 绑定为调用方法的对象。

（4）如果以上都不是，那就是直接调用，为默认绑定，this 绑定为 window。

还有一点需要注意，箭头函数是没有自己的 this 的。也就是说，箭头函数 this 判断是不遵守上面四种 this 绑定规则的。如果在箭头函数中读取 this，它会沿着作用域链去外部作用域中查找 this。比如：

```
var a = 1;
const obj = {
  a: 2,
  fn: () => {
    console.log(this.a);
  },
};
obj.fn();                      // 1
```

在本段代码中，虽然 fn()函数是通过 obj 对象调用的，但因为它是箭头函数，所以不应用隐式绑定的规则。箭头函数内部会去外部作用域查找 this，而外部 this 是 window，因此最终结果输出"1"。

最后来看一道关于 this 指向的常见面试题，请分析下面这段代码：

```
var a = 2;
const obj = {
  a: 3,
  foo1: () => {
    return function () {
      console.log(this.a);
    };
  },
  foo2: function () {
    return () => {
      console.log(this.a);
    };
  },
};

const foo3 = obj.foo2;

obj.foo1()();                  // 2
obj.foo2()();                  // 3
foo3()();                      // 2
```

首先看 obj.foo1()()，先执行 obj.foo1()得到一个 function()函数，接着加小括号直接调用。因此 this 绑定为 window（默认绑定），对应输出为全局变量 a 的值"2"。

接着看 obj.foo2()()，先执行 obj.foo2()得到一个箭头函数，接着加小括号直接调用。但箭头函数没有自己的 this，查找得到外部 foo2 方法中的 this，而此 this 被隐式绑定为 obj，因此对应输出应该是 obj 的 a 属性值"3"。

最后来看 foo3()()，先直接执行 foo3()得到一个箭头函数，接着加小括号直接调用，箭头函数读取 this 会得到外部 foo3 中的 this，而 foo3 是直接调用的，this 默认绑定为 window，因此对应输出应该是全局变量 a 的值"2"。

8.6　函数也是对象

在 6.1 节中，我们介绍了三种定义函数的方式，分别是：函数声明、函数表达式和创建函数对象。创建函数对象就是通过 new Function()来构造一个实例对象。其实，另外两种方式内部也是通过创建函数的实例对象来产生的。下面这段代码就是使用函数声明的方式定义的：

```
function fn(a, b) {
  return a + b;
}
```

其实它内部相当于执行下面的代码：

```
const fn = new Function("a", "b", "return a + b;");
```

可以使用 instanceof 来确认函数是否是对象，代码如下：

```
console.log(fn instanceof Object);                  // true
```

既然函数是一个对象，那么它同样拥有属性和方法，可以将函数作为对象使用，去操作它的属性和方法，比如：

```
//函数对象的属性
fn.prototype

//函数对象的方法
fn.call()
```

同样可以为函数对象添加属性和方法：

```
fn.a = 3;
fn.b = function () {
  console.log("b()", this.a);
};
```

需要注意的是，函数对象与实例对象不同，将函数作为对象使用操作其属性和方法时，才将其称作函数对象。实例对象是通过 new 调用函数产生的对象，平常我们简称其为对象，这二者的差异读者要区分开。比如：

```
function Fn() {
  // 给 Fn()函数的实例对象添加 test()方法
  this.test = function () {
    console.log("实例对象的 test()");
  };
}

// 给 Fn 对象添加方法
Fn.test = function () {
  console.log("Fn.test()");
};

// fn 是 Fn()构造函数的实例对象
const fn = new Fn();

// 调用 Fn 对象的 test()方法
Fn.test();                       // Fn.test()
// 调用 Fn()函数的实例对象的 test()方法
fn.test();                       // 实例对象的 test()
```

8.7　函数对象的方法

在 Function 的原型对象上有 call()、apply()、bind()三种方法用来指定函数执行时的 this。具体地说，这三种方法可以改变函数运行时的 this 指向。下面将分别介绍这三种方法。

8.7.1　call()方法

call()方法在 Function 的原型对象上，而任何函数都是 Function 的实例对象，不管是内置的函数还是自定义的函数都可以调用 call()方法。

call 的含义为"调用"，作用是立即执行当前函数，并指定函数内的 this 为 call()方法指定的第一个参数对象。语法如下：

```
function.call(thisArg, arg1, arg2 …)
```

call()方法可以接收多个参数，第一个参数是对象，代表要指定的 this 对象。其余参数代表调用 fn()函数时传递的实参，依次书写。通过调用 call()方法可以改变函数的 this 指向为自己的第一个参数，并调用函数。比如：

```
var m = 2;
const obj = { m: 3 };
function fn(a, b) {
  console.log(this.m, a, b);
}

// 直接调用函数 fn()
fn(4, 5);                      // 2 4 5

// 通过 fn 的 call()方法来调用函数 fn()，并且指定 this 为 obj
fn.call(obj, 4, 5);            // 3 4 5
```

这段代码先声明了变量 m、对象 obj 及函数 fn()。然后直接调用函数 fn()，且函数 fn()中的 this 为 window，因此 this.m 得到的是全局变量 m 的值 2。最终的输出为"2 4 5"。

接着通过 fn 的 call()方法来调用函数 fn()，指定了函数 fn()中的 this 为 obj。因此 this.m 的值为 obj 的 m 属性值 3。同时，call()方法调用指定的后两位参数 4 与 5，传递给函数 fn()的形参 a 与 b，call()方法调用最终的输出为"3 4 5"。

当 call()方法的第一个参数不指定，或者为 null 或 undefined 时，this 默认指向 window。比如：

```
function fn(a, b) {
  console.log(this, a, b);
}
fn.call();                     // window undefined undefined
fn.call(null, 1, 2);           // window 1 2
fn.call(undefined, 1, 2);      // window 1 2
```

如果 call()方法的第一个参数是 Number、String 或 Boolean 基本类型，最终 this 会指向对应的包装类型对象。依旧对上面的案例进行操作，代码如下：

```
fn.call(123, 1, 2);            // Number{123} 1 2
fn.call("abc", 1, 2);          // String{"abc"} 1 2
fn.call(true, 1, 2);           // Boolean {true} 1 2
```

8.7.2　apply()方法

apply()方法的作用和 call()方法相同，都是用来改变函数的 this 指向且调用函数的。只不过传递给 fn()

函数的实参不同，call()方法是将参数分别传递，而 apply()方法是将参数放入数组中传递。每个函数都可以使用这种方法，语法如下：

```
fn.apply(thisArg,[arg1,arg2…])
```

apply()方法可以接收两个参数，第一个参数是对象，代表要指向的 this 对象。第二个参数为数组，数组中的元素为要传递给 fn()函数的实参列表。

apply()方法和 call()方法相同，第一个参数同样存在三种情况：

- 不指定、null 或 undefined：默认把 this 指向 window。
- Number、String 或 Boolean 基本类型：把 this 指向当前数据的包装类型对象。
- 对象类型：this 直接指向该对象。

这里不对这三类情况进行分别讲解，可参照 8.7.1 节的案例。代码如下：

```
function fn(a, b) {
  console.log(this, a, b);
}

/* 情况1 */
fn.apply();                          // window undefined undefined
fn.apply(null, [1, 2]);             // window 1 2
fn.apply(undefined, [1, 2]);        // window 1 2

/* 情况2 */
fn.apply(123, [1, 2]);              // Number{123} 1 2
fn.apply("abc", [1, 2]);            // String {"abc"} 1 2
fn.apply(true, [1, 2]);             // Boolean {true} 1 2

/* 情况3 */
fn.apply([1, 2, 3], [1, 2]);        // [1, 2, 3] 1 2
fn.apply(function () {}, [1, 2]);   // f(){} 1 2
fn.apply({ name: "尚硅谷" }, [1, 2]); // {name: "尚硅谷"} 1 2
```

8.7.3 bind()方法

使用 bind()方法可以创建一个新函数，新函数内部会调用原函数，且传入的实参也会传入 fn()函数的调用中。需要注意的是：参数优先考虑 bind()方法中指定的参数，其次是新函数调用时指定的参数。语法如下：

```
fn.bind(objArg, arg1, arg2 …)
```

bind()方法可以接收多个参数，第一个参数为绑定函数 fn()中的 this 对象，其余参数为预置给函数 fn()的实参列表。

比如：

```
function fn(a, b) {
  console.log(this, a, b);
}

const obj = { m: 2 };
const fn2 = fn.bind(obj);
fn2(3, 4);                          // {m: 2} 3 4

const fn3 = fn.bind(obj, 5);
fn3(3, 4);                          // {m: 2} 5 3
```

```
const fn4 = fn.bind(obj, 5, 6);
fn4(3, 4);                              // {m: 2} 5 6
```

这段代码调用了三次 bind() 方法，第一次调用 bind() 方法只指定 this，没有指定要传递的参数，函数 fn() 的参数都由新函数 fn2() 调用时指定。

第二次调用 bind() 方法指定 this 的同时指定了一个要传的参数 5。新函数 fn3() 调用时又指定了两个参数 3 和 4。我们知道 bind() 方法指定的参数在前面，函数 fn()3 指定的参数在后面。最终函数 fn() 中 a 和 b 的值为 5 和 3，参数 4 为多余参数直接被忽略。

第三次调用 bind() 方法指定了要传递的两个参数 5 和 6，新函数 fn4() 指定了两个参数 3 和 4，那么 5 和 6 就传递给了函数 fn() 的 a 和 b，3 和 4 就是多余参数被忽略。

8.7.4　案例：伪数组转数组

在 JavaScript 中，函数中的隐藏变量 arguments 和使用 getElementsByTagName 获得的元素集合（NodeList）都是伪数组对象，不能直接使用数组的 push 等方法。

当伪数组需要使用数组的方法时，只能将其转换生成真数组。本节主要讲解如何根据伪数组生成包含其内部数据的真数组。

我们知道数组的 slice() 方法能产生一个新数组，且包含原数组中的所有元素。比如：

```
const arr1 = [1, 3, 5, 2];
const arr2 = arr1.slice();              // [1, 3, 5, 2]
```

slice() 方法内部实现会用到数组的 length 属性和根据数组下标取元素的特性，而这两个特性伪数组其实都具有。

但是我们要知道，伪数组是没有 slice() 方法的，因此伪数组并不能直接调用 slice() 方法来产生一个真数组。我们可以利用 call() 方法，让伪数组可以调用数组的 slice() 方法，最终产生包含伪数组内部数据的真数组。代码如下：

```
function toArray() {
  const arr = Array.prototype.slice.call(arguments);
  return arr;
}
console.log(toArray(1, 2, 3, 4, 5));    // [ 1, 2, 3, 4, 5 ]
```

这里要注意，数组的 slice() 方法是定义在 Array 的原型对象上的，arguments 是包含所有实参数据的伪数组，而我们通过 slice 的 call() 方法生成了包含所有实参的数组。

8.8　预解析

JavaScript 代码的执行是由浏览器中的 JS 引擎解析执行的。JS 引擎解析执行 JavaScript 代码的时候分为两个过程：预解析过程和代码执行过程。由于有预解析的存在，产生了变量提升与函数提升，也产生了执行上下文与执行上下文栈。

8.8.1　变量提升与函数提升

在程序开始执行后，代码执行之前会发生预解析。预解析的一个重要工作就是进行声明提升处理，包括变量与函数的声明提升。

值得一提的是，变量声明提升一般简称为变量提升，函数声明提升一般简称为函数提升。变量提升的相关知识在学习第 2 章的时候有过一些相关介绍，在本节将对其进行一个系统、全面的介绍。

变量提升是指在用 var 定义变量时，变量的声明会被提升到作用域的最前面，变量的赋值不会提升。比如：

```
console.log(a);                    // undefined
var a = 4;

// 预解析进行变量提升后的代码
/*
var a;
console.log(a);
a = 4;
*/
```

本段代码中的变量 a 使用 var 关键字定义，因此会发生变量提升。因为变量提升只提升变量声明，不提升赋值，所以在定义变量之前访问变量 a 的值返回结果为 undefined。

函数提升是指当使用 function 声明函数时，JS 引擎进行预解析会将整个函数声明语句提升到所在作用域的最前面。由于函数提升的存在，我们可以在函数声明语句前就调用函数。比如：

```
fn();                              // fn 执行了
function fn() {
  console.log("fn 执行了");
}

// 预解析进行函数提升后的代码
/*
function fn () {
    console.log('fn 执行了')
}
fn();
*/
```

来看一道经典面试题，代码如下：

```
// 请思考输出结果
var a = 4;
function fn() {
  console.log(a);
  var a = 5;
}
fn();
```

要想得到正确的输出，必须先确定变量提升和函数提升后的本质代码，输出结果才会一目了然。本质代码如下：

```
// 变量提升与函数提升后的本质代码
function fn() {
  var a;
  console.log(a);
  a = 5;
}
var a;

a = 4;
fn();
```

由于输出前定义了局部变量 a，但没有赋值，所以输出的 a 值为 undefined。

那么变量提升和函数提升是如何产生的呢？后面就会为读者揭晓该问题的答案。

8.8.2 执行上下文与执行上下文栈

执行上下文与执行上下文栈是 JavaScript 中比较难懂的知识，本节将带领读者一步一步地揭开其神秘面纱。

1. 执行上下文

什么是执行上下文？刚开始接触它的读者可能都会有这个疑惑。简单地说，执行上下文是 JavaScript 引擎内部解析和执行代码的环境。每当 JavaScript 代码在运行时，它都是在执行上下文中运行的。

从整体来说，JavaScript 中有三种不同类型的执行上下文，具体如下。

1）全局执行上下文

这是默认的、最基础的执行上下文。JavaScript 引擎在执行全局代码时，会创建一个唯一全局执行上下文，函数外的代码都位于全局执行上下文中。它做了两件事：一是创建一个全局对象，在浏览器中这个全局对象就是 window 对象。二是将 this 指向这个全局对象。

2）函数执行上下文

每次调用函数时，都会为该函数创建一个新的执行上下文。每个函数都拥有自己的执行上下文，但是只有在函数被调用的时候才会被创建。一个程序中可以存在任意数量的函数执行上下文。每当一个新的执行上下文被创建，它都会按照特定的顺序执行一系列步骤，具体过程将在后面讨论。

3）eval 函数执行上下文

运行在 eval 函数中的代码也获得了自己的执行上下文，但是由于 JavaScript 开发人员不经常使用 eval 函数，所以在这里不进行讨论。

2. 执行栈

执行栈在其他编程语言中也被称为调用栈，具有 LIFO（后进先出）结构，用于存储在代码执行期间创建的所有执行上下文。

具体地说，当 JavaScript 引擎首次读取脚本时，它会创建一个全局执行上下文，并将其推入当前的执行栈。每当发生一个函数调用，引擎都会为该函数创建一个新的执行上下文，并将其推入当前执行栈的顶端。

引擎会运行执行上下文在执行栈顶端的函数，当该函数运行完成后，其对应的执行上下文将从执行栈中弹出，上下文控制权将移到当前执行栈的下一个执行上下文。

让我们通过下面的代码示例来理解这一点：

```javascript
let a = "Hello atguigu!";

function first() {
  console.log("first()函数内 second()函数之前");
  second();
  console.log("first()函数内 second()函数之后");
}

function second() {
  console.log("second()函数内");
}

first();
console.log("全局执行上下文中");
```

代码对应的执行栈变化如图 8-4 所示。

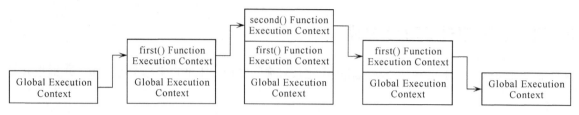

图 8-4　代码对应的执行栈变化

当上述代码在浏览器中加载时，JavaScript 引擎会创建一个全局执行上下文，并将它推入当前的执行栈。当调用 first()函数时，JavaScript 引擎为该函数创建了一个新的执行上下文，并将其推入当前执行栈的顶端。

当在 first()函数中调用 second()函数时，JavaScript 引擎为该函数创建了一个新的执行上下文，并将其推入当前执行栈的顶端。当 second()函数执行完成后，它的执行上下文从当前执行栈中弹出，上下文控制权将移到当前执行栈的下一个执行上下文，即 first()函数的执行上下文。

当 first()函数执行完毕后，它的执行上下文从当前执行栈中弹出，上下文控制权将移到全局执行上下文。一旦所有代码执行完毕，JavaScript 引擎就把全局执行上下文从执行栈中移除。

这里我们提及了执行上下文的创建，其实这部分内容并不是很简单，接下来就介绍执行上下文创建的相关知识。

3．执行上下文的创建

我们已经知道了 JavaScript 引擎如何管理多个执行上下文，现在就让我们来了解 JavaScript 引擎是如何创建执行上下文的。

执行上下文分两个阶段创建，分别是创建阶段和执行阶段，下面就分别进行介绍。

1）创建阶段

在任意的 JavaScript 代码被执行前，执行上下文均处于创建阶段。其实在创建阶段共发生了三件事情：

- 确定 this 的值，也被称为 this 绑定（This Binding）。
- 创建词法环境（Lexical Environment）。
- 创建变量环境（Variable Environment）。

因此执行上下文可以在概念上表示为以下代码：

```
ExecutionContext = {
  ThisBinding = <this value>,        // this 绑定
  LexicalEnvironment = { ... },      // 词法环境
  VariableEnvironment = { ... },     // 变量环境
}
```

这三件事情分别涉及三个新名词：this 绑定、词法环境和变量环境。

（1）this 绑定

在全局执行上下文中，this 的值指向全局对象；在浏览器中，this 的值指向 window 对象。

在函数执行上下文中，this 的值取决于函数的调用方式。如果它被一个对象引用调用，那么 this 的值被设置为该对象，否则 this 的值被设置为全局对象或 undefined（严格模式下）。比如：

```
const person = {
  name: "tom",
  birthYear: 1994,
  calcAge: function () {
    console.log(2022 - this.birthYear);
  },
```

```
};

person.calcAge();
// this 指向 person, 因为 calcAge 是被 person 对象引用调用的

const calculateAge = person.calcAge;
calculateAge();
// this 指向全局 window 对象, 因为没有给出任何对象引用
```

（2）词法环境

词法环境是一个包含标识符变量映射的结构。值得一提的是，这里的标识符表示变量/函数的名称，变量是对实际对象（包括函数类型对象）或原始值的引用。

词法环境由两部分组成，分别是环境记录和对外部环境的引用。环境记录就是存储变量和函数声明的实际位置，对外部环境的引用则意味着它可以访问其外部词法环境。

词法环境有两种类型，分别是全局环境和函数环境。全局环境在全局执行上下文中是一个没有外部环境的词法环境，外部环境引用为 null。全局环境拥有一个全局对象（window 对象）及其关联的方法和属性，以及任何用户自定义的全局变量，this 指向这个全局对象。函数环境是用户在函数中定义的变量被存储在环境记录中，外部环境的引用可以是全局环境，也可以是包含内部函数的外部函数环境。

需要注意的是，对于函数环境而言，环境记录还包含一个 arguments 对象。arguments 对象包含索引和传递给函数参数之间的映射，以及传递给函数的参数的长度（数量）。下面为函数的 arguments 对象：

```
function foo(a) {
  console.log(arguments);
}
foo(2, 3);
// Arguments: {0: 2, 1: 3, length: 2}
```

与词法环境相同，环境记录也有两种类型，分别是声明式环境记录和对象环境记录。声明式环境记录存储变量、函数和参数，函数环境包含声明式环境记录。对象环境记录用于定义在全局执行上下文中出现的变量和函数的关联，全局环境包含对象环境记录。

词法环境在伪代码中如下：

```
GlobalExecutionContext = {
  LexicalEnvironment: {
    EnvironmentRecord: {
      Type: "Object",
      // 在这里绑定标识符
    }
    outer: <null>
  }
}

FunctionExecutionContext = {
  LexicalEnvironment: {
    EnvironmentRecord: {
      Type: "Declarative",
      // 在这里绑定标识符
    }
    outer: <Global or outer function environment reference>
  }
}
```

（3）变量环境

变量环境本质上也是一个词法环境，其环境记录中有变量声明语句在执行上下文中建立的绑定关系。

在 ES6 中，词法环境和变量环境唯一的区别就是，前者被用来存储函数声明和变量（let 和 const）绑定，后者只用来存储 var 变量绑定。

让我们结合代码示例来理解上述概念：

```javascript
let a = 20;
const b = 30;
var c;

function multiply(e, f) {
  var g = 20;
  return e * f * g;
}

c = multiply(20, 30);
```

其执行上下文如下：

```javascript
// 全局执行上下文
GlobalExecutionContext = {

  ThisBinding: <Global Object>,

  LexicalEnvironment: {
    EnvironmentRecord: {
      Type: "Object",
      // 标识符绑定在这里
      a: < uninitialized >,
      b: < uninitialized >,
      multiply: < func >
    }
    outer: <null>
  },

  VariableEnvironment: {
    EnvironmentRecord: {
      Type: "Object",
      // 标识符绑定在这里
      c: undefined,
    }
    outer: <null>
  }
}

FunctionExecutionContext = {

  ThisBinding: <Global Object>,

  LexicalEnvironment: {
    EnvironmentRecord: {
      Type: "Declarative",
      // 标识符绑定在这里
```

```
    Arguments: {0: 20, 1: 30, length: 2},
  },
  outer: <GlobalLexicalEnvironment>
},

VariableEnvironment: {
  EnvironmentRecord: {
    Type: "Declarative",
    // 标识符绑定在这里
    g: undefined
  },
  outer: <GlobalLexicalEnvironment>
}
}
```

需要注意的是，只有在遇到函数 multiply() 的调用时，才会创建函数执行上下文。

你可能已经注意到 let 和 const 定义的变量没有任何与之关联的值，但 var 定义的变量设置为 undefined。

这是因为在创建阶段，代码会被扫描并解析变量和函数声明，函数声明存储在环境记录中，而变量会被设置为 undefined（在 var 的情况下）或保持未初始化（在 let 和 const 的情况下）。

这就是你可以在声明之前访问 var 定义的变量（尽管是 undefined）和 function 函数，而在声明之前访问 let 和 const 定义的变量会提示引用错误的原因。

这就是我们所谓的变量提升和函数提升。

2）执行阶段

这是整个过程中最简单的部分。在该阶段完成对所有变量的分配，然后才真正开始执行代码。

需要注意的是，在执行阶段，如果 JavaScript 引擎在源代码中声明的实际位置找不到 let 变量的值，那么将为其分配 undefined 值。

最后我们可以总结出四点规则：

- 全局执行上下文和函数执行上下文都由浏览器创建，全局执行上下文在开始加载页面时就会创建；函数执行上下文只有函数被调用时才会创建，调用多少次函数就会创建多少上下文。
- 调用栈用于存放所有执行上下文，满足 FILO 规则。
- 执行上下文创建阶段分为绑定 this、创建词法环境和变量环境三步。词法环境和变量环境的区别在于词法环境存放函数声明和 const、let 声明的变量，而变量环境只存储 var 声明的变量。
- 词法环境主要由环境记录与外部环境引入记录两部分组成，全局上下文与函数上下文的外部环境引入记录不一样，全局上下文的外部环境引入记录为 null，函数上下文的外部环境引入记录为全局环境或其他函数环境。环境记录也不一样，全局上下文的环境记录叫作对象环境记录，函数上下文的环境记录叫作声明性环境记录。

8.9　闭包

闭包是 JavaScript 中一个非常重要的技术，但在理解上确实有些难度。闭包的神奇之处在于，你可能不太懂闭包，但只要你用 JavaScript 进行应用开发，就很可能在不知不觉中开始使用闭包了。你可能会想，这是不是意味着 JavaScript 开发人员不需要对闭包有一个比较深入且全面的理解呢？当然不是，开发人员理解程序背后的流程和原理是非常重要的。而且，闭包是面试时的一个高频技术点。

来看下面这段代码：

```
function fn1() {
```

```
  var a = 2;
  function fn2() {
    a++;
    console.log(a);
  }
  return fn2;
}

var fn = fn1();
fn();                    // 3
fn();                    // 4
```

从执行输出结果来看，在函数 fn1() 执行完毕后，其内部声明的局部变量 a 依然没有释放，因为输出的 a 不断累加。我们知道：函数内部的局部变量在函数执行完毕后就会自动消失。但为什么局部变量 a 没有在函数 fn1() 执行完毕后释放呢？原因就在于闭包的存在。下面我们从多个方面来深入学习闭包。

1. 什么是闭包和如何产生闭包

什么是闭包呢？在几本经典的 JavaScript 书籍中，对闭包的描述不太一致。

《JavaScript 高级程序设计》这样描述："闭包指的是那些引用了另一个函数作用域中变量的函数。"

《JavaScript 权威指南》这样描述："从技术的角度讲，所有的 JavaScript 函数都是闭包：它们都是对象，它们都关联到作用域链。"

《你不知道的 JavaScript》这样描述："当函数可以记住并访问所在的词法作用域时，就产生了闭包，即使函数是在当前词法作用域之外执行。"

《JavaScript 高级程序设计》与《JavaScript 权威指南》将闭包理解为函数，而《你不知道的 JavaScript》描述了在什么情况下产生闭包。

我们先来讲解一下如何产生闭包。闭包的产生需要满足下面三个条件：

（1）要有嵌套的两个函数，比如上面代码中的函数 fn1() 与 fn2()。

（2）内部函数引用了外部函数中的局部变量，比如上面代码中的函数 fn2() 引用了函数 fn1() 中的变量 a。

（3）执行外部函数，比如上面代码中执行了函数 fn1()。

需要注意的是，产生闭包与是否执行内部函数没有关系。返回内部函数也不是产生闭包的必要条件。

来看下面这段代码：

```
function showDelay(msg, time) {
  setTimeout(() => {
    console.log(msg);
  }, time);
}
showDelay("Hello atguigu");
```

这段代码定义了一个延迟指定时间输出指定内容的函数 showDelay()，并调用了此函数。setTimeout() 用于指定时间后执行指定的回调函数（setTimeout() 将在 10.1.5 节进行具体讲解）。这段代码完全满足产生闭包的三个条件，且没有返回内部函数。

那闭包到底是什么呢？我们通过在 Chrome 浏览器对第一段代码进行 debug 调试来说明这个问题，如图 8-5 所示。

通过截图来看，Closure 就是闭包，它包含局部变量 a，且这个闭包被内部函数对象 fn2() 引用。

通过 Chrome 的调试工具我们可以知道：闭包是包含内部函数引用的局部变量的底层容器（非 JavaScript 层面的对象），它被内部函数对象引用，在内部函数体中可以直接使用。

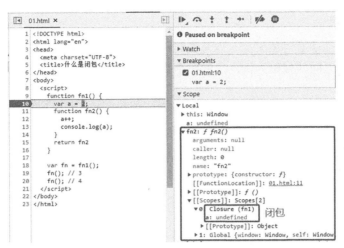

图 8-5　在 Chrome 浏览器中进行 debug 调试（1）

2. 什么时候产生闭包

通过前面的分析我们知道，当调用外部函数时就会产生闭包。那产生闭包更准确的时间是什么时候呢？其实是在执行内部函数定义时，也就是创建内部函数对象时，内部就会产生闭包。

如果内部函数是用函数声明的方式定义的，由于存在函数声明提升，当外部函数调用进入函数体时，闭包就已经存在了。如果内部函数是用函数表达式的方式定义的（如下方代码所示），当外部函数调用进入函数体时，闭包还不存在，只有内部函数的定义执行之后才产生闭包（见图 8-6）。

```javascript
function fn1() {
  var a = 2;
  var fn2 = function () {
    a++;
    console.log(a);
  }
  // 从这里开始才能看到闭包
  return fn2
}

var fn = fn1();
fn();                    // 3
fn();                    // 4
```

我们通过 Chrome 浏览器对这段代码进行 debug 调试，如图 8-6 所示。

图 8-6　在 Chrome 浏览器中进行 debug 调试（2）

3．闭包的使用和作用

闭包在产生后是被内部函数对象引用，也是在内部函数体中使用闭包中的数据，也就是说，只要调用内部就是在使用闭包。以上面的代码为例，我们在全局不断调用 fn，也就是执行内部函数，会不断对闭包中的数据 a 进行累加操作。

那么闭包的作用是什么呢？

闭包的第一个作用就是延长局部变量的生命周期。如果没有闭包，局部变量在函数执行之后就会立即释放。但由于闭包的存在，局部变量在函数执行之后依然存在。

闭包的第二个作用是让函数外部能间接操作函数内部的局部变量。还是以上面的代码为例，a 是 fn1() 函数中的局部变量，但最终我们在 fn1() 外部通过调用 fn 来对 a 进行了加 1 操作，且每次调用 a 就会递增 1。

4．释放闭包

由于闭包的存在，让局部变量在函数执行之后仍存活了下来，之后我们可以通过调用内部函数反复使用这个局部变量。但问题是，当我们不再需要使用这个局部变量时，默认它不会自动释放。我们如何在不需要时让闭包释放，也就是让闭包中的变量释放呢？

闭包被内部函数引用，而外部有内部函数的引用，也只有外部的这个引用。要想释放闭包，只需要让内部函数成为垃圾对象即可。解决办法就很简单了，只需要将指向内部函数的外部引用变量置为 null 即可。比如上面的代码，我们要释放闭包，也就是释放局部变量 a，只需要进行以下简单编码：

```
fn = null;
```

8.10　内存管理

随着编程语言日益成熟和复杂度提升，内存管理是开发者经常忽略的一个问题。在正式学习内存管理的相关知识之前，需要先深入理解基本类型和对象类型。

基本类型数据也称为值类型数据，保存基本类型数据的变量称为基本类型变量，也可以称为值类型变量。

对象类型数据也称为引用类型数据，将一个对象赋值给一个变量，变量中存储的是对象的地址。通过这个变量就可以引用到该对象，因此将保存了引用地址的变量称为引用类型变量，简称引用变量。

书写测试代码：

```
var a = 3;
var b = { m: 1 };
console.log(b.m);                    // 1
```

第一行代码定义变量 a 赋值为 3。在这里 3 是一个基本类型数据，a 是基本类型变量，a 中保存的就是基本类型数据 3。

第二行代码定义变量 b，将对象{m:1}的地址赋值给 b，b 就是引用类型变量，b 中保存的是对象{m:1}在内存中的地址，通过 b 可以找到对象内存，从而读取对象中保存的 m 属性值，故输出结果为"1"。

掌握了相关的前置知识后，就可以开始正式学习内存管理了。本节将从内存的生命周期、垃圾回收和内存泄漏三方面进行介绍。

8.10.1　内存的生命周期

JavaScript 不像 C 语言这样的底层语言有底层的内存管理接口（如 malloc()和 free()）。相反，它是在创建变量（如对象、字符串等）时自动分配内存，并且在不使用它们时自动释放，这称为垃圾回收。这个"自动"是混乱的根源，并且让 JavaScript 开发者错误地感觉可以不关心内存管理。但如果不了解 JavaScript 的内存管理机制，同样非常容易造成内存泄漏（内存无法被回收）的情况。

不管什么编程语言，内存的生命周期都是相同的，通常分为以下三个阶段。

（1）分配需要的内存。

（2）使用分配到的内存（读、写）。

（3）不需要时将其释放或归还。

下面将对内存生命周期的三个阶段分别进行讲解。

（1）分配内存阶段：当定义变量或创建对象时，JavaScript 引擎就会自动分配对应的内存。需要注意，函数中的局部变量只有在调用该函数的时候才会分配内存。

（2）使用内存阶段：当读取变量、给变量赋值或引用对象时，就是在使用内存（读取内存数据或向内存中写数据）。

（3）释放内存阶段：释放内存分为变量内存释放和对象内存释放。

- 变量内存释放：全局变量只要页面不关闭或不刷新，它就不会释放；局部变量会在函数执行完毕后自动释放（闭包中的变量除外，闭包在 8.9 节已详细讲解，这里我们只需知道函数执行完毕后闭包不会自动释放）。

- 对象内存释放：对象占用的内存是由垃圾回收器专门回收释放的，只有当对象没有一个引用变量指向时，也就是成为垃圾对象时，才会被垃圾回收器回收释放。

书写测试代码：

```
var a1 = 3;
var a2 = { m: 1 };
function fn() {
  var a3 = 4;
  var a4 = [1, 2, 3];
}
fn();
```

这段代码在全局中定义变量 a1 赋值为 3，此时为基本类型变量 a1 和基本类型数据 3 自动分配内存。在全局中还定义了变量 a2 赋值为{m: 1}，为引用类型变量 a2 和引用类型数据{m: 1}分配内存。在全局中不仅定义了基本变量和引用变量，还定义了函数 fn()。

调用 fn()函数，为 fn()函数中的局部变量分配内存，在函数作用域中创建变量 a3 赋值为 4，自动为引用类型变量 a3 和引用类型数据[1,2,3]分配内存。当函数执行完毕后，将自动释放函数作用域中的变量。

如果想将引用变量指向的对象变为垃圾对象，可以设置变量值为 null，则对象没有被任何变量引用就变为垃圾对象，等待垃圾回收器回收（垃圾回收在 8.10.2 节介绍）。可以这样书写代码：

```
a2 = null;
fn = null;
```

这段代码通过引用类型变量 a2，以及将 fn 对象设置为 null，将全局中的 a2 和 fn 释放。

8.10.2　垃圾回收

浏览器内部有一个专门的线程，每隔一段很短的时间就会回收无用的垃圾对象占用的内存空间，这个线程就是我们常说的垃圾回收器。那么问题来了：什么对象是无用的垃圾对象呢？内存中的对象非常多，查找出所有垃圾对象并不是一件容易的事情。浏览器主要使用过两种垃圾回收算法：引用计数和标记清理。

引用计数算法是最初级的垃圾收集算法，它把"对象是否不再需要"简化为"对象还有没有引用指向它"。当对象的引用计数为 0 时，它将被垃圾回收器回收。

来看下面的代码和分析：

```
// 创建对象{m1: 1}，并让 a1 指向它，此对象的内部引用计数为 1
```

```
var a1 = { m1: 1 };

// 创建对象{m2: 2}，并让 a2 指向它，此对象的内部引用计数也为 1
var a2 = { m2: 2 };

// 将 a1 置为 null，{m1: 1}的内部引用计数变为 0，此对象变为垃圾对象
a1 = null;

// 将 a2 置为 null，{m1: 2}的内部引用计数变为 0，此对象变为垃圾对象
a2 = null;
```

至此引用计数算法是合理的，但如果存在循环引用就会出问题。来看下面的代码和分析：

```
// 创建对象{m1: 1}，并让 a1 指向它，此对象的内部引用计数为 1
var a1 = { m1: 1 };

// 创建对象{m2: 2}，并让 a2 指向它，此对象的内部引用计数也为 1
var a2 = { m2: 2 };

// 为{m1: 1}添加属性 m3，并指向{m2: 2}，则{m1: 1}的引用计数为 2
a1.m3 = a2;

// 为{m2: 2}添加属性 m4，并指向{m1: 1}，则{m2: 2}的引用计数为 2
a2.m4 = a1;

// 将 a1 置为 null，{m1: 1}的内部引用计数减为 1，此对象还不是垃圾对象
a1 = null;

// 将 a2 置为 null，{m2: 2}的内部引用计数减为 1，此对象还不是垃圾对象
a2 = null;
```

通过分析得出：一旦两个对象之间有相互引用时，两个对象除了相互之间的引用，没有任何引用指向它们了，已经是不可能用到了。但由于引用计数还不是 0，不会作为垃圾对象被回收，这是错误的。

而标记清理算法就不存在此问题，它把"对象是否不再需要"简化为"对象是否可以获得"。它从根对象（浏览器端为 window）开始查找，所有能查找到的对象都是需要的，所有查找不到的对象都会被标记为垃圾对象回收。

我们再来看上面的代码：

```
var a1 = { m1: 1 };
var a2 = { m2: 2 };
a1.m3 = a2;
a2.m4 = a1;
a1 = null;
a2 = null;
```

在 a1 和 a2 赋值为 null 之前，通过 window 能查找到 a1 和 a2 指向的对象。但在 a1 和 a2 置 null 后，尽管两个对象之间有引用指向对方，但通过 window 再也查找不到它们，此时这两个对象都成为垃圾对象。在很短的时间后，它们将被垃圾回收器回收释放。现代浏览器使用的垃圾回收算法都是以此算法为基础增强的。

8.10.3　内存泄漏与内存溢出

内存泄漏（Memory Leak）是指程序中已动态分配的堆内存由于某种原因程序未及时释放，造成系统

内存的浪费，导致程序运行速度减慢，甚至系统崩溃等严重后果。

下面介绍几种常见的内存泄漏情况。

第一种：意外的全局变量。在函数中定义的局部变量在函数执行完毕就会自动释放，看下面的代码：

```
function fn() {
  var obj = { m: 1 };
  console.log(obj);
}
fn();
```

在 fn() 函数执行完毕后，局部变量 obj 的内存空间就会自动释放，对象 {m: 1} 成为垃圾对象被回收释放。如果声明 obj 时没有使用 var，会怎么样呢？

```
function fn() {
  // 没有使用 var 定义 obj 变量
  obj = { m: 1 };
  console.log(obj);
}
fn();
```

在执行 fn() 函数时，obj 就会变为全局变量，也就是成为 window 的属性。在函数 fn() 执行完毕后，obj 的内存不会自动释放，对象 {m: 1} 就不会成为垃圾对象，这样就造成了内存泄漏。

第二种：没有及时清除的定时器。如果启动一个循环定时器，但在不需要后没有及时被清除，定时器回调还会不断执行，从而占用内存空间，这样就会造成内存泄漏。看下面的代码：

```
// 初始价格为 10 元
let price = 10;
// 启动定时器，每隔 1s 价格降低 1 元
setInterval(() => {
  price--;
  console.log('当前价格为${price}');
}, 1000);
```

定时器启动后，每隔 1s 回调函数就会执行一次。即使 price 小于 0，定时器回调还会不断执行，这样就造成了内存泄漏。正确的处理应该是在价格为 0 时清除定时器，以避免内存泄漏。代码如下：

```
let price = 10;
const intervalId = setInterval(() => {
  price--;
  console.log('当前价格为${price}');
  // 当价格为 0 时清除定时器
  if (price === 0) {
    clearInterval(intervalId);
  }
}, 1000);
```

第三种：没有及时释放闭包。看下面的代码：

```
function fn() {
  const nums = [1, 3, 5];
  function getNum(index) {
    return nums[index];
  }
  return getNum;
}

let getNum = fn();
console.log(getNum(1));                    // 3
```

```
console.log(getNum(2));                        // 5

getNum = null;
```

　　前面我们分析过闭包中的局部变量在外部函数执行完毕后并不会自动释放。对于上面的代码，nums 在函数 fn() 执行完毕后没有释放，数组就不是垃圾对象。这样可以通过调用 getNum 方法来读取数组中的元素数据，这个特性是非常必要的。但如果我们不再需要访问数组中的数据了，由于闭包的存在，数组就不是垃圾对象，这就导致了内存泄漏。解决此问题的办法也比较简单，只需要将指向内部函数的外部变量置为 null 就可以了。代码如下：

```
getNum = null;
```

　　当然，还有其他可能的情况会造成内存泄漏，这里我们就不一一介绍了。

　　还有一个开发中会涉及的技术概念：内存溢出（Out of Memory）。当程序运行需要的内存超过剩余的可用内存时，就会抛出内存溢出的错误。当然，程序也因无法继续向下运行而终止。来看一段会造成内存溢出的代码：

```
const arr = [];
for (let index = 0; index < 10000; index++) {
  arr.push(new Array(100000));
}
```

　　此程序不断创建一个长度很大的数组，并将其添加到 arr 数组中，占用的内存越来越大，一旦超过浏览器能提供的最大内存限制，就会抛出内存溢出的错误，如图 8-7 所示。

图 8-7　页面效果

8.11　本章小结

　　本章为函数的下篇，相比第 6 章，本章对函数的讲解更深入，主要介绍 IIFE、回调函数、预解析与闭包等进阶知识点。本章讲解的内容在实际开发和面试中十分常见，读者应多加理解和练习，以达到熟练掌握的程度。

第9章
数组

通过前面的学习已经对对象数据类型有了一定的理解。其实除了函数和对象，本章学习的数组也属于对象数据类型。JavaScript 中的数组与其他语言中的数组大相径庭，以 Java 语言为例，Java 中的数组只能存储相同类型的数据，而 JavaScript 中的数组可以存储任意类型的数据。

数组在 JavaScript 中非常常见。本章将从数组的概念开始学习，由浅入深地理解数组的基本操作、数组的常用方法、Array 的静态方法及多维数组等知识。本章内容十分重要，读者应反复练习。

本章学习内容如下：

- 创建数组
- 数组的增、删、改、查等
- 循环遍历数组
- 数组常用实例方法
- 数组的静态方法

9.1 数组的概念

数组是一系列有序数据的集合，数组中的每个数据都称为元素，元素可以是 JavaScript 支持的任意类型。比如：

```
const arr = [1, "atguigu", true];
```

这行代码定义了一个数组 arr，它的内部存储了三个数据 "1"、"atguigu" 和 "true"。

数组也是对象，可以使用 typeof 和 instanceof 进行检测。比如：

```
typeof arr;                      // object
arr instanceof Object;           // true
```

但是数组是一种特别的对象，它拥有自己的特性。每定义一个数组，在该数组中都会有一个默认属性 length，代表数组中元素的个数，也被称为数组的长度。在数组中，对应元素是以有序数字 0～N 作为对应元素的属性名来保存数据的，这些有序数字叫作索引，也被称作下标。可以通过对应的索引操作数组中对应的元素进行替换、新增等操作。但数组的索引最大值与数组的长度 length 属性值减 1 的结果相同，因为数组的索引是从 0 开始的。代码如下：

```
console.log(arr.length);         // 3
console.log(arr[0]);             // 1
console.log(arr[1]);             // atguigu
console.log(arr[2]);             // true
```

9.2 数组的基本操作

9.2.1 创建数组

在学习数组相关方法前，先学习创建数组。数组的创建方式与对象数据类型的创建相似，有使用 Array() 构造函数定义和数组字面量两种方式。下面将对这两种方式分别进行介绍。

首先讲解使用频率较高的数组字面量创建，它直接使用中括号包裹数据，在中括号内以逗号间隔元素，代码如下：

```
const arr1 = [1, "atguigu", 3];
const arr2 = [];
const arr3 = [3];

console.log(arr1);              // [1,"atguigu", 3]
console.log(arr2);              // []
console.log(arr3);              // [3]
```

这段代码使用数组字面量的方式定义了三个数组：arr1、arr2、arr3。arr1 中包含三个元素：1、atguigu、3；arr2 是一个空数组，内部没有元素；arr3 中只有一个元素 3。运行代码后，控制台输出结果如图 9-1 所示。

```
▶ (3) [1, "atguigu", 3]
▶ []
▶ [3]
```

图 9-1　控制台输出结果（1）

接着介绍使用 Array() 构造函数创建数组，这是创建数组的本质。数组字面量创建数组的底层就是使用该方法进行创建的，代码如下：

```
const arr1 = new Array(1, 2, 3);
const arr2 = new Array("atguigu");
const arr3 = new Array(3);
const arr4 = new Array();

console.log(arr1);              // [1, 2, 3]
console.log(arr2);              // ["atguigu"]
console.log(arr3);              // [empty × 3]
console.log(arr4);              // []
```

使用构造函数创建数组可以省略 new 关键字，当参数为一个数字时，该参数代表数组的长度，代码如下：

```
const arr1 = Array(1, 2, 3);
const arr2 = Array("atguigu");
const arr3 = Array(3);
const arr4 = Array();

console.log(arr1);              // [1, 2, 3]
console.log(arr2);              // ["atguigu"]
console.log(arr3);              // [empty × 3]
console.log(arr4);              // []
```

这段代码使用 Array()定义了 arr1、arr2、arr3、arr4 四个数组。arr1 中包含三个元素：1、2、3；arr2 中只有一个元素：atguigu；arr3 中传递了一个数字，返回一个长度为 3 的数组对象；arr4 定义了一个空数组，相当于 const arr4=[]。运行代码后，控制台输出结果如图 9-2 所示。

```
▶ (3) [1, 2, 3]
▶ ["atguigu"]
▶ (3) [empty × 3]
▶ []
```

图 9-2　控制台输出结果（2）

9.2.2　添加元素

前面已经介绍过，数组中的每项都拥有标识符——索引。我们可以通过索引读取数组中对应位置的元素，也可以通过索引添加新元素，代码如下：

```
// 创建数组
const arr = new Array();
console.log(arr);                    // []

// 以下标的方式添加元素
arr[0] = 1;
arr[1] = "atguigu";

console.log(arr);                    // [1, "atguigu"]
console.log(arr[0], arr[1]);         // 1 "atguigu"
```

```
▶ []
▶ (2) [1, "atguigu"]
  1 "atguigu"
```

图 9-3　控制台输出结果（1）

这段代码定义了一个空数组 arr，使用下标的方式向数组中添加了元素 1 和 atguigu。此时数组中 arr[0]的值为 1，arr[1]的值为"atguigu"。运行代码后，控制台输出结果如图 9-3 所示。

上述案例主要演示了向空数组中增加元素的情况，当数组内部有值时，可以通过 length 属性向数组的末尾增加元素，代码如下：

```
const arr = [1, 2, 3];
arr[5] = 1000;
arr[arr.length] = 1000;
console.log(arr);
```

这段代码定义了数组 arr，其中包含三个元素：1、2 和 3。先通过 arr[5]将 1000 赋值给数组 arr 中下标为 5 的元素，再通过 arr.length 得到数组 arr 的末尾（下标为 6），然后赋值为 1000。输出数组 arr，如图 9-4 所示。

```
▼ (7) [1, 2, 3, empty × 2, 1000, 1000]
    0: 1
    1: 2
    2: 3
    5: 1000
    6: 1000
    length: 7
  ▶ __proto__: Array(0)
```

图 9-4　控制台输出结果（2）

当向数组的头部添加元素时，需要先使用 for 循环将所有元素都向后移动，再通过下标进行添加，代码如下：

```
let arr = [1, 2, 3];
for (let i = arr.length - 1; i >= 0; i--) {
  arr[i + 1] = arr[i];
}
arr[0] = 1;
```

```
console.log(arr);                //[1,1,2,3]
```

这段代码通过 for 循环将数组 arr 中的所有元素向后移动一位，并通过代码 arr[0]实现在数组的头部增加 1。运行代码后，控制台输出结果为[1,1,2,3]。

需要注意的是，当数组内部已经存在元素时，直接使用 arr[0]只能替换第一位的元素，并不能添加元素到第一位，代码如下：

```
let arr = [1, 2, 3];
arr[0] = 33;
console.log(arr);                // [33,2,3]
```

运行代码后，控制台输出结果为[33,2,3]。

若在数组中间（已知要添加数组的下标）添加元素，同样需要先使用 for 循环找到数组中间的元素，再进行添加，代码如下：

```
let arr = [1, 2, 3];
for (let i = arr.length - 1; i >= 2; i--) {
  arr[i + 1] = arr[i];
}
arr[2] = 1000;
console.log(arr);                //[1, 2, 1000, 3]
```

这段代码先通过 for 循环将数组中下标大于 2 的元素向后移动一位，再将新数组中下标为 2 的元素赋值为 1000，实现在数组的中间增加 1000。运行代码后，控制台输出结果为[1, 2, 1000, 3]。

其实，JavaScript 为开发者提供了更简便的方式向数组中添加元素，分别为在数组的第一位添加元素的方法：unshift()方法，以及在最后一位添加元素的方法：push()方法。

使用 push()方法可以在数组末尾添加一个或多个元素，参数为指定要添加的元素，返回值为添加元素后原数组的长度。需要注意的是，使用 push()方法会影响原数组。代码如下：

```
const arr = new Array();
console.log(arr);                // []

arr.push(1);
console.log(arr);                // [1]

arr.push("atguigu", 3);
console.log(arr);                // [1, "atguigu", 3]
```

▶ []

▶ [1]

▶ (3) [1, "atguigu", 3]

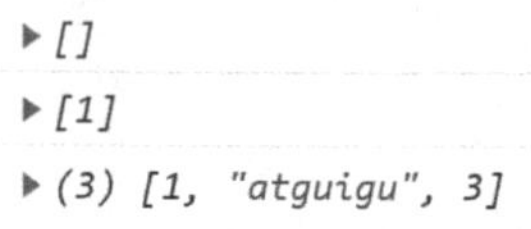

图 9-5　控制台输出结果（3）

这段代码通过 push()方法依次向数组 arr 中添加了元素"1"和"atguigu"、"3"。运行代码后，控制台输出结果如图 9-5 所示。

使用 unshift()方法可以在数组第一位新增一个或多个元素，参数代表要添加的元素。需要注意的是，使用 unshift()方法会影响原数组，而且 unshift()方法的单词全部小写，代码如下：

```
const arr = new Array();

console.log(arr);                // []

arr.unshift(1);
console.log(arr);                // [1]

arr.unshift("atguigu", 3);
console.log(arr);                // ["atguigu", 3, 1]
```

这段代码通过 unshift()方法依次向数组 arr 头部添加了元素 "1"、"atguigu" 和 "3"。运行代码后，控制台输出结果如图 9-6 所示。

▶ *[]*
▶ *[1]*
▶ *(3) ["atguigu", 3, 1]*

图 9-6　控制台输出结果（4）

9.2.3　遍历数组

访问数组中的每个元素的过程叫作遍历。数组遍历有 for 循环、for...in 循环、forEach 循环、for...of 循环四种常见方法。本节将对这四种方法分别进行讲解。

使用 for 循环语句遍历数组，是利用数组的 length 属性控制 for 循环的执行次数。for 循环是在实际开发中经常使用的方式之一，代码如下：

```
let arr1 = [1, 2, 3];

for (let i = 0; i < arr1.length; i++) {
  console.log(arr1[i]);
}
```

在这段代码中，数组的第一个下标以 "0" 作为起始值，在循环体内对数组中的每项依次遍历。运行代码后，控制台输出结果为 "1"、"2" 和 "3"。

for...in 循环与 for 循环遍历数组类似，可以对数组进行循环遍历的操作。与 for 循环不同的是，for...in 循环只需在 in 前面定义一个接收下标的变量，在 in 后面添加需要进行遍历的数组或对象，代码如下：

```
const arr = [1, 3, 3];

for (let i in arr) {
  console.log(arr[i], "i = " + i);
}
```

这段代码使用 for...in 循环遍历了数组 arr。运行代码后，控制台输出结果如图 9-7 所示。

```
1 "i = 0"
3 "i = 1"
3 "i = 2"
```

图 9-7　控制台输出结果（1）

for...of 循环是 ES6 新增的循环，与 for...in 循环遍历数组的方式类似。二者都可以遍历数组，for...in 循环可以对数组或对象进行遍历操作，而 for...of 循环只能遍历数组。for...of 循环需要在 of 前面定义一个接收数组元素的变量，在 of 后面添加需要进行遍历的数组，代码如下：

```
const arr = [1, 2, 3, "atguigu"];

for (let i of arr) {
  console.log(i);
}
```

运行代码后，控制台输出结果为 "1"、"2"、"3" 和 "atguigu"。

forEach 循环也可以遍历数组，需要传入一个回调函数。语法具体如下：

```
arr.forEach(function(element, index, arr){});
```

该回调函数可以接收三个参数，分别为：element、index、arr。element 代表接收的是遍历数组的每个元素；index 代表接收的是数组的每项数据的下标；arr 代表接收的是遍历的数组体。

forEach 循环也是比较常用的数组遍历方法。需要注意的是，在 IE 8 及以下浏览器并不兼容 forEach 循环，代码如下：

```
let arr = [1, 2, 3];
arr.forEach(function (element, index, arr) {
  console.log("element = ", element);
  console.log("index = ", index);
  console.log("arr = ", arr);
});
```

运行代码后，控制台输出结果如图 9-8 所示。

```
element =  1
index =  0
arr =  ▶(3) [1, 2, 3]
element =  2
index =  1
arr =  ▶(3) [1, 2, 3]
element =  3
index =  2
arr =  ▶(3) [1, 2, 3]
```

图 9-8　控制台输出结果（2）

9.2.4　更新元素

通过前面的学习得知，可以使用下标更新对应的元素。如果要更新多个元素要怎么操作呢？

请思考问题：将数组[1, 2, 3]中的每个元素都增加 10。

可以先利用循环语句对数组中的每个元素进行遍历，再进行更新操作，代码如下：

```
function addTen(arr) {
  for (let element = 0; element < arr.length; element++) {
    arr[element] = arr[element] + 10;
  }
  return arr;
}


const arr1 = [1, 2, 3];
const arrOver = addTen(arr1);
console.log(arrOver);                    // [11, 12, 13]
```

这段代码封装了函数 addTen()，在函数内部遍历了形参 arr，对每项元素加 10 并返回，从而实现了数组内元素的更新。运行代码后，控制台输出结果为[11, 12, 13]。

9.2.5　删除元素

删除数组元素其实与添加数组元素的方式类似，可以在数组的头部、中间和尾部进行操作。

对数组尾部进行操作可以利用数组的属性 length 来实现，代码如下：

```
let arr = [1, 2, 3, 4, 5];

// 第一次删除
arr.length -= 1;

// 第二次删除
arr.length = arr.length - 1;
```

```
// 第三次删除
arr.length--;
console.log(arr);                        // [1,2]
console.log(arr[4]);                     // undefined
```

这段代码通过操作 length 属性，在数组的末尾进行了三次删除。因为在前面的操作中删除了 arr[4]，所以输出 arr[4]时返回的结果为 undefined。运行代码后，控制台输出结果为[1,2]和 undefined。

删除数组头部元素与在头部添加元素的原理相同，都是利用 for 循环实现的，只不过删除头部元素是先将数组中的整体元素前移，再删除一个元素，代码如下：

```
let arr = [1, 2, 3, 4, 5];
for (let i = 1; i <= arr.length - 1; i++) {
  arr[i - 1] = arr[i];
}
arr.length--;
console.log(arr);                        // [ 2, 3, 4, 5 ]
```

这段代码使用 for 循环将数组中下标大于 0 的元素全部向前移动一位。通过 arr.length--删除数组 arr 的末尾，实现将数组的头部第一个元素删除。运行代码后，控制台输出结果为[2,3,4,5]。

如果想删除数组下标为 1 的元素，可以先将下标为 1 的元素后面的几位通过 for 循环依次向前移动一位，再通过 length 属性删除最后一位，从而删除数组中间的元素。比如：

```
let arr = [1, 2, 3, 4, 5];
for (let i = 2; i <= arr.length - 1; i++) {
  arr[i - 1] = arr[i];
}
arr.length--;
console.log(arr);                        // [ 1, 3, 4, 5 ]
```

这段代码使用 for 循环将数组中下标大于 1 的所有元素向前移动一位，再通过 arr.length--删除数组末尾的元素，实现在数组的中间删除一个元素。运行代码后，控制台输出结果为[1, 3, 4, 5]。

对于删除数组元素，JavaScript 也提供了两种简洁的方式：删除数组的最后一个元素——pop()方法和删除数组的第一个元素——shift()方法。下面将分别讲解这两种方法的使用。

使用 pop()方法可以在数组末尾删除一个元素。pop()方法是没有参数的，返回值为删除的元素，这个方法会影响原数组，代码如下：

```
let arr = [1, 2, 3, 4];
const result = arr.pop();
console.log(arr);                        // [ 1, 2, 3 ]
console.log(result);                     // 4
```

这段代码使用 pop()方法将 arr 数组的最后一位删除，返回结果为删除的数组元素"4"。运行代码后，控制台输出结果为[1, 2, 3]和 4。

使用 pop()方法删除元素时需要注意：如果操作数组为空数组，则返回结果为 undefined。比如：

```
let arr = [];
const result = arr.pop();
console.log(arr);                        // []
console.log(result);                     // undefined
```

此时数组 arr 为空数组，运行代码后，控制台输出结果为[]和 undefined。

使用 shift()方法可以在数组头部删除一个元素。shift()方法是没有参数的，返回值为删除的元素，这个方法会影响原数组，代码如下：

```
let arr = [1, 2, 3, 4];
const result = arr.shift();
```

```
console.log(arr);                    // [ 2, 3, 4 ]
console.log(result);                 // 1
```

运行代码后，控制台输出结果为[2, 3, 4]和 1。

shift()方法与 pop()方法相同，如果操作数组为空数组，则返回结果为 undefined。比如：

```
let arr = [];
const result = arr.shift();
console.log(arr);                    // []
console.log(result);                 // undefined
```

此时数组 arr 为空数组，运行代码后，控制台输出结果为[]和 undefined。

9.3　数组的其他常用方法

若想对数组进行增删改操作需要多行代码才能完成。一个合格的前端开发人员不仅要做到实现功能，更要追求代码的品质，将几行甚至几百行的代码简化为一行或几十行，这无疑是开发人员代码能力的一种体现。

JavaScript 为数组提供了很多高级方法，使开发人员在开发时可以抛开复杂的逻辑轻松地操作数组。

9.3.1　concat()方法和 slice()方法

concat()方法和 slice()方法是对数组元素进行操作的方法。

concat 表示"合并"的意思，顾名思义，就是用于数组的合并操作。concat()方法可以将当前数组与指定的任意多个数组或非数组（作为元素）合并成一个新数组，并且不会改变当前数组。语法如下：

```
array.concat(...items)
```

每个 item 都可以是数组或非数组，如果 item 是数组，会将其元素合并到新数组中；如果 item 是非数组，会将其作为一个元素合并到新数组中。

下面我们编码测试一下 concat()方法的使用：

```
// 原数组
const arr1 = [1, 3, 5];
// 与一个数组合并
const arr2 = arr1.concat([7, 8, 9]);
// 与多个数组合并
const arr3 = arr1.concat([7, 8, 9], [5, 7]);
// 与多个不同类型的数据合并
const arr4 = arr1.concat([7, 8, 9], { m: 1 }, "atguigu");

console.log(arr2);                   // [ 1, 3, 5, 7, 8, 9 ]
console.log(arr3);                   // [ 1, 3, 5, 7, 8, 9, 5, 7 ]
console.log(arr4);                   // [ 1, 3, 5, 7, 8, 9, { m: 1 }, "atguigu" ]
console.log(arr1);                   // [ 1, 3, 5 ]
```

如果调用 concat()方法，且不传递任何参数，则产生的新数组是原数组的一个拷贝数组。来看下面的测试代码：

```
const arr1 = [1, 3, 5];
// 不指定任何参数
const arr2 = arr1.concat();
console.log(arr2);                   // [ 1, 3, 5 ]
console.log(arr2 === arr1);    // false
```

slice 表示"切片"的意思，顾名思义，slice()方法用于截取数组中元素的拷贝。slice()方法在当前数组中截取从指定开始下标到结束下标的多个元素生成一个新数组，但不会改变原数组。语法如下：

```
arr.slice(start, end)
```

start 为开始下标，且包含 start；end 为结束下标，但不包含 end。如果 end 不指定，其默认值为数组的 length；如果 start 也没有指定，其默认值为 0。

下面我们编码测试一下 slice()的使用：

```
const arr1 = [1, 3, 5, 7, 9, 11];
// 指定常规的 start 和 end
const arr2 = arr1.slice(1, 4);
// 只指定 start
const arr3 = arr1.slice(1);
// start 和 end 都不指定
const arr4 = arr1.slice();

console.log(arr2);              // [ 3, 5, 7 ]
console.log(arr3);              // [ 3, 5, 7, 9, 11 ]
console.log(arr4);              // [ 1, 3, 5, 7, 9, 11 ]
```

start 的值可以为负数，最后一个元素的下标为-1，前面元素的下标往前计算依次减少。如果指定的 end 大于数组的 length 值，end 按 length 计算。

```
const arr1 = [1, 3, 5, 7, 9, 11];
// start 指定为负数，end 指定大于数组的 length 值
const arr5 = arr1.slice(-2, 7);
console.log(arr5);              // [ 9, 11 ]
```

9.3.2　reverse()方法和 sort()方法

reverse()方法和 sort()方法是对元素顺序操作的方法。

reverse 表示"颠倒"，顾名思义，它用来颠倒数组中每个元素的下标及对应元素的顺序。reverse()方法没有参数，返回值为翻转后的原数组。比如：

```
let arr = [1, 3, 2];
arr.reverse();

console.log(arr);              // [ 2, 3, 1 ]
```

这段代码通过 reverse()方法将数组 arr 内部的元素顺序进行颠倒。运行代码后，控制台输出结果为[2, 3, 1]。

使用 reverse()方法只能颠倒数组中元素的顺序，不能对数组内的元素进行排序，JavaScript 提供了 sort()方法对数组元素进行排序。sort()方法如果不写参数，则默认把数组中的元素转换为字符串，并根据 Unicode 码进行排序。如果要进行正常排序，就必须传递一个函数，根据这个函数的返回值决定是升序排列还是降序排列。sort()方法的返回值为排序完成的原数组。

首先演示不传递参数的情况。当不传递参数时，调用 sort()方法的数组会将内部元素排序为升序。代码如下：

```
let arr1 = [1, 3, 2];
arr1.sort();

console.log(arr1);              // [ 1, 2, 3 ]
```

这段代码中的 sort()方法没有传递参数，因此将数组内的元素升序排列。运行代码后，控制台输出结果

为[1, 2, 3]。

接着演示传递参数的情况，sort()方法可以接收一个回调函数。该回调函数接收 item1 与 item2 两个形参，如果函数的返回值为正数，item2 就排在 item1 的左边；如果函数的返回值为负数，item2 就排在 item1 的右边；如果函数的返回值为 0，则 item1 与 item2 的顺序不改变，代码如下：

```
let arr = [1, 3, 2];
arr.sort(function (item1, item2) {
  return item1 - item2;
});

console.log(arr);                // [ 1, 2, 3 ]
```

在函数体内部书写 return item1 - item2 时，如果结果大于 0，则 item2 排在 item1 的左边，本段代码中的 item2 小于 item1，因此为升序排列。

反之，如果在函数体内部书写 return item2 - item1，最终结果就为降序排列，代码如下：

```
let arr = [1, 3, 2];
arr.sort(function (item1, item2) {
  return item2 - item1;
});

console.log(arr);                // [ 3, 2, 1 ]
```

9.3.3　find()方法和 findIndex()方法

find()方法和 findIndex()方法是 ES6 中新增的语法，它们都是查找数组元素的方法。

find()方法可以返回数组中符合测试函数条件的第一个元素。简单地说，使用 find()方法可以找出第一个满足条件的元素，并返回元素。若在数组中没有找到目标元素，则返回 undefined。find()方法的回调函数可以接收三个参数：

- item：遍历的某个元素项。
- index：遍历的元素下标。
- arr：当前数组。

需要注意的是：find()方法不兼容 IE 浏览器。

演示案例：

```
const arr1 = [1, 2, 5, 3, 4];
const item1 = arr1.find(function (item, index, arr) {
  return item > 3;
});
const item2 = arr1.find(function (item, index, arr) {
  return item > 5;
});

console.log(item1);                     // 5
console.log(item2);                     // undefined
```

运行代码后，控制台输出结果为 5 和 undefined。

findIndex()方法的用法和 find()方法非常相似。findIndex()方法返回数组中符合测试函数条件的第一个元素的下标。简单地说，使用 find()方法可以找出第一个满足条件的元素的下标，并返回下标。若没有找到下标，则返回-1。需要注意的是：findIndex()方法不兼容 IE 浏览器。

使用与演示 find()方法相同的案例来演示 findIndex()方法：

```
const arr1 = [1, 2, 5, 3, 4];
const index1 = arr1.findIndex(function (item, index, arr) {
  return item > 3;
});
const index2 = arr1.findIndex(function (item, index, arr) {
  return item > 5;
});

console.log(index1);                    // 2
console.log(index2);                    // -1
```

运行代码后，控制台输出结果为 2 和-1。

9.3.4　map()方法

使用 map()方法可以创建一个新数组，其元素就是遍历每个元素的回调函数的返回值。语法如下：
```
Array.prototype.map(function(item,index,arr){})
```
它接收的是一个回调函数，回调函数中可以接收以下三个参数。

- item：遍历的某个元素项。
- index：遍历的元素下标。
- arr：当前数组。

比如，我们需要生成一个新数组，每个元素都比原元素大 10，实现代码如下：
```
const arr = [1, 2, 3];

const newArr = arr.map(function (item, index, arr) {
  return item + 10;
});

console.log(newArr);                    // [ 11, 12, 13 ]
```
这段代码使用 map()方法遍历了数组 arr 的每个元素，在回调函数中依次加 10，并返回给新数组 newArr。

9.3.5　reduce()方法

reduce()方法接收一个函数作为累加器（Accumulator），数组中的值从左到右进行缩减，最终成为一个
值。reduce()方法的第一个参数为必选项，第二个参数为可选项。语法如下：
```
array.reduce(function(preTotal, value, index, arr), initValue)
```
reduce()方法可以接收两个参数，第一个参数为回调函数，第二个参数是作为第一次调用传入函数时的
第一个参数的值。reduce()方法的回调函数可以接收以下四个形参：

- preTotal：上一次累计的结果值。
- value：当前遍历的元素值。
- index：当前遍历的元素下标。
- arr：当前数组。

首先演示只书写回调函数的情况，代码如下：
```
const arr = [1, 2, 3];
const total = arr.reduce(function (preTotal, value, index, arr) {
  console.log(preTotal, value, index, arr);
  return preTotal + value;
```

```
}, 0);
console.log(total);
```

运行代码后，控制台输出如图 9-9 所示。

```
0 1 0 ▶(3) [1, 2, 3]
1 2 1 ▶(3) [1, 2, 3]
3 3 2 ▶(3) [1, 2, 3]
6
```

图 9-9　控制台输出结果

从输出结果可以看到 callback 调用了两次，每次调用的参数和返回值如表 9-1 所示。

表 9-1　调用的参数和返回值

	preTotal	value	index	arr	return value
第一次调用	0	1	0	[1,2,3]	1
第二次调用	1	2	1	[1,2,3]	3
第三次调用	3	3	2	[1,2,3]	6

使用 reduce()方法不仅可以累加产生一个数值，在开发中也经常利用它产生数组或对象。下面来看利用 reduce()方法累加产生一个数组的例子：利用 reduce()方法对具有多个数值的数组进行去重处理。

例如：我们要对数组[1, 3, 5, 3, 4, 1]进行去重，生成数组[1, 3, 5, 4]，实现代码如下：

```
const arr = [1, 3, 5, 3, 4, 1];
// 调用数组的 reduce()方法返回一个去重后的数组
const arr2 = arr.reduce((pre, item) => {
  // 如果当前遍历的元素没有在累加的数组中
  if (pre.indexOf(item) === -1) {
    // 将元素添加到累加数组中
    pre.push(item);
  }
  // 返回累加的数组
  return pre;
}, []);
console.log(arr2);                  // [ 1, 3, 5, 4 ]
```

需要注意的是，因为最终需要产生的是数组，所以 reduce()方法的初始值参数必须是一个空数组；在遍历累加的回调中，无论是否向累加的数组中添加元素，都需要返回累加的数组，不能仅仅在添加时才返回。

9.3.6　every()方法和 some()方法

every()方法和 some()方法都是对数组的每项进行判定，并返回一个总体的结果值。every()方法是只有所有项都符合条件才返回 true；只要有一项不符合条件就返回 false。some()方法是只要有一项符合条件就返回 true，只有所有项都不符合条件才返回 false。下面将对 every()方法和 some()方法分别进行讲解。

every()方法用于判断数组中的元素是否都满足条件，接收一个函数参数，遍历判断的回调函数。只有当每个元素的回调函数都返回 true 时，every()方法的结果才为 true；只要有一个元素的回调函数返回 false，遍历就结束，且结果为 false。回调函数接收以下三个参数：

- item：遍历的某个元素项。
- index：遍历的元素下标。
- arr：当前数组。

比如：判断数组中的元素是否都大于 3，实现代码如下：

```
const arr = [3, 4, 1, 2, 5, 6];
const result = arr.every(function (item, index, arr) {
  return item > 3;
});
console.log(result);                   // false
```

当 every()方法遍历到第三个元素"1"时，回调函数返回 false，遍历结束，every()方法返回 false。

使用 every()方法时，有一种特殊情况需要注意：如果调用 every()方法的是一个空数组，则返回 true。比如：

```
function util(item, index, arr) {
  return item >= 10;
}
const result = [].every(util);
console.log(result);                   // true
```

some()方法用于检查数组中的元素是否满足指定条件（函数提供）。它会对数组中的每项进行测试，如果该函数对某一项返回 true，则返回 true。换句话说，只要有一项符合条件就返回 true。some()方法返回的结果为 Boolean 值，该方法经常在 if 语句中使用。使用 some()方法可以传入两个参数：第一个参数是一个回调函数，第二个参数是可选的 this 值。回调函数可以接收三个形参：

- item：遍历的某个元素项。
- index：遍历的元素下标。
- arr：当前数组。

比如：判断数组中的元素是否有大于 3 的，实现代码如下：

```
const arr = [3, 4, 1, 2, 5, 6];
const result = arr.some(function (item, index, arr) {
  return item > 3;
});
console.log(result);                   // true
```

当 some()方法遍历到第二个元素"4"时，回调函数返回 true，遍历直接结束，且结果为 true。

使用 some()方法时同样需要注意空数组的情况，当调用数组为空数组时，返回结果为 false。代码如下：

```
function util(item, index, arr) {
  return item > 10;
}
const result = [].some(util);
console.log(result);                   // false
```

9.3.7　splice()方法

splice 表示"剪接"的意思，顾名思义，就是可以删除、增加元素。其实，使用 splice()方法还可以对数组元素进行替换操作。先来看 splice()方法的语法：

```
arr.splice(start, deleteCount...items)
```

该方法可以接收多个参数，下面将分别讲解：

- start：起始位置下标，默认值为 0。
- deleteCount：删除的数量，默认值为 0。
- items：要添加的任意多个元素。

当 deleteCount 参数大于 0，但没有指定任何要添加的元素时，splice()方法最终实现的是删除数组元素的操作。

当 deleteCount 参数为 0，且指定了要添加的元素时，splice()方法最终实现的是向数组特定位置添加元素的操作。

当指定的 deleteCount 数量与要添加的元素数量一样多时，splice()方法最终实现的是替换对应数量的元素的操作。

下面我们编码演示使用 splice()方法实现对数组的这三个操作。假设我们现在有一个数组[1, 3, 5, 7, 9, 11]，在该数组的基础上实现三个不同的需求。

需求 1：删除第三位到第五位的元素，也就是数组变为[1, 3, 11]，则 start 需要指定为 2，deleteCount 指定为 3，不需要指定 items。实现代码如下：

```
const arr = [1, 3, 5, 7, 9, 11]
// 删除第三位到第五位的元素
arr.splice(2, 3)
console.log(arr)                  // [ 1, 3, 11 ]
```

需求 2：在第二位后插入 4 和 6，也就是数组变为[1, 3, 4, 6, 5, 7, 9, 11]，则 start 指定为 2，deleteCount 指定为 0，items 指定为 4 和 6。实现代码如下：

```
const arr = [1, 3, 5, 7, 9, 11]
// 在第二位后插入 4 和 6
arr.splice(2, 0, 4, 6)
console.log(arr)                  // [1, 3, 4, 6, 5, 7, 9, 11]
```

需求 3：将第三位和第四位的元素替换为 4 和 6，也就是数组变为[1, 3, 4, 6, 9, 11]，则 start 指定为 2，deleteCount 指定为 2，items 指定为 4 和 6。实现代码如下：

```
const arr = [1, 3, 5, 7, 9, 11]
// 将第三位和第四位的元素替换为 4 和 6
arr.splice(2, 2, 4, 6)
console.log(arr)                  // [ 1, 3, 4, 6, 9, 11 ]
```

9.4 多维数组

JavaScript 不支持真正的多维数组，你可以声明创建一个数组，但不能声明创建一个二维数组。因为数组元素可以是任意数据类型，所以可以在数组中包含对象，将数组中的某个元素再定义为数组，简单地使用两次中括号操作符[]即可。以此类推，还可以产生三维数组、四维数组……它们统称为多维数组。

下面为读者介绍两种创建多维数组的方式。

（1）以 Array()构造函数的方式创建数组，并通过循环嵌套机制创建多维数组添加数据。注意：循环嵌套机制的特点为外层循环一次内层循环一圈。代码如下：

```
const arr = new Array();
for (let i = 0; i < 2; i++) {
  arr[i] = new Array();
  for (let j = 0; j < 3; j++) {
    arr[i][j] = i * j;
  }
}

console.log(arr);                 // [[0, 0, 0],[0, 1, 2]]
```

这段代码先使用 new Array()的方式创建了空数组 arr，然后通过外层 for 循环为数组创建两个元素，再通过内层 for 循环为每个元素创建数组并赋值，从而形成多维数组。运行代码后，控制台输出结果如图 9-10 所示。

```
▼(2) [Array(3), Array(3)]
  ▶0: (3) [0, 0, 0]
  ▶1: (3) [0, 1, 2]
    length: 2
  ▶__proto__: Array(0)
```

图 9-10　控制台输出结果

（2）通过中括号操作符[]创建数组的简便方式进行数组嵌套，创建多维数组，代码如下：

```
const arr1 = [
  [1, 2, 3],
  [4, 5, 6],
];
console.log(arr1[0][1]);            // 2
```

这段代码在定义时通过数组嵌套的方式创建多维数组，并通过 arr1[0][1]读取第一个数组中元素下标为1 的值。运行代码后，控制台输出结果为 2。

9.5　实战案例：冒泡排序

冒泡排序是数组中比较经典的排序算法，它重复地从左往右走访要排序的数组，每次比较两个元素，如果它们的顺序错误就把它们交换过来。走访数列的工作重复进行，直到不再需要交换，也就是说，该数列已经排序完成。冒泡排序名字的由来是最小或最大的元素会经过交换慢慢"浮"到数列的顶端（最右边）。

下面通过案例演示冒泡排序的原理与实现：现有数组[20,18,35,27,19]，利用冒泡排序实现数组的升序排列。

第一次比较时，比较数组的第一位元素"20"和第二位元素"18"，第一位比第二位大，进行互换，数组变为[18,20,35,27,19]。

第二次比较时，比较数组的第二位元素"20"和第三位元素"35"，第三位比第二位大，不用互换，数组还是[18,20,35,27,19]。

第三次比较时，第三位与第四位交换，数组变为[18,20,27,35,19]；第四次比较第四位与第五位的元素，数组变为[18,20,27,19,35]。

这样一轮比较下来，最大元素就到了数组的最右边。下一轮比较就是从第一位元素到还未排序的第四位为止，进行多次比较交换后，数组变为[18,20,19,27,35]。再下一轮是从第一位到第三位的多次比较，交换后数组变为[18,19,20,27,35]。最后一轮比较第一位与第二位的元素，不进行交换，最终数组为[18,19,20,27,35]。

代码如下：

```
function bSort(arr) {
  let length = arr.length;
  // 比较的轮数(一共 length-1 次，从 0 开始，到 length-2)
  for (let i = 0; i < length - 1; i++) {
    // 当轮多次比较的次数(一共 length-1-i 次)
    // 遍历需要进行多次比较的元素下标(从 0 开始，到未排序元素下标的前一位)
    for (let j = 0; j < length - 1 - i; j++) {
      // 比较当前下标和下一个下标的元素，如果前面的元素大，就需要交换
      if (arr[j] > arr[j + 1]) {
        // 创建中间变量，保存大值
        let temp = arr[j];
        // 将小值保存到数组的前一位
        arr[j] = arr[j + 1];
```

```
      // 将大值保存到数组的后一位
      arr[j + 1] = temp;
    }
  }
}
return arr;
}


let arr = [20, 18, 35, 27, 19];

console.log(bSort(arr));              // [18, 19, 20, 27, 35]
```

通过代码来看，冒泡排序是通过嵌套循环实现的。外层循环控制的是循环次数，内层循环控制的是比较次数。每次循环时将数组中下标为 j 的元素和下标为 j+1 的元素进行比较，若下标为 j 的元素大于下标为 j+1 的元素，则借助第三方变量 temp 进行位置置换。循环完毕后输出数组 arr。将代码转换为流程图，如图 9-11 所示。

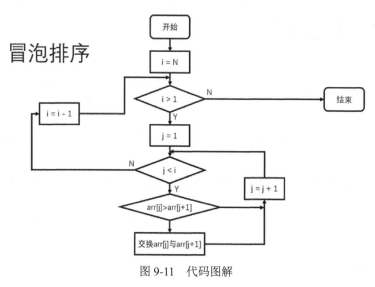

图 9-11　代码图解

9.6　Array 的静态方法

Array 提供了一些静态方法，本节将依次介绍。

9.6.1　Array.isArray()方法

使用 Array.isArray(value)方法可以判断传入的 value 是否是数组。如果 value 是数组，则返回值为 true，否则返回值为 false，代码如下：

```
const result1 = Array.isArray([1, 2, 3]);
const result2 = Array.isArray({ foo: 123 });
const result3 = Array.isArray("foobar");
const result4 = Array.isArray(undefined);


console.log(result1);              // true
console.log(result2);              // false
console.log(result3);              // false
```

```
console.log(result4);              // false
```

9.6.2　Array.from()方法

Array.from()方法是 ES6 新增语法，用于将类数组对象（Array-Like Object）和可遍历（Iterable）的对象（包括 ES6 新增的数据结构 Set 和 Map）转为真正的数组。

下面通过案例演示 Array.from()方法的使用方式。

HTML 代码：

```
<button>测试 1</button>
br />
<button>测试 2</button>
<br />
<button>测试 3</button>
```

JavaScript 代码：

```
const btns = document.getElementsByTagName("button");      // btns 为类数组对象
// ES5: btns 不是真数组，不能通过 forEach()遍历
btns.forEach(function (item, index) {                       // 报错
    console.log(item, index);
});

// ES6: 通过 Array.from()方法先转换为真数组，再通过 forEach()遍历
const arr = Array.from(btns);
arr.forEach(function (item, index) {
  console.log(item, index);                                // 输出元素和下标
});
```

若使用 ES5 的方式进行遍历会出现报错现象，因为前面得到的 btns 不是真数组，所以没有 forEach()方法。若通过 ES6 的 Array.from()方法先把类数组 btns 转换为数组，再进行数组操作，则可以正常执行。

9.6.3　Array.of()方法

Array.of()方法是 ES6 新增语法，用于将一组值转换为数组。Array.of()方法基本可以替代 new Array()方法，只不过当传入一个数值时会有区别。使用 new Array()方法传入一个数值时，会将这个数值当作 length 属性，创建对应数量的数组；使用 Array.of()方法传入一个数值时，只会将其作为数组中的值，不会创建对应数量的数组。

下面通过案例演示 Array.of()方法的使用方式，代码如下：

```
console.log(Array.of(3, 11, 8));         // [3,11,8]
console.log(Array.of(3));                // [3]
console.log(Array.of("jack", "anni"));   // ["jack", "anni"]
console.log(Array.of());                 // []
```

9.7　实战案例：取出数组的最大值和最小值

案例：已知数组[4, 1, 3, 5, 2]，分别取出该数组的最大值和最小值。

首先分析最小值的实现：先将数组的第一个元素暂定为最小值，并用 min 变量保存。接着遍历数组的每个元素，如果当前元素小于 min，将其作为最小值保存。最终就确定了数组中最小的元素 min。代码

如下：

```javascript
function findMin(arr) {
  // 将数组的第一个元素暂定为最小值min
  let min = arr[0];
  // 遍历数组的每个元素(第一个元素除外)
  for (let i = 1; i < arr.length; i++) {
    // 如果当前元素小于min
    if (arr[i] < min) {
      // 将当前元素保存为最小值min
      min = arr[i];
    }
  }
  // 返回min
  return min;
}

const arr = [4, 1, 3, 5, 2];
console.log(findMin(arr));                          // 1
```

运行代码后，控制台输出数组中的最小值"1"。

接着分析如何取得数组中的最大值。与实现最小值的原理类似，如果遍历的数组元素大于 max，就将其作为最大值保存到 max 中。代码如下：

```javascript
function findMax(arr) {
  // 将数组的第一个元素暂定为最大值max
  let max = arr[0];
  // 遍历数组的每个元素(第一个元素除外)
  for (let i = 1; i < arr.length; i++) {
    // 如果当前元素大于max
    if (arr[i] > max) {
      // 将当前元素保存为最大值max
      max = arr[i];
    }
  }
  // 返回max
  return max;
}

const arr = [4, 1, 3, 5, 2];
console.log(findMax(arr));                          // 5
```

运行代码后，控制台输出数组中的最大值"5"。

9.8 本章小结

本章主要对 Array 数组及数组增、删、改、查等基础方法进行相关讲解，还讲解了与数组相关的处理方法，包括与 ES5 相关的 some()、every()、slice()等方法。ES6 新增的处理数组的方法包括 find()和 findIndex()等方法，与数组相关的算法包括排序、遍历等。

数组是开发中经常使用的数据类型，需要大家合理利用相关方法，并整理出业务需求的相关数据格式，也需要结合各个开发团队的开发习惯合理使用相关方法。

第10章

BOM

通过前面的学习我们知道 JavaScript 的核心是 ECMAScript。事实上，在浏览器端使用 JavaScript 真正的核心是 BOM 和 DOM。本章将对 BOM 进行相关介绍，DOM 将在下一章进行介绍。BOM（Browser Object Model，浏览器对象模型）在 ECMAScript 的基础上扩展了一系列对象，使开发者更方便地操作浏览器相关功能。

BOM 主要用在客户端浏览器的管理。尽管 BOM 一直没有被标准化，但各个主流浏览器都支持它，浏览器提供商会按照各自的想法去扩展它。简单地说，BOM 使 JavaScript 有能力与浏览器进行"对话"。

本章学习内容如下：

- 系统对话框
- 超时调用和间歇调用
- window 对象
- navigator 对象
- location 对象
- history 对象

10.1　window 对象

BOM 的核心对象是 window 对象，它被称作浏览器窗口对象，表示浏览器的一个实例。

window 对象是客户端 JavaScript 的全局对象。在浏览器中，window 对象有双重角色，它既是通过 JavaScript 访问浏览器窗口的一个接口，又扮演着 ECMAScript 中 Global 对象的角色。这意味着 window 对象上的所有属性和方法都可以直接访问（不用通过 window），如 navigator、location、alert()等。同时我们定义的全局变量（用 var 定义）、全局函数都会成为 window 对象的属性和方法。

本节将从全局作用域、访问客户端对象、使用系统对话框、窗口的操作、超时调用和间歇调用几个方面分别进行讲解。

10.1.1　全局作用域

由于 window 对象同时扮演着 ECMAScript 中 Global 对象的角色，因此所有在全局作用域中声明的变量、函数都会变成 window 对象的属性和方法。比如：

```
var a = 1;
function f1() {
  console.log(2);
```

```
}
console.log(a);
f1();
```

这段代码在全局作用域声明了全局变量 a 和全局函数 f1()，本质就是为 window 对象添加 a 属性和 f1 方法。等价代码如下：

```
window.a = 1;
window.f1 = function () {
  console.log(2);
};
```

运行代码后，控制台依次输出"1"和"2"。

需要注意的是：此时页面中没有定义变量 b，因此使用输出语句输出这个变量的值会出现报错现象。代码如下：

```
console.log(b);                        // 报错，找不到变量
```

10.1.2 访问客户端对象

window 对象作为全局对象，内置引用着几个可以访问客户端的其他对象，分别是 navigator 对象、screen 对象、history 对象、location 对象和 document 对象，它们共同构成了浏览器对象模型，如图 10-1 所示。本书只对 navigator 对象、location 对象和 history 对象进行讲解。

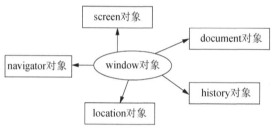

图 10-1　浏览器对象模型

下面将演示访问客户端其他五种对象的方式。

- navigator 对象：提供有关浏览器本身的相关信息，包括浏览器的名称、版本、语言、系统平台、用户特性字符串等信息。
- screen 对象：提供客户端屏幕的相关信息，使用频率较低。
- history 对象：表示当前窗口自首次使用以来用户的导航历史记录。
- location 对象：提供了当前加载的网页相关信息，网页跳转的导航功能。
- document 对象：包含整个 HTML 文档，可以用来访问文档内容及其所有页面元素。

10.1.3 使用系统对话框

在浏览器中我们通过 window 的 alert()、confirm()和 prompt()方法调用系统对话框，向用户显示消息。当然，我们一般不通过 window 调用它们，而是将它们当作全局函数直接调用。

系统对话框与在浏览器中显示的网页没有关系，也不包含 HTML，它们的外观由操作系统或浏览器设置决定，而不由 CSS 决定。

通过这几种方法打开的对话框都是同步的，也就是说，显示对话框的时候代码会停止执行，关掉对话框后代码又会恢复执行。下面将分别演示系统对话框的使用。

1．alert(msg)

alert 的英文原意是"警觉、注意到"，在浏览器端代表系统警告框。使用 alert()方法可以向用户显示一个系统对话框，其中包含指定的文本和一个"确定"按钮。代码如下：

```
alert("我是警告框");
```

运行代码后，页面会弹出一个警告框，如图 10-2 所示。

图 10-2　警告框

需要注意的是，alert()方法只能接收一个参数，而 console.log()方法可以接收多个参数。通常使用 alert()方法生成的"警告"对话框向用户显示他们无法控制的消息，如错误消息。用户只能在看完消息后单击"确定"按钮关闭对话框。

2．confirm(msg)

confirm 的英文原意是"确认"，在浏览器端代表系统确认框。"确认"对话框与"警告"对话框十分相似，二者的主要区别在于"确认"对话框除了显示"确定"按钮，还会显示"取消"按钮，这两个按钮可以让用户决定是否执行给定的操作，如图 10-3 所示。

图 10-3　确认框

为了确定用户是单击了"确定"按钮还是"取消"按钮，可以检查 confirm()方法返回的布尔值，当返回值为 true 时，表示单击了"确定"按钮；当返回值为 false 时，表示单击了"取消"按钮，或者单击了对话框右上角的"×"按钮。

```
if (confirm("学习了吗")) {
  console.log("既然刚才学习了，那现在就休息一会吧~");
} else {
  console.log("既然刚才没有学习，那快去学习~");
}
```

运行代码后，页面出现确认框。当单击"确定"按钮时，控制台返回结果为"既然刚才学习了，那现在就休息一会吧~"。当单击"取消"按钮时，控制台返回结果为"既然刚才没有学习，那快去学习~"。假设单击"确定"按钮，控制台输出结果如图 10-4 所示。

既然刚才学习了，那现在就休息一会吧~

图 10-4　控制台输出结果

3．prompt(msg, defaultValue)

prompt 的英文原意是"提示、提醒"，在 JavaScript 中代表系统提示框，用于提示用户输入一些文本。

提示框中除了显示"确定"和"取消"按钮，还显示一个文本输入域，以供用户在其中输入内容，如图 10-5 所示。

图 10-5　提示框

prompt()方法可以接收两个参数，分别为：要显示给用户的文本提示和文本输入域的默认值。值得一提的是，文本输入域的默认值可以是一个空字符串。如果用户单击了"确定"按钮，则 prompt()返回文本输入域的值；如果用户单击了"取消"按钮，则该方法返回 null。

演示代码如下：

```
const result = prompt("你叫什么名字", "");
if (result !== null) {
  alert("Welcome, " + result);
}
```

假设先在输入框中输入"尚硅谷"，再单击"确定"按钮，则页面会显示"Welcome, 尚硅谷"的提示框，如图 10-6 所示。

此网页显示

Welcome, 尚硅谷

确定

图 10-6　页面效果

10.1.4　打开窗口和关闭窗口

window.open()方法和窗口名.close()方法可以分别打开窗口和关闭窗口，本节将分别对这两种方法进行讲解。

使用 window.open()方法既可以导航到一个特定的地址，也可以打开一个新的浏览器窗口。语法如下：

```
window.open(pageURL, name, parameter);
```

该方法可以接收三个参数，分别为：要加载的地址、窗口目标、窗口属性。

- pageURL：要加载的地址。
- name：窗口目标，也可以是新窗口的名称，如_blank、_self。
- parameter：新窗口的属性，如窗口的大小、位置。简单来说，通过一个特性字符串控制窗口外观，如 width=300,height=300,left=200,top=100。

window.open()方法返回当前打开新窗口的 window 对象，使用新窗口的 window 对象调用 close()方法，可以关闭新打开的窗口。

下面通过一个综合案例来演示打开窗口和关闭窗口。

HTML 代码：

```
<button id="btn1">打开窗口</button>
<button id="btn2">关闭窗口</button>
```

JavaScript 代码：

```
const oBtn1 = document.getElementById("btn1");
const oBtn2 = document.getElementById("btn2");
let newWin = null;
```

```
oBtn1.onclick = function () {
  // 当书写新窗口打开，并且书写窗口大小、位置的时候，会打开一个新浏览器窗口
  window.open(
    "http://www.atguigu.com",
    "_blank",
    "width=300,height=300,left=200,top=100"
  );
};
```

运行代码后，单击"打开窗口"按钮时，页面会打开一个宽 300、高 300 的窗口，网页是尚硅谷官网。此时窗口在左 200、距上方 100 的位置。需要注意的是，当不书写第三个参数时，语句_blank 的作用是打开一个新标签页。

我们还可以将 window.open()返回一个值，代表的是这个窗口，可以对窗口进行操作。比如：

```
oBtn1.onclick = function () {
  // 当书写新窗口打开，并且书写窗口大小、位置的时候，会打开一个新浏览器窗口
  newWin = window.open("http://www.baidu.com", "_blank");
};

oBtn2.onclick = function () {
  // 关闭新窗口
  newWin.close();

  // 关闭自身（目前浏览器已经不支持关闭自身）
  // window.close();
};
```

当单击"关闭窗口"按钮时，刚刚打开的窗口被关闭。

10.1.5　超时调用和间歇调用

JavaScript 是单线程语言，但它允许通过设置延迟一定时间后或每隔一定时间后执行特定程序代码。前者一般称为超时（延迟）定时器，后者称为循环定时器。本节将分为超时调用、取消超时调用、间歇调用和取消间歇调用四个方面进行讲解。

1. 超时调用

首先讲解超时调用，当需要让一段任务的代码在指定时间后才执行时，就需要启动一个超时定时器。超时调用需要使用 window 对象的 setTimeout()方法，它能够在指定的时间段后执行特定代码。语法如下：

```
let timerID = setTimeout(code, delay);
```

参数 code 表示要延迟执行的字符串型代码，将在 Window 环境中执行，如果包含多个语句，应该使用分号进行分隔。参数 delay 表示延迟时间（该时间以毫秒为单位）。

setTimeout()方法的第一个参数 code 不仅可以是字符串，也可以是一个函数。当第一个参数为字符串时，代码如下：

```
// 参数 code 是一个字符串的书写格式
window.setTimeout("alert(1)", 1000);
```

window 对象在 1 秒后调用了 setTimeout()，执行代码"alert(1)"，在页面中弹出内容为"1"的警告框。

但是通常情况下建议：把函数作为参数传递给 setTimeout()方法，等待延迟调用。

当 setTimeout()方法的第一个参数是一个函数时，其书写方式有两种，具体如下：

```
// 如果 code 是一个函数时的书写格式(1)
```

```
window.setTimeout(function () {
  alert("延迟了 2 秒");
}, 2000);

// 如果 code 是一个函数时的书写格式(2)
function f() {
  alert("延迟了 3 秒");
}
window.setTimeout(f, 3000);
```

这段代码演示了当第一个参数为函数时的两种书写格式，逻辑很简单，不多做讲解。

setTimeout()方法的返回值是一个 ID 编号（TimerID），指向延迟执行的代码控制句柄。如果把这个句柄传给 clearTimeout()方法，则会取消代码的延迟执行。

2. 取消超时调用

取消超时调用时利用 clearTimeout()方法在特定的条件下清除延迟处理代码，方法的参数是 setTimeout()方法的句柄。比如：

```
const oBtn = document.getElementById("btn");
const timerId = setTimeout(function () {
  alert("oh");
}, 3000);
oBtn.onclick = function () {
  clearTimeout(timerId);
};
```

这段代码为按钮绑定了单击事件，当单击按钮时，通过超时调用的句柄 timerId 取消超时调用。运行代码，页面打开后延迟 3 秒弹出警告信息。当用户单击按钮后，可以取消弹出。

再来看一个使用超时调用和取消超时调用的经典案例。

先来看实现效果，页面初始效果如图 10-7 所示。当鼠标移入"我是标题"所属方块时，效果如图 10-8 所示；当鼠标移出"我是标题"所属方块时，3 秒后"我是内容"所属方块自动消失，页面恢复如图 10-7 所示效果。

图 10-7　初始效果

图 10-8　鼠标移入后的页面效果

实现思路：为"我是标题"所属方块绑定鼠标移入事件和鼠标移出事件，当鼠标移入"我是标题"所属方块时，将"我是内容"所属方块的 display 属性值更改为"block"。当鼠标移出"我是标题"所属方块时，使用超时调用改变 display 属性值，实现 3 秒后方块自动消失。需要注意的是：在鼠标每次移入时，需要取消超时调用。如果不取消超时调用，鼠标很可能在上一个定时器没有结束之前再次移入方块中，此时就会开启两个定时器，如果鼠标多次移入方块中，就会造成多个定时器叠加，此时无论是页面效果还是代码性能，都会变得极差。

具体代码实现如下：

```html
<!DOCTYPE html>
<html lang="en">
  <head>
    <meta charset="UTF-8" />
    <meta http-equiv="X-UA-Compatible" content="IE=edge" />
    <meta name="viewport" content="width=device-width, initial-scale=1.0" />
    <title>超时调用和间歇调用</title>
    <style>
      * {
        margin: 0;
        padding: 0;
        list-style: none;
      }
      #box {
        width: 300px;
        border: 1px solid #000;
        position: relative;
      }
      #box h2 {
        height: 40px;
        background-color: #000;
        color: white;
      }
      #con {
        width: 300px;
        height: 200px;
        position: absolute;
        left: 0;
        top: 40px;
        background-color: rgb(157, 158, 164);
        display: none;
        color: white;
      }
    </style>
  </head>
  <body>
    <div id="box">
      <h2>我是标题</h2>
      <div id="con">我是内容，离开后 3 秒消失</div>
    </div>
    <script>
      const oBox = document.getElementById("box");
      const oCon = document.getElementById("con");
      let timeoutId = null;
      // 绑定鼠标移入的监听
      oBox.onmouseenter = function () {
        // 立即显示 div 内容
```

```
        oCon.style.display = "block";
        // 如果有未处理的定时器，则清除定时器和标识 Id
        if (timeoutId) {
          clearTimeout(timeoutId);
          timeoutId = null;
        }
      };
      // 绑定鼠标离开的监听
      oBox.onmouseleave = function () {
        // 启动延迟 3 秒的超时定时器，并保存标识 Id
        timeoutId = setTimeout(function () {
          // 隐藏 div 内容
          oCon.style.display = "none";
          // 清除标识 Id
          timeoutId = null;
        }, 3000);
      };
    </script>
  </body>
</html>
```

3．间歇调用

setInterval()方法能够周期性地执行指定代码，如果不加以处理，那么该方法将会被持续执行，直到浏览器窗口关闭或跳转到其他页面为止。语法如下：

```
let timerID = setInterval(code, interval);
```

setInterval()方法的用法与 setTimeout()方法基本相同，参数 code 表示要周期执行的代码字符串，参数 interval 表示周期执行的时间间隔（以毫秒为单位）。

与 setTimeout()方法相同，setInterval()方法的返回值是一个 ID 编号（TimerID），其指向对当前周期函数的执行引用，利用该值对计时器进行访问。

```
// 在标题上显示当前时间值
document.title = Date.now();
// 每隔 1 秒更新一次当前时间值
let intervalId = setInterval(function () {
  document.title = Date.now();
}, 1000);
console.log(intervalId);                    // 1
```

如果把这个值传递给 clearInterval()方法，则会强制取消周期性执行的代码。

4．取消间歇调用

取消间歇调用是利用 clearInterval()方法在特定条件下清除延迟处理代码，该方法的参数是 setInterval()方法的句柄。

下面通过两个生活中常见的场景来演示取消间歇调用的方法。

案例 1：在英雄竞技类游戏中经常会出现"敌军还有 5 秒到达战场"的场景，将该倒计时以文字的形式进行展示，以提示玩家。

思路：设置一个间歇调用的定时器，每次执行间隔 1000 毫秒，秒数自减 1，并更改页面显示的秒数。当秒数小于或等于 0 时，将整体内容更改为"全军出击"，并停止该定时器。

具体代码实现如下：

```
<!DOCTYPE html>
<html lang="en">
```

```
<head>
  <meta charset="UTF-8" />
  <title>间歇定时器案例 1</title>
</head>
<body>
  <h2 id="con">敌军还有<span id="sec">5</span>秒到达战场</h2>
  <script>
    const oSec = document.getElementById("sec");
    const oCon = document.getElementById("con");
    // 剩余时间
    let time = 5;
    // 遍历循环定时器，每隔 1 秒执行一次
    const intervalId = setInterval(function () {
      // 时间减 1
      time--;
      // 剩余时间为 0
      if (time === 0) {
        // 更新显示文本
        oCon.innerHTML = "全军出击";
        // 清除定时器
        clearInterval(intervalId);
      }
      // 显示剩余时间
      oSec.innerHTML = time;
    }, 1000);
  </script>
</body>
</html>
```

运行代码后，页面初始效果如图 10-9 所示。随着秒数的增加，页面上显示的秒数同步减少，当倒数到 0 时，页面效果如图 10-10 所示。

敌军还有5秒到达战场

图 10-9　页面初始效果（1）

全军出击

图 10-10　页面效果

案例 2：先来看实现效果，初始情况下的页面效果如图 10-11 所示。当点击"点我看 box 走一下"按钮时，正方体将均匀地向右侧移动，当移动到 1000px 的位置时停止位移。

点我看box走一下

图 10-11　页面初始效果（2）

思路：在按钮的点击事件中，设置一个间隔调用的定时器，并不断更改位置。在定时器内判断，当达到临界值时，将间隔调用的定时器清除。

具体代码实现如下：

181

```html
<!DOCTYPE html>
<html lang="en">
  <head>
    <meta charset="UTF-8" />
    <title>间歇定时器案例2</title>
    <style>
      #box {
        width: 100px;
        height: 100px;
        background-color: red;
        position: absolute;
        left: 0;
        top: 100px;
      }
    </style>
  </head>
  <body>
    <button id="btn">点我看box走一下</button>
    <div id="box"></div>
    <script>
      const oBtn = document.getElementById("btn");
      const oBox = document.getElementById("box");

      // 为一个变量保存当前元素的 left 值
      let oBoxLeft = 0;
      // 存储定时器标识 Id
      let intervalId = null;
      // 为按钮绑定点击监听
      oBtn.onclick = function () {
        // 如果定时器 Id 存在，则说明 box 还在移动过程中，直接结束
        if (intervalId) return;
        // 启动循环定时器，每隔 10 毫秒让 box 向右移动 2 个 px
        intervalId = setInterval(function () {
          oBoxLeft += 2;
          // 一旦到达目标位置，清除定时器和标识 Id
          if (oBoxLeft >= 1000) {
            clearInterval(intervalId);
            intervalId = null;
          }
          oBox.style.left = oBoxLeft + "px";
        }, 10);
      };
    </script>
  </body>
</html>
```

值得一提的是定时器函数的 this 指向，定时器函数是在 window 中运行的，定时器中的 this 基本都是指向 window 的。比如：

```javascript
setTimeout(function () {
  console.log(this);                          // window
}, 1000);
```

```
const obj = {
  fn1() {
    console.log(this);
  },
};
obj.fn1();                                  // obj

// obj.fn1 仅保存一个函数，点击以后调用函数，因此指向 document
document.onclick = obj.fn1;                 // document

// obj.fn1 仅保存一个函数，到达一定时间浏览器调用函数，因此指向 window
setTimeout(obj.fn1, 1000);                  // window
```

最后来看一道面试频率极高的面试题，思考下面代码的输出结果。

```
for (var i = 0; i < 5; i++) {
  setTimeout(function () {
    console.log(i);
  }, 0);
}
```

这段代码涉及第 13 章中的内容，如果读者看不懂，建议学习完第 13 章再思考这段代码。

首先我们需要明确：异步代码在同步代码后执行。定时器和事件一样是异步代码，执行同步代码（for 循环）以后才会执行异步代码。在执行异步代码的时候，for 循环已经执行完毕，此时 i 的值为 5。运行代码后，输出结果为 "5" "5" "5" "5" "5"。

假设现在只想输出结果为 "1" "2" "3" "4" "5"，要怎么修改这段代码呢？

其实只需要利用 IIFE 立即执行函数，使定时器存在的函数有变量 i，就不会使用 for 循环中的变量 i 了。简单来说，就是利用 IIFE 立即执行函数在该作用域中添加一个变量 i。

具体代码实现如下：

```
for (var i = 0; i < 5; i++) {
  (function fn(i) {
    // 定时器使用的变量 i 是局部变量 i，而不是 for 循环中的全局变量 i
    // 启动的五个定时器使用的也不是同一个局部变量 i，而是不同的局部变量 i
    setTimeout(function () {
      console.log(i);
    }, 0);
  })(i);
}
```

10.2　navigator 对象

10.2.1　navigator 概念

通过 window.navigator 可以引用 navigator 对象，它是一个只读对象，用来描述浏览器本身的信息，包括浏览器的名称、版本、语言、系统平台、用户特性字符串等信息。

下面介绍关于 navigator 的三个常见属性：

- onLine：浏览器是否连接到互联网。
- platform：浏览器所在的系统平台。
- userAgent：浏览器的用户代理字符串。

下面通过一段简单代码来演示 navigator 常见属性的使用，代码如下：

```
// 是否连接到互联网
console.log(navigator.onLine);                     // true

// 浏览器所在的平台
console.log(navigator.platform);                   // Win32

// 浏览器的用户代理字符串
console.log(navigator.userAgent);                  // Mozilla/5.0 (Windows NT 10.0; Win64; x64)
AppleWebKit/537.36 (KHTML, like Gecko) Chrome/96.0.4664.45 Safari/537.36
```

需要注意的是，上面的输出结果是编写者计算机上的输出，并不是所有操作者都产生这样的结果，该结果因计算机而异。

10.2.2　浏览器检测方法

检测浏览器类型的方法有多种，常用的方法有两种，分别是特征检测法和字符串检测法。这两种方法都存在各自的优点与缺点，用户可以根据需要进行选择。下面将分别介绍这两种方法。

首先讲解特征检测法，它就是根据浏览器是否支持特定功能来决定相应操作的方式。

这是一种非精确判断法，但是它是最安全的检测方法。因为准确检测浏览器的类型和型号是一件很困难的事情，而且很容易产生误差。如果不关心浏览器的身份，仅仅在意浏览器的执行能力，那么使用特征检测法就完全可以满足需要。

当使用一个对象、方法或属性时，先判断它是否存在。如果存在，则说明浏览器支持该对象、方法或属性，就可以放心使用。比如：

```
if (document.documentElement) {
  let w = document.documentElement.clientWidth;
} else {
  let w = document.body.clientWidth;
}
```

然后介绍字符串检测法。客户端浏览器每次发送 HTTP 请求时，都会附带一个 User Agent（用户代理）字符串。对于 Web 开发人员来说，可以使用用户代理字符串检测浏览器类型。User Agent 字符串包含 Web 浏览器的大量信息，如浏览器的名称和版本。比如：

```
let ua = navigator.userAgent.toLowerCase();
const info = {
  ie: /msie/.test(ua) && !/opera/.test(ua),
  op: /opera/.test(ua),
  sa: /version.*safari/.test(ua),
  ch: /chrome/.test(ua),
  ff: /gecko/.test(ua) && !/webkit/.test(ua),
};

if (info.ie) {
  console.log("ie 浏览器");
} else if (info.sa) {
  console.log("safari 浏览器");
} else if (info.ch) {
  console.log("chrome 浏览器");
} else if (info.ff) {
```

```
  console.log("firefox 浏览器");
}
```

10.2.3　操作系统检测方法

navigator.userAgent 返回值一般都包含操作系统的基本信息，不过这些信息比较散乱，没有统一的规则。

用户可以检测更通用的信息，如是否为 Windows 系统，或者是否为 Macintosh 系统，而不分辨操作系统的版本号。

例如：如果仅检测通用信息，那么所有 Windows 版本的操作系统都会包含"Win"字符串，所有 Macintosh 版本的操作系统都包含"Mac"字符串，所有 UNIX 版本的操作系统都包含"X11"字符串，而所有 Linux 操作系统同时包含"X11"字符串和"Linux"字符串。比如：

```
// 如果是 Windows 系统，则返回 true
const isWin = navigator.userAgent.indexOf("Win") != -1;
// 如果是 Macintosh 系统，则返回 true
const isMac = navigator.userAgent.indexOf("Mac") != -1;
// 如果是 UNIX 系统，则返回 true
const isUnix = navigator.userAgent.indexOf("X11") != -1;
// 如果是 Linux 系统，则返回 true
const isLinux = navigator.userAgent.indexOf("Linux") != -1;
```

10.3　location 对象

location 对象存储与当前窗口加载文档有关的信息数据，还提供一些导航功能。

location 对象定义八个属性，通过其中的七个属性可以获取当前 URL 的各部分信息，另一个属性 href 包含完整的 URL 信息。

* href：声明或获取当前文档完整的 URL。
* protocol：协议部分，包括后缀的冒号。
* host：主机和端口名称。
* hostname：主机名称。
* port：端口号。
* pathname：路径部分。
* search：URL 的查询部分，包括前导问号。
* hash：锚部分，包括前导（"#"号后面是零或多个字符）。

下面将分别演示 location 对象属性的使用。假设当前加载的 URL 是 http://www.atguigu:8080/web/?q=html#html5，则 location 属性代码如下：

```
// 锚部分属性，不会影响页面跳转
console.log(location.hash);          // #html5

// host:主机名:端口号
console.log(location.host);          // www.atguigu.com:8080

// hostname:主机名
console.log(locgtion.hostname);      // www.atguigu.com

// port: 端口号
```

```
console.log(location.port);                // 8080

// pathname:路径名，当前页面的路径名称
console.log(location.pathname);            // /web/

// href: URL，完整路径
console.log(location.href);                // http://www.atguigu:8080/web/?q=html#html5

// search 查询字符串，路径问号后面的数据
console.log(location.search);              // ?q=html
```

location 对象还定义了三个方法，分别是 assign()、reload()和 replace()。下面将分别讲解：

- assign()：触发窗口加载并显示指定 URL 的内容，浏览器会添加一个新历史记录。
- reload()：重新加载文档，也就是刷新当前页面。
- replace()：触发窗口加载并显示指定 URL 的内容，但会创建一个新历史记录替换原来的最后一个历史记录。

下面通过一个综合案例来演示这三种方法的使用场景。

HTML 代码：

```html
<button id="btn1">assign</button>
<button id="btn2">replace</button>
<button id="btn3">reload</button>
```

JavaScript 代码：

```javascript
// location 对象的方法
const oBtn1 = document.getElementById("btn1");
const oBtn2 = document.getElementById("btn2");
const oBtn3 = document.getElementById("btn3");

oBtn1.onclick = function () {
  location.assign("http://www.atguigu.com");
};
oBtn2.onclick = function () {
  location.replace("http://www.atguigu.com");
};
oBtn3.onclick = function () {
  // 无缓存刷新界面
  location.reload(true);
};
```

运行代码后，页面出现三个按钮。当点击"assign"按钮时，页面跳转到尚硅谷官网；当点击"replace"按钮时，页面同样跳转到尚硅谷官网，因为原有历史记录被覆盖，所以不能回退到上一个页面；当点击"reload"按钮时，页面刷新。

location 对象中有很多可以跳转页面的方式，下面通过一个开发中的实际需求来演示。

需求：实现倒计时跳转。当点击"点击我注册成功"按钮后，页面倒计时启动，当倒计时为 0 时，页面自动跳转至尚硅谷官网。

大体思路与 10.1.5 节中案例 1 的思路相似，这里不再做讲解。具体代码实现如下：

```html
<!DOCTYPE html>
<html lang="en">
  <head>
    <meta charset="UTF-8" />
    <title>倒计时跳转</title>
```

```
  </head>
  <body>
    <button id="btn">点击我注册成功</button>
    <h2><span id="time">3</span>秒后进行跳转</h2>
    <script>
      const oBtn = document.getElementById("btn");
      const oTime = document.getElementById("time");
      const intervalId = null;
      oBtn.onclick = function () {
        let reduceTime = 3;
        intervalId = setInterval(function () {
          reduceTime--;
          oTime.innerHTML = reduceTime;
          if (reduceTime <= 0) {
            clearInterval(intervalId);
            // 通过 location.href 也可以设置页面跳转
            // location.href = "http://www.atguigu.com";

            // 通过 location.assign()也可以设置页面跳转
            // location.assign("http://www.atguigu.com");

            // 通过 location.replace()也可以设置页面跳转
            location.replace("http://www.atguigu.com");

            // window.open("http://www.atguigu.com");
          }
        }, 1000);
      };
    </script>
  </body>
</html>
```

10.4　history 对象

history 对象存储了客户端浏览器的浏览历史，通过 window 对象的 history 属性可以访问该对象。
history 对象有以下三种常用方法。

1．back()方法

通过 window.history.back()方法可以在会话历史记录中向后移动一页。简单来说，就是在历史记录中后退。如果没有上一页，则此方法调用不执行任何操作。

2．forward()方法

通过 window.history.forward()方法可以在会话历史记录中向前移动一页，相当于前进。

3．go()方法

当要移动到指定的历史记录点时，可以使用 go()方法从当前会话历史记录中加载页面。go()方法接收的参数可以是正数，也可以是负数。比如：加载上一页就是 go(-1)，加载前两页就是 go(-2)。
history 对象中有一个 length 属性，通过它可以了解历史记录栈中一共有多少页。比如：

```
history.length
```

下面通过一个实际案例来演示 history 对象中方法的使用，代码如下：

```html
<!DOCTYPE html>
<html lang="en">
  <head>
    <meta charset="UTF-8" />
    <title>01</title>
  </head>
  <body>
    <h1>page01</h1>
    <a href="page02.html">02</a>
    <a href="page03.html">03</a>
    <button id="forward">前进</button>
    <button id="back">后退</button>
    <button id="go">走你</button>
    <script>
      const oForward = document.getElementById("forward");
      const oBack = document.getElementById("back");
      const oGo = document.getElementById("go");
      oForward.onclick = function () {
        history.forward();
      };
      oBack.onclick = function () {
        history.back();
      };
      oGo.onclick = function () {
        history.go(-2);
      };
    </script>
  </body>
</html>
```

运行这段代码后，页面上出现三个按钮。假设你已经依次点击了页面 page02、page03，当点击"后退"按钮时，会回退至 page03 页面；再点击"前进"按钮，会前进至 page02 页面；再点击"走你"按钮，会回到初始页面 page01。

10.5 本章小结

BOM 提供了一些对象来帮助 JavaScript 操作浏览器。本章首先对 window 对象中的全局作用域、系统对话框、打开窗口和关闭窗口、超时调用和间歇调用等进行讲解，接着依次对 navigator 对象、location 对象和 history 对象进行介绍，并对其在实际开发场景中的应用进行了练习。

如果读者仅以快速应用为目的，可以主要浏览 10.1 节内容。如果时间充沛，还是建议完整学习本章，并在 MDN 官网上浏览相应的详细文档。

第11章

DOM

DOM（Document Object Model，文档对象模型）是 W3C（World Wide Web Consortium，万维网联盟）制定的一套技术规范，用来描述 Javascript 脚本如何与 HTML 进行交互：W3C DOM 是中立于平台和语言的接口，它允许程序动态地访问、更新文档的内容、结构和样式。W3C DOM 标准被分为三个不同的部分：Core DOM（所有文档类型的标准模型）、XML DOM（XML 文档的标准模型）、HTML DOM（HTML 文档的标准模型），如图 11-1 所示。

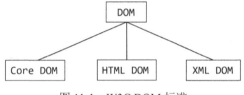

图 11-1　W3C DOM 标准

DOM 的历史可以追溯至 20 世纪 90 年代后期微软与 Netscape 的"浏览器大战"，双方为了在 JavaScript 与 JScript 之间一决生死，大规模赋予浏览器强大的功能。

在加载 HTML 页面时，Web 浏览器生成一个树形结构，用来表示页面内部结构。DOM 将这种树形结构理解为由节点组成的 DOM 树。DOM 规定了一系列标准接口，允许开发人员通过标准方式访问文档结构、操作网页内容、控制样式和行为等。

本章主要从 DOM 的版本开始介绍，由浅入深地让读者掌握 DOM 的操作技术。

本章学习内容如下：

- 节点的理解
- 访问元素节点
- 元素节点的增、删、改
- 操作属性节点
- 操作文本节点
- 操作元素的样式
- 文档碎片的理解与使用

11.1　DOM 的版本

在 W3C 推出 DOM 标准之前，市场上已经流行了不同版本的 DOM 规范，主要包括 IE 和 Netscape 两个浏览器厂商各自制定的私有规范，这些规范定义了一套文档结构操作的基本方法。虽然这些规范存在差异，但是思路和用法基本相同，如文档结构对象、事件处理方式、脚本化样式等。我们习惯把这些规范称为 DOM0 级，虽然这些规范没有统一且未实现标准化，但是得到所有浏览器的支持并被广泛应用。

1998 年 W3C 对 DOM 进行标准化，并先后推出了三个版本，依次为 DOM1 级、DOM2 级和 DOM3 级，每个版本都在上一个版本的基础上进行完善和扩展。但是在某些情况下，不同版本之间可能会存在不兼容的规定。

（1）DOM1 级：1998 年 10 月，W3C 推出 DOM1.0 版本规范。

（2）DOM2 级：2000 年 11 月，W3C 正式发布了更新后的 DOM 核心部分，并在这次发布中添加了一些新规范，于是人们就把这次发布的 DOM 称为 2 级规范。2003 年 1 月，W3C 正式发布了对 DOM HTML 子规范的修订，添加了针对 HTML 4.01 和 XHTML 1.0 版本文档的很多对象、属性和方法。W3C 把新修订的 DOM 规范统一称为 DOM 2.0 推荐版本。

（3）DOM3 级：2004 年 4 月，W3C 发布了 DOM 3.0 版本。

DOM1 级主要定义了 HTML 和 XML 文档的底层结构。在 DOM1 级中，DOM 由两个模块组成：DOM Core（DOM 核心）和 DOM HTML。其中，DOM Core 规定了基于 XML 文档的结构标准，简化了对文档中任意部分的访问和操作。DOM HTML 在 DOM 核心的基础上加以扩展，添加了针对 HTML 的对象和方法。DOM1 级是没有事件绑定和解绑方式的。

DOM2 级和 DOM3 级在 DOM1 级的基础上引入了更多的交互能力。DOM2 级和 DOM3 级将 DOM 分为更多具有联系的模块。DOM2 级中新增了跟踪不同文档视图的接口、事件和事件处理的接口、基于 CSS 为元素应用样式的接口，以及遍历和操作文档树的接口。DOM2 级有自己独立的事件绑定和解绑方式。DOM3 级进一步对 DOM 进行扩展，新增了以统一方法加载和保存文档的方法，以及验证文档的方法，并支持 XML1.0 规范，但 DOM3 级是没有事件绑定和解绑方式的。

11.2　节点

在正式介绍节点前，需要明确什么是节点（Node）。其实在网页中，所有对象和内容都被称为节点，如文档、元素、文本、属性、注释等。简单地说，文档树所有包含的东西都可以被称作节点。节点是 DOM 最基本的单元，并派生出不同类型的节点，它们共同构成了文档的树形结构模型。

本节将从节点关系、节点种类和节点类型等方面进行介绍。

11.2.1　节点关系

当网页被加载时，浏览器会创建页面的 DOM，它是一个使程序和脚本有能力动态地访问和更新文档的内容、结构及样式的平台和语言中立的接口。DOM 把文档视为一个倒立的树形结构，也被称作节点树。可以将节点树比作一家公司的人员结构，其中包括老板、各部门负责人、各部门员工等。换句话说，在 DOM 结构中，网页可以映射成一个节点层次树状图结构。

下面的代码就是一个简单的 HTML 文件：

```
<!DOCTYPE html>
<html>
  <head>
    <meta charset="UTF-8" />
    <title>文档标题</title>
  </head>
  <body>
```

```
   <a href="http://www.atguigu.com/">我的链接</a>
   <p>我的标题</p>
  </body>
</html>
```

将上述代码转换为节点树，如图 11-2 所示。

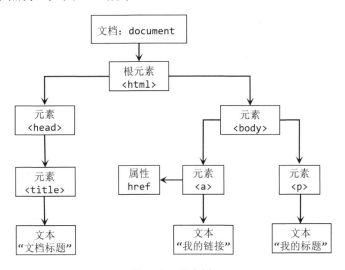

图 11-2　节点树

节点树中的节点彼此拥有层级关系。在节点树中，顶端节点为根节点，相当于公司中的老板，根节点为 document。从图 11-2 中可以发现，除了根节点，每个节点都有一个父节点，并且一个节点可以包含任意数量的子节点。比如，元素<body>是元素<p>和元素<a>的父节点，而元素<p>和元素<a>是元素<body>的子节点。标签类型的节点叫作元素节点，也被称作兄弟节点。比如，元素<p>和元素<a>就是同级的元素节点，因为二者的父节点都为元素<body>。没有子节点的节点被称作叶子节点，如文本"文档标题"、"我的链接"和"我的标题"。将图 11-2 转换为公司人员架构帮助读者理解，如图 11-3 所示。

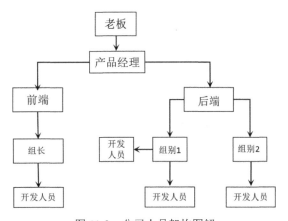

图 11-3　公司人员架构图解

11.2.2　节点种类

文档的树形结构由十二种类型的节点组成，这里主要介绍文档节点（document）、文档片段节点（documentFragment）、元素节点（Element）、文本节点（text）、属性节点（attr）和注释节点（comment）这六种类型的节点。

1．文档节点

document 节点对象代表整个文档，每个网页都有自己的 document 对象，window.document 属性就指向这个对象。只要浏览器开始载入 HTML 文档，该对象就存在了，可以直接使用。

2．文档片段节点

在所有节点类型中，只有文档片段节点在文档中没有对应的标记。DOM 规定文档片段是一种轻量级的文档，可以包含和控制节点，但不会像完整的文档那样占用额外的资源。在 11.8 节会详细介绍文档片段节点。

3．元素节点

元素节点对应网页的 HTML 标签元素。简单地说，<html>、<body>等类型的元素就是元素节点，元素节点就是标签。元素节点的 nodeType 对应的值为 1，nodeName 的值为大写的标签名。在实际开发中，最常操作的节点就是元素节点，开发时可以通过元素节点来操作文本、属性和样式。

4．文本节点

文本节点代表网页中的 HTML 标签内容。比如，<a>www.atguigu.com</a>中的"www.atguigu.com"就是文本节点，文本节点内包含的是文本内容。需要明确的是，文本节点不等于文本内容。文本节点的 nodeType 对应的值为 3，nodeName 的值为#text，nodeValue 的值为标签体文本，也就是字符串"www.atguigu.com"。

5．属性节点

属性节点对应网页中的 HTML 标签属性，只存在于元素的 attributes 属性中，并不是节点树的一部分。比如，<a class="s1">www.atguigu.com/</a>中的"class="s1""就是一个属性节点。属性节点用来对元素做出更具体的描述。属性节点的 nodeType 对应的值为 2，nodeName 的值为属性名，nodeValue 的值为属性值。

6．注释节点

注释节点代表网页中的 HTML 标签注释。比如，"<!--我是注释--!>"就是注释节点。注释节点的 nodeType 对应的值为 8；nodeName 的值为#comment；nodeValue 的值为注释内容。

这里只简单地为读者列出比较重要的六类节点，在 11.3 节和 11.4 节会对元素节点进行更详细的介绍；在 11.5 节和 11.6 节会依次对属性节点和文本节点的操作等进行更详细的介绍。

11.2.3　节点类型、名称、值

每个节点都有 nodeType、nodeName、nodeValue 这几个基本属性，它们决定了节点类型。nodeType 属性返回节点类型的常数值，不同类型对应不同的常数值，共有 12 种不同的类型，分别对应着 1 到 12 的常数值。nodeName 属性返回节点的名称。nodeValue 属性返回或设置当前节点的值，格式为字符串。

下面通过表格来展示常用节点的基本属性，如表 11-1 所示。

表 11-1　常用节点的基本属性

	nodeType	nodeName	nodeValue
文本节点	3	#text	文本的内容
元素节点	1	大写的标签名	null
文档节点	9	#document	null
注释节点	8	#comment	注释的内容
属性节点	2	key	value

节点还有一个 childNodes 属性，用来获取某个元素中的所有子节点，使用中括号语法或 item()方法可以获取对应的节点。

下面通过一个案例来演示实际开发中的场景。

HTML 代码：

```
<div id="box">
  尚硅谷
  <p>yyds</p>
  <!-- 尚硅谷 yyds -->
</div>
```

JavaScript 代码：

```
const oBox = document.getElementById("box");

// 获取 box 的所有子节点
const oBoxChildren = oBox.childNodes;
console.log(oBoxChildren);                 // 得到 NodeList 对象，是一个类数组

// 自己创建一个属性节点
const attr = document.createAttribute("hello");
attr.value = "world";
console.log(attr);                         // hello="world"

// 文本节点
console.log(oBoxChildren[0].nodeType);     // 3
console.log(oBoxChildren[0].nodeName);     // #text
console.log(oBoxChildren[0].nodeValue);    // 节点的内容

// 元素节点
console.log(oBoxChildren[1].nodeType);     // 1
console.log(oBoxChildren[1].nodeName);     // P
console.log(oBoxChildren[1].nodeValue);    // null

// 文档节点
console.log(document.nodeType);            // 9
console.log(document.nodeName);            // #document
console.log(document.nodeValue);           // null

// 注释节点
console.log(oBoxChildren[3].nodeType);     // 8
console.log(oBoxChildren[3].nodeName);     // #comment
console.log(oBoxChildren[3].nodeValue);    // 注释的内容

// 属性节点
console.log(attr.nodeType);                // 2
console.log(attr.nodeName);                // hello
console.log(attr.nodeValue);               // world
```

运行代码后，控制台输出结果如图 11-4 所示。

```
▶ NodeList(5) [text, p, text, comment, text]
   hello="world"
3
#text

   尚硅谷

1
P
null
9
#document
null
8
#comment
   尚硅谷yyds
2
hello
world
```

图 11-4　控制台输出结果

11.3　节点的操作之访问节点

在实际开发中，经常要获取页面中的某个 HTML 元素，动态更新元素的样式、内容属性等。本节将为读者介绍访问节点的相关内容。

11.3.1　获取元素基础方法

通过 JavaScript 内置对象 document 上的 getElementsByTagName()方法可以返回带有指定标签名的对象集合。语法如下：

```
document.getElementsByTagName(tagname);
```

getElementsByTagName()方法是通过标签名获取的，获取到一个或多个元素节点组成的 HTMLCollection 集合。值得一提的是，标签只有一个，也是伪数组。也就是说，可以用下标的方式操作选择集中的标签元素。比如：

```
// HTML 代码
<ul>
  <li>尚</li>
  <li>硅</li>
  <li>谷</li>
  <li>yy</li>
  <li>ds</li>
</ul>

// JavaScript 代码
const oLis = document.getElementsByTagName("li");
console.log(oLis);
```

本段代码通过 document.getElementsByTagName()方法返回了页面中所有标签名为 li 的对象集合。运行代码后，控制台输出结果如图 11-5 所示。

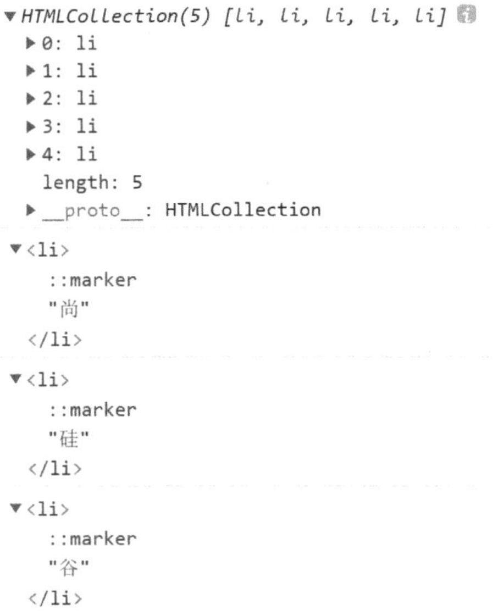

```
▼HTMLCollection(5) [li, li, li, li, li] ⓘ
  ▶0: li
  ▶1: li
  ▶2: li
  ▶3: li
  ▶4: li
   length: 5
  ▶__proto__: HTMLCollection
▼<li>
   ::marker
   "尚"
 </li>
▼<li>
   ::marker
   "硅"
 </li>
▼<li>
   ::marker
   "谷"
 </li>
```

图 11-5　控制台输出结果（1）

使用标签名获取的对象，可以通过下标得到对应元素，并进行相应操作。

使用标签名获取的对象也可以使用 for 循环进行遍历。代码如下：

```
// 获取所有 li 标签
const oLis = document.getElementsByTagName("li");
console.log(oLis);

// 依次读取每个 li 标签
for (let i = 0; i <= oLis.length; i++) {
  console.log(oLis[i]);
}
```

这段代码首先通过 document.getElementsByTagName()方法获取当前文档中所有的 li 标签，然后使用 for 循环将每项输出。运行代码后，控制台输出结果如图 11-6 所示。

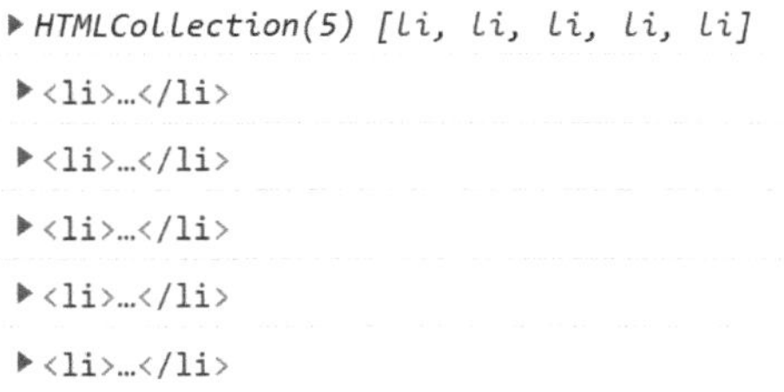

```
▶HTMLCollection(5) [li, li, li, li, li]
▶<li>…</li>
▶<li>…</li>
▶<li>…</li>
▶<li>…</li>
▶<li>…</li>
```

图 11-6　控制台输出结果（2）

通过 getElementById()方法可以从 id 中获取标签，因为 id 是唯一的，所以通过 id 获取的标签也是唯一的。比如：

```
// HTML 代码
<div id="box"></div>

// JavaScript 代码
// 根据 id 得到对应的唯一标签
const oBox = document.getElementById("box");
console.log(oBox);
```

运行代码后，控制台输出结果如图 11-7 所示。

```
<div id="box"></div>
```

图 11-7 控制台输出结果（3）

其实还可以通过类名获取标签，使用内置对象 document 上的 getElementsByClassName()方法能够获取页面上的某种标签。getElementsByClassName()方法的使用和 getElementsByTagName()方法的使用方法一样。当然，它也可以使用 for 循环进行遍历。比如：

```
// HTML 代码
<ul>
  <li class="li1">尚</li>
  <li class="li1">硅</li>
  <li>谷</li>
  <li>yy</li>
  <li>ds</li>
</ul>

// JavaScript 代码
// 根据类名得到所有对应标签的集合
const oLis = document.getElementsByClassName("li1");
for (let index = 0; index < oLis.length; index++) {
  console.log(oLis[index]);
}
```

运行代码后，控制台输出结果如图 11-8 所示。

```
<li class="li1">尚</li>
<li class="li1">硅</li>
```

图 11-8 控制台输出结果（4）

需要注意的是，IE 8 是不认识该方法的，会提示对象不支持 getElementsByClassName()属性或方法。

通过 name 属性获取元素在实际开发中使用的频率较低，可以使用内置对象 document()上的 getElementsByName()方法获取页面上的某种标签。该方法与方法 getElementsByTagName()使用方法一样。对于 IE 来说，当使用 name 属性时，只能获取到表单元素，不能获取到其他元素。比如：

```
// HTML 代码
<ul>
  <li name="oli">尚</li>
  <li>硅</li>
  <li name="oli">谷</li>
  <li>yy</li>
  <li name="oli">ds</li>
</ul>

// JavaScript 代码
// 根据标签的 name 属性得到所有对应标签的集合
const oLis = document.getElementsByName("oli");
for (let index = 0; index < oLis.length; index++) {
  console.log(oLis[index]);
}
```

运行代码后，控制台输出结果如图 11-9 所示。

```
<li name="oli">尚</li>

<li name="oli">谷</li>

<li name="oli">ds</li>
```

图 11-9　控制台输出结果（5）

11.3.2　selectors API

HTML5 向 Web API 新引入了 selectors API。selectors 的英文原意是"选择器"，顾名思义，selectors API 就是选择器 API。selectors API 是由 W3C 发布的一个事实标准，规定了浏览器原生支持的 CSS 查询 API。本节主要为读者介绍两个核心方法 querySelector()和 querySelectorAll()。

querySelector()和 querySelectorAll()方法的参数必须是符合 CSS 选择器语法规则的字符串。其中，querySelector()方法返回第一个匹配的元素，querySelectorAll()方法返回一个包含所有匹配元素的 NodeList 对象。简单地说，使用该方法返回的结果可以使用 forEach()方法来遍历。

下面将对这两种方法分别进行演示。

```javascript
// HTML 代码
<ul class="outer">
 <li>尚</li>
 <li>硅</li>
 <li>谷</li>
</ul>

// JavaScript 代码
// 根据选择器查找所有匹配标签的集合
const oLis = document.querySelectorAll(".outer>li");
console.log(oLis);                  // NodeList(3) [li, li, li]
console.log(oLis[0]);               // <li>尚</li>

// 根据选择器查找第一个匹配的标签
const oLi = document.querySelector(".outer>li");
console.log(oLi);                   // <li>尚</li>

const oLi2 = document.querySelector(".outer>li:nth-child(2)");
console.log(oLi2);                  // <li>硅</li>
```

这段代码分别获取到 class 为"outer"下的所有 li 标签，以及第一个元素和第二个元素。运行代码后，控制台输出结果如图 11-10 所示。

```
▼NodeList(3) ℹ
 ▶ 0: li
 ▶ 1: li
 ▶ 2: li
   length: 3
 ▶ __proto__: NodeList

<li>尚</li>

<li>尚</li>

<li>硅</li>
```

图 11-10　控制台输出结果

11.3.3　selectors API 和传统方法的比较

使用传统方法 getElementsByClassName()和 getElementsByTagName()获取的 HTMLCollection 对象是一个动态集合，集合会随着选择元素的改变而改变。

而使用 selectors API 中的方法 queryselectorAll()获取的 NodeList 对象是一个静态集合，只要选取出来，就和选取的元素没有任何关系。

下面使用 selectors API 和传统方法分别进行案例演示。

```
// HTML 代码
<button id="btn">点击</button>
<button id="btn2">点击 2</button>

<div id="box">
  <li>尚硅谷</li>
</div>



// JavaScript 代码
const oBtn = document.getElementById("btn");
const oBtn2 = document.querySelector("#btn2");
const oBox = document.getElementById("box");
// 通过传统 API 获取标签的集合
const oBoxLis = oBox.getElementsByTagName("li");
// 通过 selectors API 获取标签的集合
const oBoxLis2 = oBox.querySelectorAll("li");

oBtn.onclick = function () {
  // 在遍历过程中添加子元素 li → oBoxLis.length 获取最新的 li 数量
  for (let i = 0; i < oBoxLis.length; i++) {
    console.log("---");                 // 死循环不断执行输出
    // 创建一个 li 标签
    const newLi = document.createElement("li");
    newLi.innerHTML = "新添加内容" + i;
    // 把创建的 li 插入 box 内部的最后
    oBox.appendChild(newLi);
  }
};

oBtn2.onclick = function () {
  // 在遍历过程中添加子元素 li → oBoxLis2.length 获取的是起始时 li 的数量
  for (let i = 0; i < oBoxLis2.length; i++) {
    console.log("+++"); // 只执行少量几次
    // 创建一个 li 标签
    const newLi = document.createElement("li");
    newLi.innerHTML = "新添加内容--" + i;
    // 把创建的 li 插入 box 内部的最后
    oBox.appendChild(newLi);
  }
};
```

使用传统方法点击"点击"按钮后，以 oBoxLis 的长度为次数遍历，每次添加一个新的 li 子元素。因为 oBoxLis 是 HTMLCollection 对象，所以当 li 添加元素之后，oBoxLis 的长度发生变化，进入死循环。

而使用 selectors API 点击"点击"按钮后，获取的 oBoxLis2 是 NodeList 集合，新增 li 对集合的长度不会产生影响。

11.3.4　节点关系中访问元素节点的方法

JavaScript 中提供了一些访问元素节点的方法，如表 11-2 所示。

表 11-2　访问元素节点的方法

方　　法	含　　义
parentNode	获取元素的父元素节点
children	获取元素的所有子元素节点
previousElementSibling	获取元素的上一个兄弟节点
nextElementSibling	获取下一个兄弟节点
firstElementChild	获取第一个子元素节点
lastElementChild	获取最后一个子元素节点

下面通过一个实际开发的案例演示表 11-2 中方法的使用方式，代码如下：

```
// HTML 代码
<ul id="box">
  <li>1</li>
  <li>2</li>
  <li>3</li>
  <li>4</li>
</ul>

// JavaScript 代码
const oBox = document.getElementById("box");
const oLis = document.querySelectorAll("#box li");

// children:获取某个元素所有的子元素节点
console.log(oBox.children);

// parentNode: 获取某个元素的父节点
console.log(oLis[2].parentNode);

// firstElementChild: 获取第一个子元素节点
console.log(oBox.firstElementChild);

// lastElementChild:获取最后一个子元素节点
console.log(oBox.lastElementChild);

// nextElementSibling:获取某个元素的下一个兄弟节点
console.log(oLis[1].nextElementSibling);

// previousElementSibling:获取某个元素的上一个兄弟节点
console.log(oLis[1].previousElementSibling);
```

这段代码通过 getElementById()方法获取页面 id 为 box 的 ul 标签，通过 querySelectorAll()方法获取页面 id 为 box 的所有 li 标签。运行代码后，控制台输出结果如图 11-11 所示。

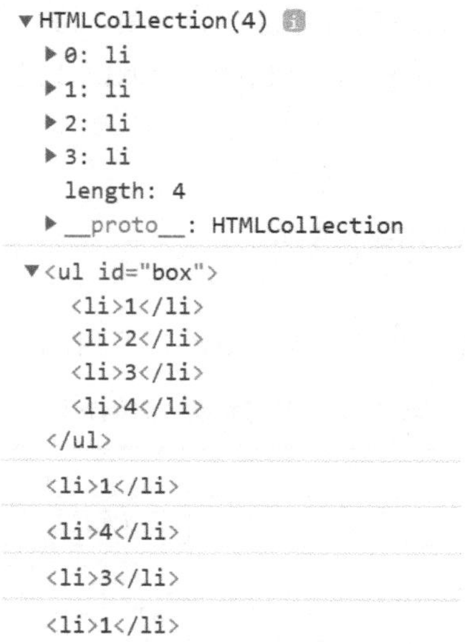

```
▼HTMLCollection(4) ⓘ
  ▶0: li
  ▶1: li
  ▶2: li
  ▶3: li
    length: 4
  ▶__proto__: HTMLCollection
▼<ul id="box">
    <li>1</li>
    <li>2</li>
    <li>3</li>
    <li>4</li>
  </ul>
  <li>1</li>
  <li>4</li>
  <li>3</li>
  <li>1</li>
```

图 11-11　控制台输出结果

11.3.5　其他获取节点方法

除了获取一些常见标签，我们还可以获取 body 元素、head 元素和 html 元素。代码如下：

```
// 获取 body 元素
const oBody = document.body;
console.log(oBody);

// 获取 head 元素
const oHead = document.head;
console.log(oHead);

// 获取 html 元素
const oHtml = document.documentElement;
console.log(oHtml);
```

11.4　节点的操作之增、删、改操作

11.4.1　创建节点

document 对象的 createElement()方法能够根据参数指定的标签名创建一个新元素，并返回对新元素的引用。使用 createElement()方法创建的新元素不会被自动添加到文档中，可以使用 appendChild()等方法来实现。

使用 createElement()方法创建新元素的代码如下：

```
const newLi = document.createElement("li");
console.log(newLi);
```

运行代码后，控制台输出结果如图 11-12 所示。

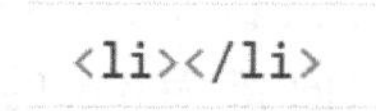

```
<li></li>
```

图 11-12　控制台输出结果

11.4.2　创建文本节点

通过 document 对象的 createTextNode()方法可以创建文本节点，其参数可以是一个字符串。值得一提的是，创建的文本节点需要使用 appendChild()方法才能插入元素节点中，或者使用 textContent 属性为元素节点添加内容。虽然通过这两种方式都可以创建文本节点，但是使用 textContent 插入内容节点和创建文本节点是两种不同的方法。

下方代码在 11.4.1 节代码的基础上进行操作：

```
const newLi = document.createElement("li");
console.log(newLi);

// 创建文本节点
const newLiText = document.createTextNode("newli");
console.log(newLiText);

// 把文本节点插入元素中
newLi.appendChild(newLiText);
console.log(newLi);

// 直接使用 textContent 属性为元素节点添加内容
newLi.textContent = "newLi";
console.log(newLi);
```

运行代码后，控制台输出结果如图 11-13 所示。

```
"newli"
<li>newLi</li>
<li>newLi</li>
```

图 11-13　控制台输出结果

11.4.3　插入节点

使用 appendChild()方法和 insertBefore()方法都可以实现插入节点，本节将对这两种方法的使用分别进行讲解。

首先对 appendChild()方法进行讲解。使用 appendChild()方法可以向当前节点的子节点列表的末尾添加新节点。需要注意的是：如果文档树中已经存在参数节点，则先将文档树中的对应节点删除，然后重新插入新位置。比如：

```
// HTML 代码
<ul id="box">
  <li>1</li>
  <li>2</li>
  <li>3</li>
  <li>4</li>
</ul>

// JavaScript 代码
const oBox = document.getElementById("box");

const newLi = document.createElement("li");
```

```
newLi.textContent = "newLi";
console.log(newLi);

// 在 oBox 子节点的末尾插入 li
oBox.appendChild(newLi);
```

这段代码先使用 createElement()方法在文档中创建了 li 节点，然后对该节点内容设置文本节点，最后使用 appendChild()方法在 oBox 子节点的末尾插入 li 节点。运行代码后，页面效果如图 11-14 所示。

接着对 insertBefore()方法进行讲解。使用 insertBefore()方法可以在已有子节点前插入一个新子节点。语法如下：

- 1
- 2
- 3
- 4
- newLi

图 11-14 页面效果（1）

```
insertBefore(newChild, oldChild)
```

该方法可以接收两个参数，第一个参数 newChild 代表新插入的节点，第二个参数 oldChild 代表指定插入节点的后边的相邻位置。插入节点成功以后，该方法的返回结果为新插入的节点。比如：

```
// HTML 代码
<ul id="box">
  <li>1</li>
  <li>2</li>
  <li>3</li>
  <li>4</li>
</ul>

// JavaScript 代码
const oBox = document.getElementById("box");
const oLis = document.querySelectorAll("#box li");
// 创建一个新的 li 标签
const newLi = document.createElement("li");
newLi.textContent = "newLi";
console.log(newLi);
// 将新的 li 插到第三个 li 的前面
oBox.insertBefore(newLi, oLis[2]);
```

本段代码使用 insertBefore()方法将 oLis[2]插到 oLis[1]前边，变成 oLis[1]的上一个兄弟节点。运行代码后，页面效果如图 11-15 所示。

- 1
- 3
- 2
- 4

图 11-15 页面效果（2）

11.4.4 复制节点

通过 cloneNode()方法可以创建一个节点的副本。该方法可以书写一个参数：true 或 false。参数为 true 代表深复制，可以复制整个节点和里面的内容。参数为 false 代表浅复制，代表只复制节点，但不复制里面的内容。

复制后的新节点不会被自动插入文档中，需要使用之前讲解的方法插入。比如：

```
// HTML 代码
<ul id="box">
  <li>1</li>
  <li>2</li>
  <li>3</li>
  <li>4</li>
</ul>

// JavaScript 代码
const oBox = document.getElementById("box");

// 复制 oBox 节点 (参数可以控制: 深复制或浅复制)
const newBox = oBox.cloneNode(true);
console.log(newBox);
// 把复制的节点插到页面中
document.body.appendChild(newBox);
```

这段代码使用 cloneNode()方法深度复制了 oBox 节点,并将其添加到页面中。运行代码后,页面效果如图 11-16 所示。

需要注意的是:复制的节点会包含原节点的所有特性,因此,如果原节点中包含 id 属性,就会出现 id 属性值重叠的情况。为了避免潜在的冲突,应修改其中某个节点的 id 属性值。

- 1
- 2
- 3
- 4

- 1
- 2
- 3
- 4

图 11-16　页面效果

11.4.5　删除节点

使用 removeChild()方法和 remove()方法可以删除节点,本节将对这两种方法分别进行讲解。

使用 removeChild()方法可以从子节点列表中删除某个节点,如果删除成功,则返回被删除的节点;如果删除失败,则返回 null。语法如下:

```
// 把 A 的子元素 B 从 A 中移除
A.removeChild(B);
```

需要特别注意:当删除节点时,该节点包含的所有子节点将同时被删除。比如:

```
// HTML 代码
<ul>
  <li>尚硅谷 atguigu</li>
  <li>让天下没有难学的技术</li>
  <li>做经得起时间检验的事</li>
  <li class="other">开挖掘机去</li>
</ul>

// JavaScript 代码
const oUl = document.querySelector("ul");
const oOther = document.querySelector(".other");

/* 需求: 删除最后一个 li */
// 方式一: 删除指定的子节点
oUl.removeChild(oOther);
```

这段代码将 class 为 other 的标签删除,运行代码后,"尚硅谷 atguigu" 的 li 被删除,页面效果如图 11-17 所示。

- 让天下没有难学的技术
- 做经得起时间检验的事

图 11-17　页面效果

使用 remove() 方法也可以用来删除元素，只不过不需要参考父元素。语法如下：

```
// 移除 B 元素
B.remove();
```

使用 remove() 方法代替 removeChild() 方法可以实现相同功能。代码如下：

```
// 移除 B 元素
oOther.remove();
```

运行代码后，输出效果与上面的案例相同，如图 11-17 所示。

11.4.6　替换节点

使用 replaceChild() 方法可以实现替换节点的功能。replaceChild() 方法被替换元素的父元素调用，可以将某个子节点替换为另一个节点。语法如下：

```
replaceChild(new, old);
```

该方法可以接收两个参数，第一个参数 new 代表指定的新节点，第二个参数 old 代表被替换的节点。如果替换成功，则返回被替换的节点，否则返回 null。

需要特别注意的是：替换节点替换的是所有子节点及其包含的所有内容。

代码如下：

```
// HTML 代码
<ul id="box">
  <li>1</li>
  <li>2</li>
  <li>3</li>
  <li>4</li>
</ul>

// JavaScript 代码
const oBox = document.getElementById("box");
const newLi = document.createElement("li");
const oLis = document.querySelectorAll("#box li");

// 将第四个 li 替换为第二个 li
oBox.replaceChild(oLis[3], oLis[1]);
```

运行代码后，页面效果如图 11-18 所示。

- 1
- 4
- 3

图 11-18　页面效果

11.5　属性节点

元素属性节点对应网页中 HTML 标签的属性。比如，在 `<a class="s1">www. atguigu.com/</a>` 中，class="s1" 就是一个属性节点。属性节点用来对元素做出更具体的描述。本节将对属性节点进行详细介绍。

11.5.1　属性分类

作为元素节点来说，属性是当前元素上定义的属性。比如，在本节的代码中，src、alt、abc、class 和 say 就是元素节点的属性。

```
<img src="./images/logo.jpg" alt="logo" class="img2" />
```

元素节点作为 JavaScript 对象来说，元素对象可以扩展自己的属性和方法。需要注意的是：元素对象扩展的属性、方法和元素上的属性没有任何关系。比如：

```
const oImg = document.querySelector("img");
// 给元素对象扩展属性
oImg.abc = "helloJS";
console.log(oImg);        // <img src="./images/logo.jpg" alt="logo" class="img2">
console.log(oImg.abc); // helloJS
```

本段代码将 oImg 当作一个 JavaScript 对象，扩展了一个属性，和标签上的属性没有关系。运行代码后，控制台输出结果如图 11-19 所示。

```
<img src="./images/logo.jpg" alt="logo" class="img2">

helloJS
```

图 11-19　控制台输出结果

11.5.2　传统属性操作

在很多场景中，需要对元素自带的属性进行操作。本节将从读取属性值、设置属性值和删除属性值三方面进行介绍。

下面先将 HTML 结构书写出来，后续的属性演示都是基于这个结构进行操作的。具体如下：

```
<div>
  <img src="./images/logo.jpg" alt="logo" class="myLogo" />
</div>

<button id="btn1">读取标签属性</button>
<button id="btn2">设置标签属性</button>
<button id="btn3">删除标签属性</button>
```

1．读取属性值

首先介绍读取属性值的方式。在传统的 DOM 中，常用成员访问方法是通过元素直接访问 HTML 属性，如 src、href 等属性，但是自定义的一些属性是不能直接获取的。这就需要使用其他方式来获取，因此可以通过 getAttribute()方法来读取指定属性值。

需要注意的是：因为 class 是 JavaScript 语言的保留字，所以有一些特殊属性，如 class 属性，必须使用 className 属性名。比如：

```
// JavaScript 代码
const oImg = document.querySelector(".myLogo");

document.getElementById("btn1").onclick = function () {
  // 读取属性值
  const src = oImg.getAttribute("src");
  const c1 = oImg.getAttribute("class");
```

```
const c2 = oImg.className;

console.log(src);                    // ./images/logo.jpg
console.log(c1);                     // myLogo
console.log(c2);                     // myLogo
};
```

这段代码通过 getAttribute()方法获取标签上的常用属性 src 和特殊属性 class 的值。class 属性是特殊属性，使用点号的方式获取时需要通过 className 来实现。运行代码后，控制台输出结果如图 11-20 所示。

```
./images/logo.jpg
myLogo
myLogo
```
图 11-20　控制台输出结果

2．设置属性值

接着介绍设置属性值的方法。我们可以使用 setAttribute()方法来设置元素的属性值。setAttribute()方法可以接收 name、value 两个参数，第一个参数 name 代表属性名，第二个参数 value 代表属性值。需要注意的是，如果存在相同属性，则值会被替换；如果不存在相同属性，则会创建属性并添加。

下面基于上面的案例进行举例，代码如下：

```
document.getElementById("btn2").onclick = function () {
 // 设置属性值
 oImg.setAttribute("id", "test");
 oImg.setAttribute("alt", "logo2");

 console.log(oImg.getAttribute("id"));            // test
 console.log(oImg.getAttribute("alt"));           // logo2
};
```

这段代码代表：当点击"设置标签属性"按钮时，Img 标签新增 id 属性，设置其值为"test"，并将其 alt 属性值变为"logo2"。需要特别说明的是：对于自定义属性来说，这样的方式是把标签当成了 JavaScript 对象，为对象扩展属性和方法，从而实现为元素设置属性。

3．删除属性值

最后来讲解删除属性值的方式。我们可以使用 removeAttribute()方法删除指定的属性值，其参数为要删除的属性名。还是基于开始的案例演示 removeAttribute()方法的使用，代码如下：

```
document.getElementById("btn3").onclick = function () {
 // 删除属性值
 oImg.removeAttribute("src");                     // 图片消失
};
```

这段代码代表：当点击"删除标签属性"按钮时，将 Img 标签上的属性 src 的属性名和属性值移除，此时页面上的图片消失。

11.5.3　HTML5 自定义属性操作

HTML5 允许用户为元素自定义属性，但是要求添加前缀 data-，以为元素提供与渲染无关的附加信息或语义信息。比如下方的 HTML 代码：

```
<button id="btn">测试</button>
<div id="box" data-msg="hello" data-myName="atguigu">测试 data 自定义属性</div>
```

这段代码的 div 中存在一个自定义属性"data-msg",其值为"hello"。

每个元素都有一个 dataset 属性,该属性是一个对象,包含当前元素的自定义属性。我们可以使用 dataset 设置自定义属性名,设置的时候不需要携带前缀 data-,但是在实际展示中 data-前缀会自动添加进去。这样添加自定义属性后,可以通过元素的 dataset 属性访问自定义属性。操作元素的 dataset 对象就可以操作元素的自定义属性,比如:

```
const oBtn = document.getElementById("btn");
const oBox = document.getElementById("box");
oBtn.onclick = function () {
  // 读取自定义属性
  console.log(oBox.dataset.msg, oBox.dataset.myname); // hello atguigu

  // 添加自定义属性
  oBox.dataset.name = "Tom";

  // 删除自定义属性
  delete oBox.dataset.msg;

  console.log(oBox.dataset);                           // DOMStringMap {name: "Tom"}
};
```

当点击"点击"按钮后,为 div 标签增加了自定义属性 say:HowAreU,将在标签上定义的属性 abc 删除。需要注意的是,不管在标签中自定义的属性名是大写还是小写,在 dataset 中属性名都会转换为小写。比如,在标签中属性为 data-myName,获取时就被转换为小写,变为 myname。当点击按钮后,控制台输出结果如图 11-21 所示。

```
hello atguigu

▼DOMStringMap {myname: "atguigu", name: "Tom"} 🛈
    myname: "atguigu"
    name: "Tom"
  ▶ __proto__: DOMStringMap
```

图 11-21　控制台输出结果

11.5.4　案例:字号变大

在本节之前,我们对获取元素、操作元素等知识进行了学习,本节将利用所学知识来实现一个小需求,从而帮助读者巩固之前的知识,以及了解在实际操作中使用 DOM 对元素进行操作的场景。

先来明确实现效果:先在页面点击选中要变大的数字,再点击"把刚才点击的元素字号增大"按钮,则数字变大。

初始界面如图 11-22 所示。

点击选中想要变大的数字,以数字 3 为例,页面效果如图 11-23 所示。

点击"把刚才点击的元素字号增大"按钮,页面效果如图 11-24 所示。

这个效果要怎么实现呢?点击数字的效果很容易实现,只需先获取所有 li,然后循环 li,在循环内部为其增加点击事件,改变其背景颜色,并对 li 做标记。要实现数字变大的效果,先为按钮添加点击事件,然后遍历所有的 li,将做了标记的 li 的 fontSize 设置为 50px。

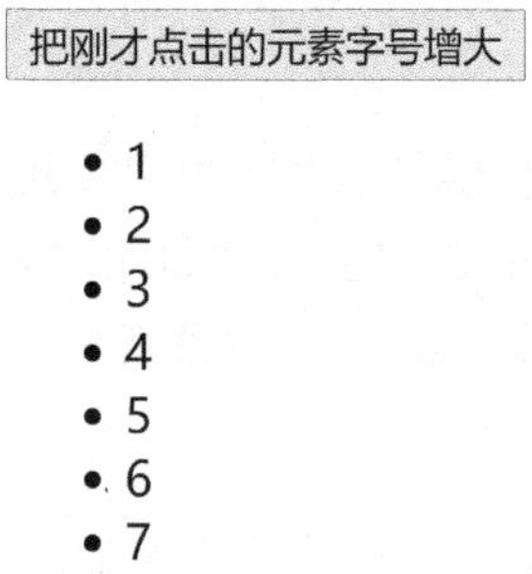

图 11-22　初始页面效果 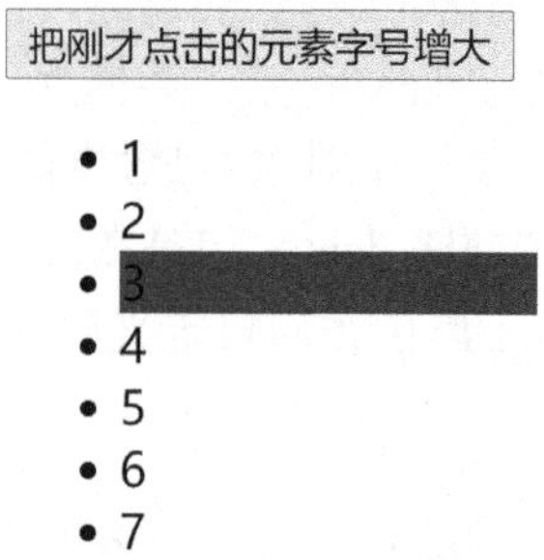　　图 11-23　点击数字 3 后的页面效果 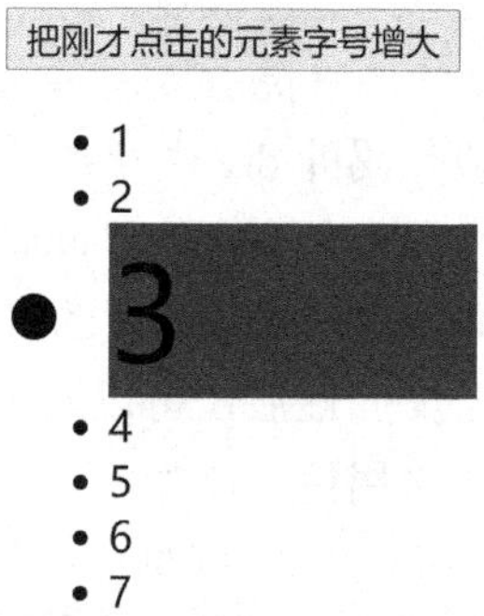　　图 11-24　点击按钮后的页面效果

代码如下：

```
// HTML 代码
<button id="btn">把刚才点击的元素字号增大</button>
<ul>
  <li>1</li>
  <li>2</li>
  <li>3</li>
  <li>4</li>
  <li>5</li>
  <li>6</li>
  <li>7</li>
</ul>


// JavaScript 代码
const oLis = document.querySelectorAll("ul li");
// 给每个 li 都绑定点击监听
oLis.forEach(function (item, index) {
  item.onclick = function () {
    // 改变背景颜色
    item.style.backgroundColor = "red";
    // 当点击某个 li 的时候，可以给 li 做一个标记，而自定义属性是做标记的首选
    item.dataset.click = "true";
  };
});

const oBtn = document.getElementById("btn");
// 给按钮绑定点击监听
oBtn.onclick = function () {
  // 遍历所有的 li，判断哪个 li 具有标记，则改变其字号
  oLis.forEach(function (item, index) {
    if (item.dataset.click) {
      item.style.fontSize = "50px";
      // 可以清除自定义属性
      delete item.dataset.click;
    }
  });
};
```

11.6　文本节点

文本节点（text）代表网页中的 HTML 标签内容。比如，<a>www.atguigu.com/</a>中的 www.atguigu.com 就是文本节点，即文本内容。本节将着重讲解开发中的常用属性：innerHTML、innerText 和 textContent。

11.6.1　innerHTML 和 innerText

通过 innerHTML 创建节点的方式在开发中是比较常用的，它是对原有的标签体文本进行赋值。使用元素的 innerHTML 属性可以返回一个调用元素包含所有子节点对应 HTML 标记的字符串。

使用 innerHTML 属性相当于创建新的 DOM 片段，DOM 片段可以完全替换调用元素原有的所有子节点。也就是说，当设置好 innerHTML 属性后，就可以像访问文档中的其他节点一样访问新创建的节点。

使用 documentElement 方法和 createTextNode 方法创建复杂的结构时，代码会非常长，而且执行速度很慢，而使用 innerHTML 的方式创建的代码执行得更快。

innerHTML 属性具有两方面的功能：一是可以读取标签体内容的文本，二是可以设置标签体的内容。innerHTML 属性的特别之处在于，它会将内容当作 HTML 进行解析，也就是说，如果有标签结构会自动将其解析为标签。下面通过一段代码来演示 innerHTML 的使用：

```
// HTML 代码
<button id="btn">点击</button>
<div id="box">
  <span>hello span</span>
</div>

// JavaScript 代码
const oBtn = document.getElementById("btn");
const oBox = document.getElementById("box");

 oBtn.onclick = function () {
  // 获取 innerHTML
  console.log(oBox.innerHTML);
  // 设置 innerHTML
  oBox.innerHTML = "<a>hello a</a>";
};
```

本段代码为按钮设置了点击事件，当点击“点击”按钮后，会将 id 为“box”的 div 内部元素替换为“<a>hello a</a>”。

当没有点击“点击”按钮时，页面效果如图 11-25 所示。

点击“点击”按钮后，页面更改为如图 11-26 所示效果，控制台输出结果如图 11-27 所示。

hello span

hello a

`<span>hello span</span>`

图 11-25　点击按钮前的页面效果　　　图 11-26　点击按钮后的页面效果（1）　　　图 11-27　控制台输出结果（1）

利用 innerText 属性可以在指定的元素中插入文本。如果文本中包含 HTML 字符串，则其将被编码显示。这里依旧对上面案例的 HTML 代码进行操作，代码如下：

```
oBtn.onclick = function () {
  // 获取 innerText
```

```
console.log(oBox.innerText);
// 设置 innerText
oBox.innerText = "<a>hello a</a>";
};
```

innerText 属性只能在指定元素内插入文本，运行代码后，页面更改为如图 11-28 所示效果，控制台输出结果如图 11-29 所示。

点击

<a>hello a</a>

hello span

图 11-28　点击按钮后的页面效果（2） 　　　　图 11-29　控制台输出结果（2）

其实，Web API 还提供了两种方法：outerHTML 和 outerText。outerHTML 和 innerHTML 的功能相同，唯一的区别就是 outerHTML 包含元素自身。outerText 和 innerText 的功能相似，唯一的区别就是 outerText 可以覆盖原有元素。这两种方法的使用频率较低，这里不多做讲解。

11.6.2　textContent

通过 textContent 属性可以设置或返回指定节点的文本内容。虽然它与 innerText 相似，都可以获取节点的文本内容，但与之不同的是，textContent 会获取所有元素的内容，而 innerText 只展示给人看的元素。比如：

HTML 代码：

```
<p id="text1">文<br />本 1</p>
<p id="text2">文本<span style="display:none">看得见吗</span>2</p>
```

JavaScript 代码：

```
const t1 = document.getElementById("text1");
const t2 = document.getElementById("text2");
console.log(t1.textContent);
console.log(t2.textContent);
console.log(t1.innerText);
console.log(t2.innerText);
```

运行代码后，控制台输出结果如图 11-30 所示。

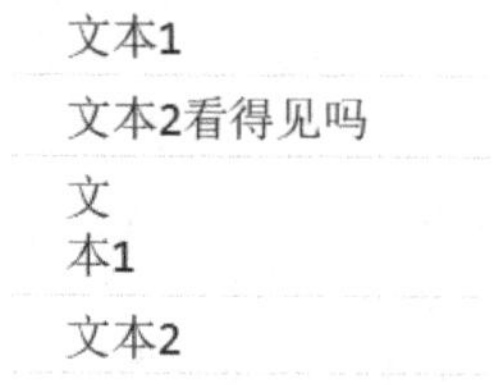

文本1

文本2看得见吗

文
本1

文本2

图 11-30　控制台输出结果

从兼容性来说，innerText 对 IE 浏览器的兼容性比较好，而 textContent 是标准方法，如果要对 IE 8 进行兼容，可以进行以下兼容性处理：

```
function setOrGetContent(node, content) {
  if (arguments.length === 1) {
    // 代表当前是读取操作
    if (node.textContent) {
      // 只要能获取 DOM 对象的 textContent 属性值，就代表当前用户是高级浏览器
      return node.textContent;
    } else {
      // 当前用户是低级浏览器
```

```
      return node.innerText;
    }
  } else if (arguments.length === 2) {
    // 代表写入操作
    if (node.textContent) {
      // 代表高级浏览器
      node.textContent = content;
    } else {
      // 代表低级浏览器
      node.innerText = content;
    }
  }
}
```

11.7　脚本化 CSS

在正式学习脚本化 CSS 之前，需要对各种宽高在盒子中的位置进行了解，以方便后续学习 DOM 操作，如图 11-31 所示。

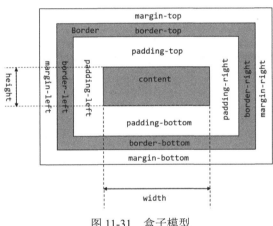

图 11-31　盒子模型

在一些复杂的页面中经常使用 JavaScript 处理一些 DOM 元素的动态效果，这种时候就经常需要计算元素位置和尺寸。本节会对元素的大小和位置属性进行讲解。

11.7.1　元素大小

本节将分为 Offset 系列、Client 系列、Scroll 系列和视口宽高四部分进行介绍。

1. Offset 系列

Offset 系列只能进行读取操作，不能进行写操作。通过 offsetWidth 属性可以获取元素在页面中占用的总宽度，包括边框，也就是"内容 + padding + border"的宽度。比如：

```
document.documentElement.offsetWidth
```

通过 offsetHeight 属性可以获取元素在页面中占用的总高度，也包括边框，也就是"内容 + padding + border"的高度。比如：

```
document.documentElement.offsetHeight
```

使用 Offset 系列时需要注意的是：当元素隐藏显示时，即设置样式属性 display 的值为 none 时，

offsetWidth 和 offsetHeight 返回的值是 0。事实上，offsetWidth 和 offsetHeight 这两种方式是在开发中获取元素宽高最好、最常用的方式。

2．Client 系列

Client 系列只能进行读取操作，不能进行写操作。clientWidth 属性获取的是盒子可视区域的宽（width+padding）。比如：

```
document.documentElement.clientWidth
```

clientHeight 属性获取的是盒子可视区域的高（height+padding）。比如：

```
document.documentElement.clientHeight
```

3．Scroll 系列

Scroll 系列获取的是卷曲的值，它的部分属性只可以进行读取操作，不可以进行写操作；部分属性可以进行读取操作和写操作。scroll 事件在 JavaScript 中称为滚动事件，当用户滚动到指定位置或元素时会触发该事件。scroll 事件适用于所有可滚动的元素和 window 对象（浏览器窗口），scroll 监听回调是在发生 scroll 事件或规定 scroll 事件时运行的函数。

scrollWidth 属性是没有滚动条出现时，元素内容的总宽度。比如：

```
document.documentElement.scrollWidth
```

scrollHeight 属性是没有滚动条出现时，元素内容的总高度。比如：

```
document.documentElement.scrollHeight
```

4．视口宽高

在 DOM 中，认定根元素的 clientWidth 属性和 clientHeight 属性代表窗口的宽高，可以直接使用 document.documentElement.clientWidth 获取窗口的宽度；使用 document.documentElement.clientHeight 获取窗口的高度。

在 DOM 中，认定根元素的 offsetHeight 属性代表文档的高度，可以直接使用 document.documentElement.offsetHeight 获取文档的高度。无论文档宽度是多少，获取的宽度都和窗口宽度一样，因为横向不建议出现滚动条。

下面的代码演示了当调整窗口大小时，窗口的宽高和文档的宽高：

```
window.onresize = function () {
  console.log("width", document.documentElement.clientWidth);
  console.log("height", document.documentElement.clientHeight);
  console.log("文档高", document.documentElement.offsetHeight);
};
```

11.7.2　元素位置

本节通过表格展示通过 Offset、Client 和 Scroll 三个系列设置位置的方式，如表 11-3 所示。

表 11-3　通过 Offset、Client 和 Scroll 三个系列设置位置的方式

	方　法	作　用
Offset	offsetLeft	元素的左边缘到最近定位父元素左侧的距离，DOM 标准模式以最近的定位元素为参考进行偏移的位置
	offsetTop	元素距离上边位置的值，DOM 标准模式以最近的定位元素为参考进行偏移的位置
	offsetParent	距离当前元素最近的定位父元素
Client	clientLeft	盒子左边边框的宽度
	clientTop	盒子上边边框的宽度
Scroll	scrollLeft	元素滚动条到元素左边的距离
	scrollTop	元素的内容垂直滚动的像素数

1．获取系统滚动条

（1）通过根元素的 scrollTop 属性和 scrollLeft 属性可以获取系统滚动条的位置。

（2）可以通过 window 对象的 pageXOffset 和 pageYOffset 获取系统滚动条的位置（适用于 IE 9+）。

2．设置系统滚动条

（1）通过根元素的 scrollTop 属性和 scrollLeft 属性可以直接设置系统滚动条的位置。

（2）通过 window.scrollTo(x,y)可以设置系统滚动条的位置（全兼容）。

getBoundingClientRect()用于获取某个元素相对于视窗的位置集合，返回的对象中有 top、right、bottom、left 等属性。

- top：元素上边到视窗上边的距离。
- right：元素右边到视窗左边的距离。
- bottom：元素下边到视窗上边的距离。
- left：元素左边到视窗左边的距离。

下面通过综合案例"获取元素到文档边缘的封装"来演示上述方法的使用场景。

```
/*
获取元素到文档边缘的距离封装
*/
function getEleToDoc(ele) {
  // 定义一个累加初始值
  let left = 0;
  let top = 0;
  // 使用一个变量保存当前检测的元素
  let o = ele;
  while (o) {
    if (o === ele) {
      // 累加，如果是当前自身元素，则不获取边框
      left += o.offsetLeft;
      top += o.offsetTop;
    } else {
      // 如果不是自身元素，则获取边框
      left += o.offsetLeft + o.clientLeft;
      top += o.offsetTop + o.clientTop;
    }
    // 获取当前 o 的最近定位父级，用于下次判断是否继续存在
    o = o.offsetParent;
  }
  return {
    left,
    top,
  };
}
```

11.7.3　设置与获取元素样式

设置元素节点的样式可以使用 JavaScript 的 style 属性，从而控制某个元素的行内样式。比如：

```
// HTML 代码
```

```
<div style="font-size: 20px">测试设置与获取元素样式</div>

// JavaScript 代码
const div = document.querySelector("div");
// 设置样式
div.style.color = "red";
```

其实，通过 style 属性也可以获取 JavaScript 元素上的行内样式，但是使用这种方式不能获取内嵌的样式和外链的样式。比如：

```
// 读取样式
console.log(div.style.color);                    // 注意：只能获取行内样式
```

需要注意的是，使用该方法只能获取行内样式。

通过 window 对象的内置方法 getComputedStyle()也可以获取一个元素所有 CSS 属性的值。具体地说，window.getComputedStyle()在应用活动样式表并解析这些值可能包含的任何基本计算之后，会返回一个包含元素所有 CSS 属性的值。语法如下：

```
window.getComputedStyle(element, pseudoElt);
```

该方法可以接收两个参数，第一个参数是被获取样式信息的节点对象；第二个参数代表要匹配的伪类，通常将其书写为 null。该方法在实际开发中不常使用，这里不做案例演示。

11.7.4　元素的类名操作

我们可以通过 className 属性获取或设置指定元素 class 属性的值，但是使用这种方式获取的是全部 class，当通过这种方式修改时会直接覆盖当前的 class。比如：

```
// HTML 代码
<div class="box show" id="box"></div>

// JavaScript 代码
const Box = document.getElementById("box");

// 直接获取字符串 "box show"
console.log(Box.className);

// 直接覆盖原来的类名，设置为 active
Box.className = "active";
console.log(Box.className);
```

这段代码首先通过 className 属性获取 id 为 box 上的 class，此时还没有对 class 属性进行设置，因此 class 为 "box show"。然后通过设置 className 的方式直接覆盖原来的类名，输出的 class 为 "active"。运行代码后，控制台依次输出 "box show" 和 "active"。

DOM 元素还有一个只读属性：classList，返回的值为 DOMTokenList 对象，其中包含元素的所有 class 属性，不同的 class 属性之间使用空格分隔。我们可以使用元素的 classList 属性访问、添加、删除及修改元素的 class 属性。

通过 classList 的 add()方法可以添加一个或多个类属性，语法如下：

```
element.classList.add((className1[, className2…])
```

通过 classList 的 remove()方法可以移除一个或多个类属性，语法如下：

```
element.classList.remove((className1[, className2…])
```

classList 的 toggle()方法会先判断元素是否拥有 className，若有该 className，就先将其移除，再进行添加，语法如下：

```
element.classList.toggle(className)
```

11.8 文档碎片节点

在学习文档碎片的相关技术前，可以先思考这样一个场景：当我们想向 document 中添加大量数据时，如果直接添加新节点，那么这个过程会非常缓慢。因为每添加一个节点，就会调用父节点的 appendChild()方法。对于这种问题，可以通过创建一个文档碎片节点来解决：首先创建一个文档碎片，将所有的新节点附在其上，然后把文档碎片一次性添加到 document 中。

在 JavaScript 中，documentFragment 也叫作文档碎片节点。它是一个虚拟的节点类型，仅存在于内存中，因为没有添加到节点树中，所以在页面上看不到渲染效果。这样的特性可以避免之前的很多问题，比如，避免浏览器渲染和占用资源。换句话说，当文档碎片设计完善后，再使用 JavaScript 一次性将其添加到节点树中，并展示出来。这样可以提高效率，减少页面重绘的次数，从而解决大量添加节点时的性能问题。

文档碎片节点先通过 document.createDocumentFragment()方法创建，再使用 appendChild()等方法插入节点树中。下面将对比在实际开发场景中使用普通方法操作节点和使用文档碎片操作节点的方式，代码如下：

```
// HTML 代码
<ul id="box"></ul>
```

使用普通方法对节点进行操作：

```
const oBox = document.getElementById("box");
// 这种方法对 DOM 节点进行了 100 次操作，非常耗费内存
for (let i = 0; i < 100; i++) {
  const newLi = document.createElement("li");
  newLi.textContent = "hello 6666";
  oBox.appendChild(newLi);
}
```

这段代码通过 for 循环向 ul 内插入 100 个 li 标签，文本内容为 "hello 6666"。

使用文档碎片操作节点：

```
const oBox = document.getElementById("box");
// 创建空的文档碎片容器
const fragment = document.createDocumentFragment();
for (let i = 0; i < 100; i++) {
  const newLi = document.createElement("li");
  newLi.textContent = "hello 6666";
  // 将创建的 li 标签添加为 fragment 的子节点
  fragment.appendChild(newLi);
}
// 将文档碎片添加为 div 的子节点，一次性批量将 fragment 中的 li 添加为 div 的子节点
oBox.appendChild(fragment);
```

这段代码先通过 document.createDocumentFragment()创建了文档碎片节点，然后通过 for 循环将要插入的内容写入文档碎片节点中，最后使用 appendChild()方法将其插入节点树中。

11.9　本章小结

　　操作 DOM 节点是开发中使用频率极高的操作。本章从 DOM 的版本开始讲解，接着介绍节点的种类及关系，并针对不同节点的操作进行讲解。在 11.7 节中，介绍了对元素大小、元素位置及元素类名进行的操作，并配以简单的案例演示。最后对文档碎片节点进行了讲解，当需要对批量节点操作时，文档碎片节点无疑是最好的选择，不仅可以节省内存，还可以提高效率，减少重绘。

　　本书中关于 DOM 的内容分为 DOM 节点和 DOM 事件两部分，关于 DOM 事件的知识点会在下一章进行详细讲解。

第12章

DOM 编程之事件

本章主要讲解 DOM 中的事件。事件是用户或浏览器自身执行的某种动作，如点击、获取焦点和网页加载完成都是浏览器端的事件。事件是 JavaScript 和 DOM 之间交互的桥梁。我们用一句话来理解事件——你若触发，我便执行。只要事件发生，浏览器就会自动调用对应事件处理函数，执行指定的代码，从而做出特定响应。

下面主要讲解事件执行的流程，与 DOM 相关的常用事件和 event 对象等知识点。

本章学习内容如下：

- 事件流
- 事件冒泡
- 绑定事件监听
- 常用事件
- 事件对象
- 事件特别处理

12.1　DOM 事件流

事件流就是多个节点对象对同一种事件进行响应的先后顺序，主要包括三种类型：冒泡型、捕获型和标准型。

在浏览器的早期阶段出现了捕获型和冒泡型两种完全不同的事件流。Netscape Communicator（最早由网景公司开发的一款浏览器，也就是 Firefox 的前身）支持的是捕获型事件流，而微软公司开发的 IE 浏览器支持的是冒泡型事件流。后来 W3C 提出了标准的 DOM 事件流，包含捕获型和冒泡型两种事件流，也称为混合型事件流。本节将对这三种事件流分别进行讲解。

先看一下后面测试需要的基础代码：

```
<!DOCTYPE html>
<html lang="en">
  <head>
    <meta charset="UTF-8" />
    <title>DOM 事件流</title>
    <style>
      #div1 {
        width: 300px;
        height: 300px;
        border: 1px solid #000;
      }
```

```
    #div2 {
      width: 200px;
      height: 200px;
      border: 1px solid #f00;
      margin: 5px;
    }
    #div3 {
      width: 100px;
      height: 100px;
      border: 1px solid #009688;
      margin: 5px;
    }
  </style>
</head>
<body>
  <div id="div1">
    div1
    <div id="div2">
      div2
      <div id="div3">div3</div>
    </div>
  </div>
  <script>
    const div1 = document.getElementById("div1");
    const div2 = document.getElementById("div2");
    const div3 = document.getElementById("div3");
    /* 后面添加测试代码 */

  </script>
</body>
</html>
```

运行代码后，页面效果如图 12-1 所示。

图 12-2 是对应的层次结构节点，也是我们需要重点关注的部分。

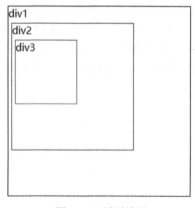

图 12-1　页面效果

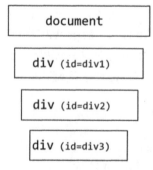

图 12-2　层次结构节点

12.1.1　事件冒泡

首先介绍冒泡型事件流。当触发某个事件时，首先进行目标元素处理，接着事件由内向外（由下向上）

218

传递给各层级的节点，这个传递过程被形象地称为"事件冒泡"，如图 12-3 所示。

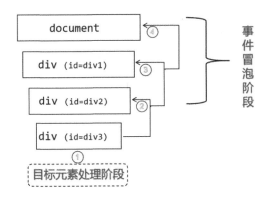

图 12-3　事件冒泡

下面通过一段代码来演示事件冒泡：

```
// 无论绑定监听的顺序如何，点击 div3 部分，响应处理顺序总是由内向外的
  // div3 目标元素处理
  // div2 冒泡处理
  // div1 冒泡处理
  // document 冒泡处理

// 给目标元素绑定 click 监听
div3.onclick = function () {
  console.log("div3 目标元素处理");
};

// 给目标元素外部的多个层次节点绑定监听，冒泡型
document.onclick = function () {
  console.log("document 冒泡处理");
};
div1.onclick = function () {
  console.log("div1 冒泡处理");
};
div2.onclick = function () {
  console.log("div2 冒泡处理");
};
```

这段代码为三个 div 元素和 document 都添加了点击事件。当点击最里面的目标元素 div3 区域时，控制台输出结果如图 12-4 所示。

图 12-4　控制台输出结果

在这段代码执行时，首先进行最里面的 div3 目标元素处理，接着由于事件冒泡，依次传递给 div2、div1 和 document 这三个节点处理。当然，div3 与 document 之间的元素（如 body）的事件也有冒泡传递，但我们没有在它们上绑定 click 监听，因此在此不做分析。

12.1.2　事件捕获

下面我们来看事件捕获。当触发某个事件时，在目标元素响应处理前，事件会由外向内（由上向下）传递给各层级的节点，这个传递过程被称为"事件捕获"，如图 12-5 所示。

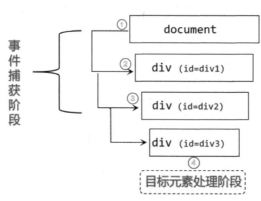

图 12-5　事件捕获

下面通过一段代码来演示事件捕获，我们给目标元素 div3 绑定了 click 监听，同时给 document、div1 和 div2 绑定了只在事件捕获阶段响应的 click 监听。这里使用 addEventListener()来绑定 click 监听，并且第三个参数为 true 就代表只在捕获阶段响应，否则只在冒泡阶段响应。读者也可以学习 12.2.3 节后再学习本章案例编码实现。代码如下：

```
// 无论绑定监听的顺序如何，点击 div3 部分，响应处理顺序总是由外向内的
// document 捕获处理
// div1 捕获处理
// div2 捕获处理
// div3 目标元素处理

// 给目标元素绑定 click 监听，捕获型或冒泡型都可以
div3.addEventListener(
  "click",
  function () {
    console.log("div3 目标元素处理");
  },
  true
);

// 给目标元素外部的多个层次节点绑定监听，捕获型
div2.addEventListener(
  "click",
  function () {
    console.log("div2 捕获处理");
  },
  true
);
div1.addEventListener(
  "click",
  function () {
    console.log("div1 捕获处理");
  },
```

```
  true
);
document.addEventListener(
  "click",
  function () {
    console.log("document 捕获处理");
  },
  true
);
```

当点击目标元素 div3 区域时，事件处理输出顺序如图 12-6 所示。

document 捕获处理

div1 捕获处理

div2 捕获处理

div3 目标元素处理

图 12-6　事件处理输出顺序

click 事件触发后，首先经历的是事件捕获阶段，事件会先分发给 document 处理，接着依次分发给 div1 和 div2 处理，最终事件在目标元素 div3 上处理。当然，事件在捕获阶段也分发给其他元素（如 body），但我们没有给它们绑定 click 监听，因此在此不做分析。

12.1.3　标准（混合）型

W3C 制定的标准 DOM 事件模型支持捕获型和冒泡型两种事件流，捕获型事件流先发生，然后才发生冒泡型事件流。这两种事件流会触及 DOM 中的所有层级对象，从 document 对象开始，最后返回 document 对象结束。因此，可以把事件传递的整个过程分为三个阶段，如图 12-7 所示。

- 捕获阶段：事件从 document 对象开始，沿着节点树由外向内（由上向下）传递给各层级节点，直到目标元素的父元素为止。如果这些节点绑定了相应的事件监听，都会依次调用处理。
- 目标阶段：发生事件的目标元素响应事件处理。
- 冒泡阶段：目标元素处理完毕，沿着文档由内向外（由下向上）传递给各层级节点，直到 document 对象为止。如果这些节点绑定了相应的事件监听，都会依次调用处理。

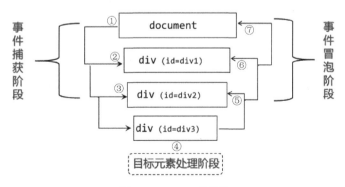

图 12-7　DOM 事件流

下面通过一段代码来演示混合型事件流，我们除了给目标元素 div3 绑定 click 监听，还给 div2、div1 和 document 都绑定了捕获型和冒泡型两种类型的两个 click 监听，读者也可以先学习 12.2.3 节，再学习本章案例编码实现，代码如下：

```
// 无论绑定监听的顺序如何，点击 div3 部分，响应处理顺序都分为三个阶段
```

```javascript
// 由外向内(捕获) => 目标元素处理 => 由内向外(冒泡)
// 对应的输出顺序
  // document 捕获型
  // div1 捕获型
  // div2 捕获型
  // div3 目标元素处理
  // div2 冒泡型
  // div1 冒泡型
  // document 冒泡型

// 给最里面的目标元素div3绑定click监听,捕获型或冒泡型没有区别
div3.addEventListener(
  "click",
  function () {
    console.log("div3 目标元素处理");
  },
  true                    // 也可以是 false
);

// 给目标元素外部的多个层次节点都绑定捕获型和冒泡型两种类型的两个click监听
div2.addEventListener(
  "click",
  function () {
    console.log("div2 捕获型");
  },
  true
);
div2.addEventListener(
  "click",
  function () {
    console.log("div2 冒泡型");
  },
  false
);

div1.addEventListener(
  "click",
  function () {
    console.log("div1 捕获型");
  },
  true
);
div1.addEventListener(
  "click",
  function () {
    console.log("div1 冒泡型");
  },
  false
);

document.addEventListener(
```

```
  "click",
  function () {
    console.log("document 捕获型");
  },
  true
);
document.addEventListener(
  "click",
  function () {
    console.log("document 冒泡型");
  },
  false
);
```

当点击最里面的目标元素 div3 区域时，控制台输出结果如图 12-8 所示。

document　捕获型

div1　捕获型

div2　捕获型

div3　目标元素处理

div2　冒泡型

div1　冒泡型

document　冒泡型

图 12-8　控制台输出结果

事件触发后，首先是事件捕获阶段，因此有了前三个输出；接着是目标元素处理阶段，有了第四个输出；再接着是冒泡阶段，因此有了后三个输出。当然，在 div3 与 document 之间的元素（如 body）的事件也有捕获传递和冒泡传递，但我们没有在它们上绑定 click 监听，因此在此不做分析。

12.2　绑定事件监听

绑定事件监听的方式有四种：HTML 事件监听、DOM0 事件监听、DOM2 事件监听、IE 事件监听。下面我们将对它们进行分别讲解。

12.2.1　HTML 事件监听绑定

HTML 事件监听绑定就是把 JavaScript 脚本作为属性值，直接赋值给事件属性。HTML 事件监听绑定是最早支持的方式，也是所有浏览器都支持的方式，也被称作静态绑定。比如：

```
<div onclick="fn()">box</div>
<script>
  // 当点击 div 的时候，执行 onclick 属性值的 JavaScript 代码
  function fn() {
    alert("我是 box");
  }
</script>
```

这段代码在 div 标签中将 onclick 作为属性值。当点击 div 元素时，执行 fn() 方法，弹出警告框"我是box"。

这种方式的复用性极低，将 JavaScript 与 HTML 夹杂到一起，易造成代码混乱，发生错误时难以检测和排除，不利于分工合作。如果要修改，则需要同时修改 HTML 代码和 JavaScript 代码，效率极低，在实际开发中不建议使用这种方式。

12.2.2　DOM0 事件监听绑定

DOM0 事件监听是浏览器初期出现的一种比较简单的事件模型，基本原理是给当前元素的某个私有属性赋值为一个函数操作，当触发相关行为时，浏览器会执行赋值的函数。

这种模型应用比较广泛，获得了所有浏览器的支持，现在依然比较流行。但是需要注意的是：DOM0 事件监听不能绑定同一事件监听多次，如果对同一 DOM 多次绑定，后绑定的事件监听会覆盖前面绑定的事件监听。

DOM0 事件监听在所有浏览器中都是冒泡型，事件绑定形式为：元素打点.on+事件名称=函数，这相当于给一个元素的事件属性赋值。比如：

```
// CSS 代码
div {
  border: 1px solid black;
  width: 100px;
  height: 100px;
}

// HTML 代码
<div id="outer"></div>

// JavaScript 代码
const oOuter = document.getElementById("outer");
// DOM0 事件监听在所有浏览器中都是冒泡型
oOuter.onclick = function () {
  alert("outer1");
};
// 后绑定的事件监听会覆盖前面绑定的事件监听
oOuter.onclick = function () {
  alert("outer2");
};
```

这段代码演示了 DOM0 事件监听的使用。运行代码后，页面会显示一个黑框正方形，点击正方形后弹出警告框，内容为"outer2"。

DOM0 事件解绑本质上是把事件回调函数和事件对象的事件属性断开指向。解除 DOM0 事件绑定只需给对应事件属性赋值为 null，比如，将上面代码中的点击事件取消，代码如下：

```
// 取消 DOM0 事件，直接为事件赋值 null 即可
oOuter.onclick = null;
```

增加这行代码后，代表 DOM0 事件已经被取消，再次点击黑框正方形将没有任何反应。

12.2.3　DOM2 与 DOM3 事件监听绑定

DOM2 事件模型由 W3C 制定，是标准的事件监听处理模型，它提供了新的事件监听绑定方式。除了低版本 IE 怪异模式，其他所有符合标准的浏览器都支持该模型。DOM3 事件模型为 DOM2 事件模型的升级版本，事件监听绑定方式没有变化。和 DOM2 事件对比，DOM3 事件主要是在 DOM2 事件的基础上添

加了更多的事件类型支持。

DOM2 提供了绑定事件监听和解绑事件监听的新语法，给目标节点绑定事件监听的语法如下：

```
target.addEventListener(type, listener, useCapture);
```

addEventListener()方法中可以书写三个参数：

- type：注册事件的类型名。事件类型与事件属性不同，事件类型名没有 on 前缀。例如，事件属性 onclick 对应的事件类型名为 click。
- listener：监听函数，即事件处理函数。在指定类型的事件发生时将调用该函数，在调用这个函数时，默认传递给它的唯一参数是 event 对象。
- useCapture：该参数是一个布尔值，默认为 false。如果该参数为 true，则指定的事件处理函数可以在捕获阶段触发；如果该参数为 false，则指定的事件处理函数可以在冒泡阶段触发。

给目标节点解绑事件监听的语法：

```
target.removeEventListener(type, listener, useCapture);
```

removeEventListener()方法中同样可以书写三个参数，与绑定事件监听相同。

- type：事件的类型名，需要与被解绑的事件监听的事件名一致。
- listener：被解绑的事件监听函数的引用。
- useCapture：是否在捕获阶段，需要与被解绑的事件监听的 useCapture 一致。

下面通过代码来演示 DOM2 和 DOM3 的监听事件绑定和解除事件绑定，具体如下：

```
// HTML 代码
<div id="out">
  <div id="inner"></div>
</div>
<button>解绑监听 1</button>
<button>解绑监听 2</button>

// JavaScript 代码
const oOut = document.getElementById("out");
const oInner = document.getElementById("inner");
const oButton = document.getElementsByTagName("button");
const handle1 = function () {
  alert("oOut 捕获事件");
};
const handle2 = function () {
  alert("oOut 冒泡事件");
};
const handle3 = function () {
  alert("oInner 捕获事件");
};

// 给 out 绑定两个监听，一个 useCapture 为 true，一个 useCapture 为 false
oOut.addEventListener("click", handle2, false);
oOut.addEventListener("click", handle1, true);

// 给 inner 绑定一个监听，不用指定 useCapture
oInner.addEventListener("click", handle3);

// 点击第一个 button，解绑 useCapture 为 true 的监听
oButton[0].addEventListener("click", function () {
  oOut.removeEventListener("click", handle1, true);
```

```
});

// 点击第二个 button，解绑 useCapture 为 false 的监听
oButton[1].addEventListener("click", function () {
  oOut.removeEventListener("click", handle2, false);
});
```

12.2.4　IE 事件监听绑定

IE 4.0 及以上版本 IE 浏览器支持 IE 事件模型。IE 事件模型与 DOM 事件模型相似，但在用法上略有不同。IE 事件模型使用 attachEvent()方法注册事件，语法如下：

```
attachEvent(type,eventName)
```

参数 type：事件类型，如 onclick、onkeyup 等。

参数 eventName：设置事件处理的函数。

需要注意的是，IE 事件模型只支持冒泡型事件流。

下面将使用 IE 事件模型方法 attachEvent()实现 DOM 事件模型案例的相同功能，代码如下：

```
const oDemo = document.getElementById("demo");
oDemo.attachEvent("onclick", function () {
  alert("demo");
});
```

这段代码使用方法 attachEvent()为 id 是 demo 的元素添加了点击事件，当点击该元素时会弹出警告框，内容为"demo"。

IE 事件模型使用 detachEvent()方法注销事件，比如：

```
const oBox = document.getElementById("box");
const oBtn = document.getElementById("btn");
function f() {
  alert("圣诞快乐");
}
oBox.attachEvent("onclick", f);
oBtn.onclick = function () {
  oBox.detachEvent("onclick", f);
};
```

这段代码与 DOM 事件模型实现解绑的功能相同，这里不再进行讲解。

12.3　JavaScript 常用事件

DOM 操作有很多常用事件，本节将对它们进行讲解。

12.3.1　获取焦点和失去焦点

获取焦点和失去焦点事件一般发生在表单输出框中，对应的事件分别为 focus 事件和 blur 事件。下面将对这两个事件进行讲解。

首先讲解 focus 事件，当一个元素获取焦点的时候，该事件就会被触发。该事件通常用于<input>、<select>和<a>标签。语法如下：

```
element.onfocus=function(){};
```

然后讲解 blur 事件，当一个元素失去焦点的时候，该事件被触发。语法如下：

```
element.onblur=function(){};
```

下面请思考如何通过失去焦点和获取焦点来模拟类似 placeholder 的效果。

输入框初始时显示"请输入电话号码"，获取焦点显示为空（不显示任何内容）。 如果用户没有输入，同时失去焦点，此时输入框再次显示"请输入电话号码"。如果再次输入，则显示输入内容。

其实很简单，先通过 value 值来设置默认的提示信息，然后在获取焦点和失去焦点时改变 value 值就可以了。

这样思路就很清晰了，只需在获取焦点事件对应函数中进行判断，当表单内容为"请输入电话号码"时，将 value 值清空，让用户进行输入。在失去焦点事件中进行另一个判断，当表单内的值为空时，也就是用户没有输入任何内容时，再将提示内容"请输入电话号码"重新书写。

下面通过代码来实现：

```html
<!DOCTYPE html>
<html lang="en">
  <head>
    <meta charset="UTF-8" />
    <title>获取焦点和失去焦点事件</title>
  </head>
  <body>
    <!-- 模拟一个表单输入内容提示 -->
    <input type="text" value="请输入电话号码" id="tel" />
    <script>
      const oTel = document.getElementById("tel");
      // 1. 获取焦点事件
      oTel.onfocus = function () {
        // 2. 当表单内容为"请输入电话号码"的时候，清空 value 值，让用户开始输入
        if (oTel.value == "请输入电话号码") {
          oTel.value = "";
        }
      };
      // 3. 书写失去焦点事件
      oTel.onblur = function () {
        // 4. 当表单内的值是空时（用户没有输入任何内容的时候），提示重新书写
        if (oTel.value == "") {
          oTel.value = "请输入电话号码";
        }
      };
    </script>
  </body>
</html>
```

运行代码后，页面初始效果如图 12-9 所示。

当点击输入框后，页面效果如图 12-10 所示。

当输入内容后，点击输入框外的区域后，页面效果如图 12-11 所示。

请输入电话号码		010-56253825

图 12-9　页面初始效果 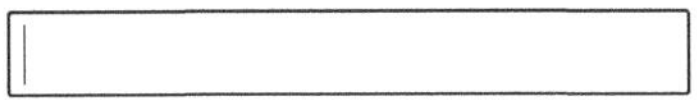　　　图 12-10　点击输入框后的页面效果 　　　图 12-11　输入电话号码后的页面效果

当没有在输入框中输入任何值时，此时为失去焦点的效果，输入框中显示"请输入电话号码"，与图 12-9 显示效果相同。

12.3.2　点击事件

作为一个前端开发人员，点击事件十分常见。可以说，在实际开发中，点击事件无处不在。下面将介绍鼠标点击事件 click、鼠标右击事件 contextmenu 和鼠标双击事件 dblclick。

这三个事件的使用十分简单，本书先对 API 进行讲解，再通过案例进行实际开发中的场景演示。

- click：鼠标点击事件，在元素上点击触发该事件。
- contextmenu：鼠标右击事件，在元素上点击触发该事件。
- dblclick：鼠标双击事件，在元素上双击触发该事件，但是在这种情况下会触发两次点击事件。

下面通过一个实际开发需求来演示点击事件的场景。

需求：为一个 div 元素绑定事件，点击让元素红色和粉色一直循环变色。

该需求就是初始情况为粉色背景；第一次点击元素，背景变为红色；第二次点击元素，背景变为粉色；第三次点击元素，背景变为红色……

这样的效果与开关的设想十分类似，可以借鉴开关的设想来实现这个需求。开关的实现思路有两种：第一种是借助变量来保存状态；第二种是通过对变量取余的方式判断当前的状态。也就是说，该需求有两种方式可以实现。

首先对第一种方式进行讲解。借助变量来保存状态的实现思路：先定义一个变量，用来保存状态。每次点击后，通过判断来修改开关的状态。这样看来实现该需求就十分简单了，可以为元素绑定一个点击事件，每次事件发生后，判断当前的状态。如果点击前的状态是粉色，则变为红色，反之变为粉色。在每次状态改变后，修改开关的状态。

具体的代码实现如下：

```html
<!-- 方法 1 -->
<!DOCTYPE html>
<html lang="en">
  <head>
    <meta charset="UTF-8" />
    <title>点击事件</title>
    <style>
      #box {
        width: 300px;
        height: 200px;
        background: pink;
      }
    </style>
  </head>
<body>
  <div id="box">我是 box</div>
  <script>
    const oBox = document.getElementById("box");
    // 1. 标识当前背景是否是粉色
    let isPink = true;
    // 2. 绑定点击事件
    oBox.onclick = function () {
      // 3. 对标识取反
      isPink = !isPink;
      // 4. 如果标识为 false, 背景更新为红色, 否则更新为粉色
      if (!isPink) {
        oBox.style.backgroundColor = "red";
```

```
      } else {
        oBox.style.backgroundColor = "pink";
      }
    };
  </script>
  </body>
</html>
```

运行代码后，初始时页面中有一个粉色的长方形，如图 12-12 所示。

第一次（背景色为粉色）点击长方形后，背景色变为红色，如图 12-13 所示。

第二次（背景色为红色）点击长方形后，背景色变为粉色，如图 12-14 所示。

图 12-12　页面初始状态　　　　图 12-13　第一次点击后的页面效果　　图 12-14　第二次点击后的页面效果

接着对第二种方式进行讲解。取余运算的思路：定义一个变量，并赋一个初始值。每次点击都让这个变量进行累加。因为当前要实现的效果只有两种状态，所以每次点击都让变量对 2 进行取余操作，从而判断当前应该显示的颜色。

实现该需求的思路显而易见：为元素绑定点击事件，定义一个累加器，用来储存当前的状态。事件发生后判断当前的状态，如果当前的状态是粉色，则将其更改为红色；如果当前的状态是红色，则将其更改为粉色。最后对开关的状态进行改变。

具体代码实现如下：

```
<!-- 方法 2 -->
<!DOCTYPE html>
<html lang="en">
  <head>
    <meta charset="UTF-8" />
    <title>点击事件</title>
    <style>
      #box {
        width: 300px;
        height: 200px;
        background: pink;
      }
    </style>
  </head>
  <body>
    <div id="box">我是 box</div>
    <script>
      const oBox = document.getElementById("box");
      // 1. 标识点击次数
      let count = 0;
      // 2. 绑定点击事件
      oBox.onclick = function () {
        // 3. 点击次数加 1
```

```
      count++;
      // 4. 如果点击次数是奇数, 则背景为红色, 否则为粉色
      if (count % 2 == 1) {
        oBox.style.backgroundColor = "red";
      } else {
        oBox.style.backgroundColor = "pink";
      }
    };
  </script>
  </body>
</html>
```

运行代码后，效果与第一种实现方式的效果相同。

12.3.3 键盘事件

在实际开发中，键盘事件也十分常见，只要用户操作键盘，就会触发该事件。下面为读者介绍两个比较常见的键盘事件：keydown 和 keyup。

这两个事件的使用十分简单，先对 API 进行讲解，再通过案例进行实际开发中的场景演示。

- keydown：当用户按下键盘上的任意键时触发，如果按住不放，则重复触发此事件。
- keyup：当用户松开键盘上的任意键时触发，一次操作只会触发一次事件。

下面我们来实现这样一个效果：页面上有一个 input 文本框用来输入文字，以及 span 内的元素用来显示文本框内的文字。初始时文本框内都没有内容显示，如图 12-15 所示，当通过键盘在输入框中输入文字时，下面的文本框内会实时显示输入的内容。

当在文本框中输入内容"谷粉想学什么，尚硅谷就教你什么"时，span 的内容也会同步更新为"谷粉想学什么，尚硅谷就教你什么"。页面如图 12-16 所示。

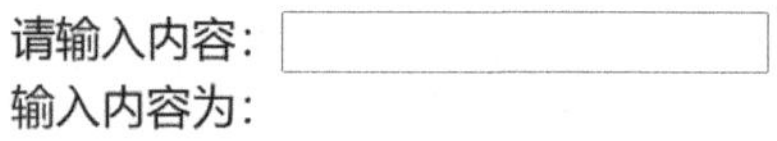

请输入内容： _____

输入内容为：

请输入内容：[谷粉想学什么，尚硅谷就教你]

输入内容为： 谷粉想学什么，尚硅谷就教你什么

图 12-15　初始页面效果 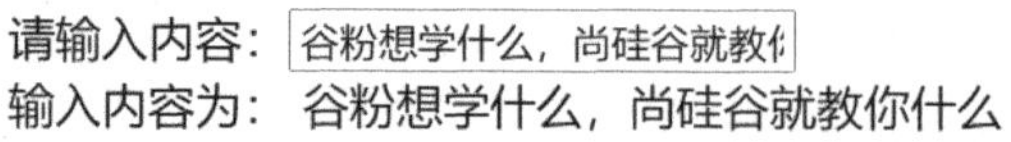　　　　　　　图 12-16　输入文字后的页面效果

那么使用原生 JavaScript 要怎么实现这个功能呢？其实很简单，只要先为输入框添加键盘事件 keydown，然后将其输入的值赋给 span。

具体代码实现如下：

```
<!DOCTYPE html>
<html lang="en">
  <head>
    <meta charset="UTF-8" />
    <title>键盘事件</title>
  </head>
  <body>
  <span>请输入内容: </span>
  <input type="text" id="ipt" />
  <br />
  <span>输入内容为: </span>
  <span id="text"></span>
  <script>
    // 1. 获取标签
    const oIpt = document.getElementById("ipt");
```

```
    const oText = document.getElementById("text");
    // 2. 绑定事件，当用户输入内容的时候触发
    oIpt.onkeydown = function () {
      // 3. 获取输入的内容，并赋值给 text
      oText.innerHTML = oIpt.value;
    };
  </script>
 </body>
</html>
```

为什么不使用 keyup 事件监听呢？因为用户可能会长按一个按键输入多个相同的字符，此时只会触发keydown 事件，不会触发 keyup 事件。如果我们绑定的是 keyup 事件监听，就不会同步更新显示。

12.3.4　表单事件

过去我们经常使用 keydown 事件和 keyup 事件辅助表单项元素的处理，在处理时表单元素必须处于激活（聚焦）状态。此时可以使用 input 事件和 change 事件动态监听值的变化。

这两个事件的使用十分简单，先对 API 进行讲解，再通过案例进行实际开发中的场景演示。

● input：该事件在表单项内容改变时触发。

● change：当 input 事件和 textarea 事件表单项元素失去焦点时触发，其他表单项元素被选择时触发。

下面通过案例"输入框剩余字数"来演示 input 事件的使用。

实现效果如图 12-17 所示。

图 12-17　实现效果

案例描述：当在输入框内输入文字时，同步显示剩余可输入的字数。当输入字数超过 40 个字时，显示剩余字数变为负数，且字数和输入框的边框变为红色。

案例思路：定义一个变量来存储剩余字数，当输入文字时，获取文本框内文字的长度，通过"变量-文字长度"的方式得到剩余字数。对剩余字数进行判断，当其小于 0 的时候，字数和输入框的边框变为红色，否则为黑色。

具体代码实现如下：

```
<!DOCTYPE html>
<html lang="en">
  <head>
    <meta charset="UTF-8" />
    <meta http-equiv="X-UA-Compatible" content="IE=edge" />
    <meta name="viewport" content="width=device-width, initial-scale=1.0" />
    <title>表单事件</title>
    <style>
      #text {
        width: 400px;
```

```
        height: 200px;
        font-size: 30px;
        resize: none;
        outline: none;
      }
    </style>
  </head>

  <body>
    <div class="out">
      <h2>你有意见？</h2>
      <textarea id="text"></textarea>
      <p>还可以输入<span id="con">40</span>个字</p>
    </div>
    <script>
      const oText = document.getElementById("text");
      const oCon = document.getElementById("con");

      // 最大输入字数
      const maxCount = 40;
      // 绑定输入框内容改变的事件监听(input 事件)
      oText.oninput = function () {
        // 获取已经输入的内容长度
        const len = this.value.length;

        // 计算可以输入的剩余字数
        const count = maxCount - len;

        // 显示剩余字数
        oCon.textContent = count;

        // 如果剩余字数小于 0，则让剩余字数与输入框的边框变为红色，否则变为黑色
        if (count < 0) {
          this.style.borderColor = "red";
          oCon.style.color = "#f00";
        } else {
          this.style.borderColor = "black";
          oCon.style.color = "#000";
        }
      };
    </script>
  </body>
</html>
```

运行代码后，当输入内容超过 40 个字时，显示字数的颜色变为红色，文本框的边框颜色变为红色，如图 12-18 所示。

在上面的基础上进行案例升级，将效果改变：字数超出以后不允许输入。

案例思路：在上面案例的基础上，将 input 事件内部的判断更改为：如果剩余字数已经小于 0，用户再输入文本时，则直接截取前 40 个字，重新设置给表单。

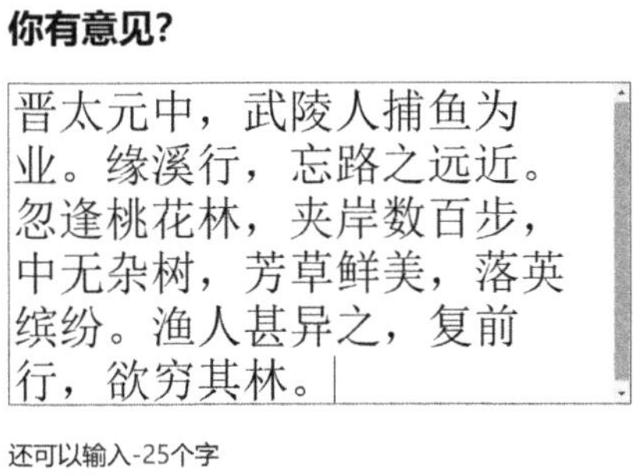

你有意见?

晋太元中，武陵人捕鱼为
业。缘溪行，忘路之远近。
忽逢桃花林，夹岸数百步，
中无杂树，芳草鲜美，落英
缤纷。渔人甚异之，复前
行，欲穷其林。

还可以输入-25个字

图 12-18　页面效果（1）

具体代码实现如下：

```
<script>
  const oText = document.getElementById("text");
  const oCon = document.getElementById("con");
  // 最大输入字数
  const maxCount = 40;
  // 绑定输入框内容改变的事件监听(input 事件)
  oText.oninput = function () {
    // 获取已经输入的内容长度
    const len = this.value.length;
    // 计算可以输入的剩余字数
    let count = maxCount - len;
    // 如果剩余字数小于 0
    if (count < 0) {
      //截取前 40 个字
      this.value = this.value.slice(0, 40);
      // 将剩余字数改为 0
      count = 0;
    }
    // 显示剩余字数
    oCon.textContent = count;
  };
</script>
```

运行代码后，当输入内容超过 40 个字时，文本框只显示前 40 个字，如图 12-19 所示。

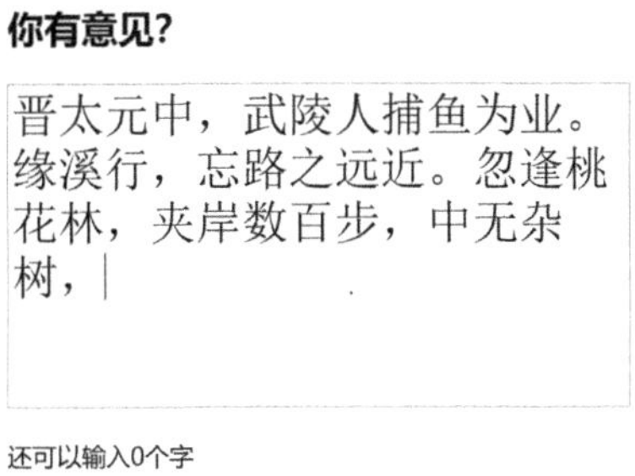

你有意见?

晋太元中，武陵人捕鱼为业。
缘溪行，忘路之远近。忽逢桃
花林，夹岸数百步，中无杂
树，

还可以输入0个字

图 12-19　页面效果（2）

12.3.5　鼠标事件

在实际开发中，鼠标事件无处不在。下面将介绍鼠标按下事件 mousedown、鼠标抬起事件 mouseup 和鼠标移动事件 mousemove。

这里先对 API 进行讲解，再通过案例进行实际开发中的场景演示。

- mousedown：当鼠标按下时触发该事件。
- mouseup：当鼠标抬起时触发该事件。
- mousemove：当鼠标移动时触发该事件，该事件是持续触发事件。

下面通过案例来演示鼠标事件的使用场景。

案例描述：当鼠标移入目标元素时，计算此次移动和上次移动的时间间隔。

案例思路：先定义一个变量存储上一次移动的时间，然后在鼠标移动事件中获取每次进入的时间戳，从而得到时间差，并重新记录上一次移动的时间。

具体代码实现如下：

```html
<!DOCTYPE html>
<html lang="en">
  <head>
    <meta charset="UTF-8" />
    <meta http-equiv="X-UA-Compatible" content="IE=edge" />
    <meta name="viewport" content="width=device-width, initial-scale=1.0" />
    <title>鼠标事件</title>
    <style>
      #box {
        width: 400px;
        height: 200px;
        border: 1px solid black;
      }
    </style>
  </head>
  <body>
    <div id="box"></div>
    <script>
      const oBox = document.getElementById("box");
      // 初始化上一次 move 事件的时间
      let lastTime = -1;
      // 绑定鼠标移动事件的监听
      oBox.onmousemove = function () {
        // 得到发生事件的当前时间
        const nowTime = Date.now();
        // 计算当前时间和上一次事件的时间差
        let distanceTime = nowTime - lastTime;
        // 打印每次的差值
        console.log(distanceTime);
        // 将 nowTime 变成下一次事件的上一次时间
        lastTime = nowTime;
      };
    </script>
  </body>
</html>
```

运行代码后，当鼠标在黑色长方形内移动时，控制台不断输出每次移动之间的时间差。

鼠标事件还有几个常用的事件：鼠标移入事件 mouseover 和 mouseenter、鼠标移出事件 mouseout 和 mouseleave。

- mouseover：当鼠标移入时触发该事件。
- mouseout：当鼠标移出时触发该事件。

- mouseenter：当鼠标移入时触发该事件。
- mouseleave：当鼠标移出时触发该事件。

mouseover 与 mouseout 是成对的鼠标移入与移出事件，mouseenter 与 mouseleave 也是成对的鼠标移入与移出事件。它们之间有什么区别呢？我们通过下面的测试代码来说明。

```html
<!DOCTYPE html>
<html lang="en">
  <head>
    <meta charset="UTF-8" />
    <title>区别 mouseover&mouseout 与 mouseenter&mouseleave</title>
    <style>
      #outer {
        width: 200px;
        height: 200px;
        background: #666;
      }
      #inner {
        width: 100px;
        height: 100px;
        background: #999;
      }

      #outer2 {
        width: 200px;
        height: 200px;
        background: #666;
      }
      #inner2 {
        width: 100px;
        height: 100px;
        background: #999;
      }
    </style>
  </head>
  <body>
    <h3>mouseenter 与 mouseleave 事件监听</h3>
    <div id="outer">
      <div id="inner"></div>
    </div>

    <hr />

    <h3>mouseover 与 mouseout 事件监听</h3>
    <div id="outer2">
      <div id="inner2"></div>
    </div>

    <script>
      const oOuter = document.getElementById("outer");
      const oInner = document.getElementById("inner");
      // 给内外两个 div 元素都绑定 mouseenter 和 mouseleave 事件监听
      oOuter.onmouseenter = function () {
```

```
      console.log("outer 移入");
    };
    oOuter.onmouseleave = function () {
      console.log("outer 移出");
    };

    oInner.onmouseenter = function () {
      console.log("inner 移入");
    };
    oInner.onmouseleave = function () {
      console.log("inner 移出");
    };

    const oOuter2 = document.getElementById("outer2");
    const oInner2 = document.getElementById("inner2");
    // 给内外两个 div 元素都绑定 mouseover 和 mouseout 事件监听
    oOuter2.onmouseover = function () {
      console.log("outer2 移入");
    };
    oOuter2.onmouseout = function () {
      console.log("outer2 移出");
    };

    oInner2.onmouseover = function () {
      console.log("inner2 移入");
    };
    oInner2.onmouseout = function () {
      console.log("inner2 移出");
    };
  </script>
 </body>
</html>
```

这段代码为两个 div 元素分别绑定了 mouseenter、mouseleave、mouseover 和 mouseout 四个事件。当移入、移出不同元素时会触发不同事件，我们将不同情况下的输出通过表格进行罗列，如表 12-1 所示。

表 12-1 移入、移出不同元素时输出的结果

操　作	mouseenter 与 mouseleave 事件的输出	mouseover 与 mouseout 事件的输出
移入外部 div	outer 移入	outer2 移入
移入内部 div	inner 移入	outer2 移出 inner2 移入 outer2 移入
移出内部 div	inner 移出	inner2 移出 outer2 移出 outer2 移入
移出外部 div	outer 移出	outer2 移出

通过测试我们可以清楚地看到，mouseenter 与 mouseleave 事件和 mouseover 与 mouseout 事件的区别主要在内部元素的移入与移出上，在外部元素的移入与移出上没有差别。

当移入子元素时：子元素上的 mouseenter 不会冒泡到当前元素上，但子元素上的 mouseover 会冒泡到

当前元素，且会触发当前元素的 mouseout。

当从子元素移出时：子元素上的 mouseleave 不会冒泡到当前元素上，但子元素上的 mouseout 会冒泡到当前元素，且会触发当前元素的 mouseover。

下面我们实现鼠标移入、移出时动态显示或隐藏图片的效果，代码如下：

```html
<!DOCTYPE html>
<html lang="en">
  <head>
    <meta charset="UTF-8" />
    <meta http-equiv="X-UA-Compatible" content="IE=edge" />
    <meta name="viewport" content="width=device-width, initial-scale=1.0" />
    <title>鼠标事件</title>
    <style>
      #box {
        width: 200px;
        height: 300px;
        background-color: blanchedalmond;
        position: relative;
        overflow: hidden;
      }

      #box img {
        width: 180px;
        height: 220px;
        position: absolute;
        left: 10px;
        top: -220px;
      }

      #box p {
        width: 100%;
        text-align: center;
        position: absolute;
        bottom: 0;
      }
    </style>
  </head>

  <body>
    <div id="box">
      <img src="./images/01.png" alt="" />
      <p>尚硅谷</p>
    </div>
    <script>
      const oBox = document.getElementById("box");
      const oBoxImg = document.querySelector("#box img");

      // 初始化一个 top 值
      let imgTop = -220;
      // 定时器的 Id
      let timeoutId = null;
      // 绑定鼠标移入事件 => 用于渐进显示图片
```

```
oBox.onmouseenter = function () {
  // 启动循环定时器，每隔 20ms 让 top 值减小 5px
  timeoutId = setInterval(function () {
    // 让 top 值减小 5px
    imgTop += 5;
    // 如果超过了最大值 0
    if (imgTop > 0) {
      // 置为最大值
      imgTop = 0;
      // 清除定时器
      clearInterval(timeoutId);
    }
    // 让图片定位到最新的 top 处
    oBoxImg.style.top = imgTop + "px";
  }, 20);
};

// 绑定鼠标移出事件 => 用于立即隐藏图片
oBox.onmouseleave = function () {
  // 清除定时器
  if (timeoutId) {
    clearInterval(timeoutId);
  }
  // 让图片回到初始位置
  oBoxImg.style.top = "-220px";
  // 恢复初始值
  imgTop = -220;
};
</script>
</body>
</html>
```

运行代码后，页面初始效果如图 12-20 所示。

当鼠标移入时，图片会从上向下滑动显示出来，页面效果如图 12-21 所示。

图 12-20　初始页面效果

图 12-21　鼠标移入后的页面效果

当鼠标离开时，图片会立即隐藏。

这里我们绑定的是 mouseenter 与 mouseleave 事件监听，那可不可以换成 mouseover 与 mouseout 事件监听呢？答案是不可以。如果使用 mouseover 与 mouseout 事件监听，鼠标移入图片区域时会触发 div 的

mouseout 事件，而图片上的 mouseover 事件又会冒泡到 div 上处理，最终的效果是不对的。

12.3.6　滚动条事件

当整个页面滚动或元素滚动时，会触发 scroll 事件，我们可以通过给 window 或 document 绑定 scroll 事件监听来监视整个页面的滚动。如果想监视特定元素的滚动，就可以给该元素绑定 scroll 事件监听。比如：

```html
<!DOCTYPE html>
<html lang="en">
  <head>
    <title>测试滚动事件监听</title>
    <style>
      body {
        height: 3000px;
      }
      #content {
        overflow: auto;
        height: 300px;
        width: 200px;
      }
    </style>
  </head>
  <body>
    <div id="content">
      尚硅谷 IT 教育隶属于北京晟程华科教育科技有限公司，是一家专业 IT 教育培训机构，
      拥有北京、深圳、上海、武汉、西安五处基地。自 2013 年成立以来，凭借优秀的教育理念、
      前瞻的课程体系、专业的教学团队、科学的考评制度、严格的教务管理，已经为行业输送了大量 IT 技术人才。
      尚硅谷现开设 Java、HTML5 前端+全栈、大数据、全链路 UI/UE 设计等多门课程；同时，通过视频分享、谷粒
      学苑在线课堂、大厂学苑直播课堂等多种方式，满足了全国编程爱好者对多样化学习场景的需求。
    </div>
    <script>
      /* 监视整体页面的滚动 */
      window.onscroll = function () {
        console.log("页面滚动了 1");
      };
      document.onscroll = function () {
        console.log("页面滚动了 2");
      };

      /* 监视特定元素的滚动 */
      const oContent = document.getElementById("content");
      oContent.onscroll = function () {
        console.log("content 元素滚动了");
      };
    </script>
  </body>
</html>
```

12.3.7　加载事件

当整个文档内容（DOM 节点+需要的资源：音频、视频、图片、程序等）加载完毕后，会执行 window.onload 方法。简单地说，window.onload 方法用于网页加载完毕后立刻执行的操作。

```html
<!DOCTYPE html>
<html lang="en">
  <head>
    <meta charset="UTF-8" />
    <title>加载事件</title>
    <script>
      const oImg1 = document.getElementById("img");
      console.log("head 中读取<img>", oImg1);

      window.onload = function () {
        const oImg3 = document.getElementById("img");
        console.log("onload 中读取<img>", oImg3);
      };
    </script>
  </head>
  <body>
    <img id="img" src="./images/logo.png" alt="" />

    <script>
      const oImg2 = document.getElementById("img");
      console.log("底部读取<img>", oImg2);
    </script>
  </body>
</html>
```

运行代码后，控制台输出结果如图 12-22 所示。

> head中读取**\<img\>** null
>
> 底部读取**\<img\>**　　\<img id="**img**" src="**./logo.png**" alt\>
>
> onload中读取**\<img\>**　　\<img id="**img**" src="**./logo.png**" alt\>

图 12-22　控制台输出结果

通过输出结果我们可以看到，在 head 中直接读取是得不到<img>标签对象的，但在 onload 的回调中是可以读取到<img>标签对象的，因为 onload 的监听回调在页面加载完毕才执行。

当图片加载完成后，浏览器会自动在图片对象上分发 load 事件，我们可以给图片对象绑定 load 监听来监视图片加载完成。

当我们在内存中创建 Image 对象，并通过 src 属性指定图片地址时，浏览器会自动加载对应的图片。我们可以利用这些特性来实现图片预加载，并显示预加载进度的效果。代码如下：

```html
<!DOCTYPE html>
<html lang="en">
  <head>
    <meta charset="UTF-8" />
    <title>加载事件</title>
    <style>
      .progress-content {
```

```
      width: 600px;
      height: 50px;
      border: 2px solid #000;
    }

    .progress {
      width: 0%;
      height: 50px;
      background-color: cadetblue;
    }
  </style>
</head>
<body>
  <div class="progress-content">
    <div class="progress"></div>
  </div>
  <p>已经加载了 <span id="percent">0%</span></p>
  <script>
    const oProgress = document.querySelector(".progress");
    const oPercent = document.getElementById("percent");

    // 需要进行预加载的图片 url 的数组
    // 注意：如果图片地址不存在，则可以替换成其他图片地址
    const imgUrls = [
      "http://www.atguigu.com/images/index_new/sh/01.png",
      "http://www.atguigu.com/images/index_new/sh/02.png",
      "http://www.atguigu.com/images/index_new/sh/03.png",
      "http://www.atguigu.com/images/index_new/sh/04.png",
      "http://www.atguigu.com/images/index_new/sh/05.png",
      "http://www.atguigu.com/images/index_new/sh/06.png",
    ];
    // 已加载完毕的图片数量
    let count = 0;
    // 遍历图片 url 列表
    imgUrls.forEach((imgUrl) => {
      // 创建图片对象 →用于预加载指定 url 图片
      const oImg = new Image();
      // 给图片对象的 src 属性指定为当前的图片 url
      oImg.src = imgUrl;
      // 给每个图片对象绑定 load 事件监听
      oImg.onload = function () {
        // 完成的数量加 1
        count++;
        // 计算比例
        let scale = count / imgUrls.length;
        // 计算完成的百分比
        let percentage = parseInt(scale * 100) + "%";
        // 给元素设置比例宽度
        oProgress.style.width = percentage;
        // 显示完成的百分比
        oPercent.textContent = percentage;
```

```
        };
    });
    </script>
  </body>
</html>
```

当加载了 83%时，页面进度条效果如图 12-23 所示。

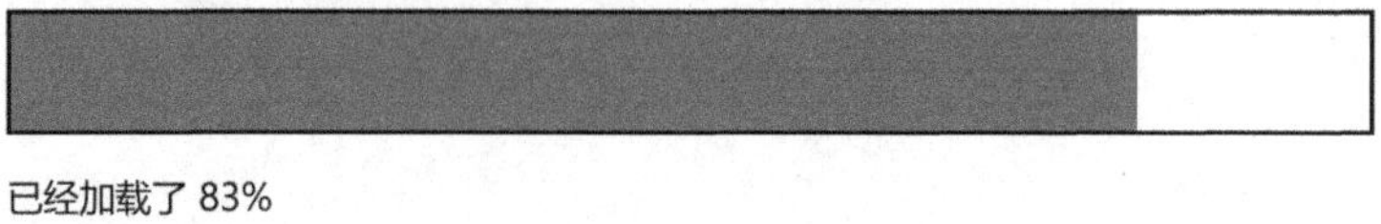

已经加载了 83%

图 12-23　页面进度条效果（1）

当全部加载完成后，页面进度条效果如图 12-24 所示。

已经加载了 100%

图 12-24　页面进度条效果（2）

12.3.8　滚轮事件

我们在生活中见过这些效果：使用鼠标滚轮实现某个表单内的数字增加、减少操作，或者使用滚轮控制某个按钮的左右、上下滚动，这些都是通过 JavaScript 对鼠标滚轮的事件监听来实现的。之前学习了mouseover 和 mousedown 等鼠标事件，本节将介绍鼠标的滚轮事件：mousewheel。

鼠标滚轮事件在 IE 浏览器和谷歌浏览器 Chrome 下是通过 mousewheel 事件实现的，但是在 Firefox 浏览器下是不识别 onmousewheel 的，在 Firefox 浏览器下需要用 DOMMouseScroll，并且必须用事件监听方式添加事件才有效。在 IE 8 及以下事件监听方式绑定事件通过 attachEvent 实现事件监听；而在 Chrome 浏览器和 Firefox 浏览器下通过 addEventListener 实现事件监听。

IE 6.0 首先实现了 mousewheel 事件。此后，Opera、Chrome 和 Safari 也实现了这个事件。当用户通过鼠标滚轮与页面交互和在垂直方向上滚动页面时（无论是向下还是向上），就会触发 mousewheel 事件。这个事件可以在任何元素上触发，最终会冒泡到 document（IE）或 window（Opera、Chrome 及 Safari）对象。

与 mousewheel 事件对应的 event 对象不仅包含鼠标事件的所有标准信息，还包含一个特殊的 wheelDelta 属性。当用户向前滚动鼠标滚轮时，wheelDelta 是 120 的倍数；当用户向后滚动鼠标滚轮时，wheelDelta 是 -120 的倍数。将 mousewheel 事件处理程序指定给页面中的任何元素或 document 对象，即可以处理鼠标滚轮的交互操作。

与 DOMMouseScroll 事件对应的 event 对象不仅包含鼠标事件的所有标准信息，还包含一个特殊的 detail 属性。当用户向前滚动鼠标滚轮时，detail 是 3 的倍数；当用户向后滚动鼠标滚轮时，detail 是-3 的倍数。将 DOMMousewheel 事件处理程序指定给页面中的任何元素或 document 对象，即可以处理鼠标滚轮的交互操作。

下面将使用滚轮事件来通过滚轮控制元素大小，代码如下：

```
<!DOCTYPE html>
<html lang="en">
  <head>
    <meta charset="UTF-8" />
    <title>滚轮事件</title>
    <style>
```

```
  #box {
    width: 200px;
    height: 200px;
    background-color: pink;
  }
  </style>
</head>
<body>
  <div id="box">滚动滚轮增加或减少高度</div>
  <script type="text/javascript">
    const box = document.getElementById("box");
    // 绑定滚轮事件监听
    box.addEventListener("mousewheel", scrollMove);        // 针对 IE 浏览器和 Chrome 浏览器
    box.addEventListener("DOMMouseScroll", scrollMove);    // 针对 Firefox 浏览器

    // 滚动的监听回调
    function scrollMove(event) {
      console.log("我滑动了滚轮");

      // 标识是否向上滚动，如果为 true 则向上滚动，否则向下滚动
      let isUp;

      // 通过各浏览器的特有属性来判断浏览器，进一步判断滚轮是否向上滚动
      if (event.wheelDelta) {
        // ie | chrome
        isUp = event.wheelDelta > 0;
      } else if (event.detail) {
        // firefox
        isUp = event.detail < 0;
      }

      if (isUp) {
        // 向上滚动滚轮时，使盒子高度减小 10px
        box.style.height = box.offsetHeight - 10 + "px";
      } else {
        // 向下滚动滚轮时，使盒子高度增加 10px
        box.style.height = box.offsetHeight + 10 + "px";
      }
    }
  </script>
</body>
</html>
```

12.4　event 对象

event 对象也叫作事件对象，它由浏览器自动创建。事件对象记录了当前事件的相关信息数据，如事件的类型、事件发生的目标元素、键盘按键的标识码、鼠标所在的位置等信息属性数据。简单地说，当触发了 DOM 上的某个事件时，会产生一个事件对象 event，其包括导致事件的元素、事件的类型及其他与事件相关的信息。

DOM2 Event 规范定义了一个标准的事件模型，除了低版本 IE 浏览器，现在的浏览器都能实现该事件模型。比如：

```
const oBox = document.getElementById("box");
oBox.onclick = function (e) {
  // W3C 规范获取 event
  console.log(e);
};
```

低版本 IE（IE 8 及以下）定义了专用的、不兼容的模型来实现获取 event 对象。比如：

```
const oBox = document.getElementById("box");
oBox.onclick = function () {
  // IE 获取 event
  console.log(window.event);
};
```

在 DOM 事件模型中，event 对象被传递给事件处理函数。但是在 IE 事件模型中，它被存储在 window 对象的 event 属性中。由于现在 IE 事件模型使用的比较少，因此可以不再考虑该事件模型。

所有 DOM 事件对象都包含一些基础的属性和方法，下面列出一些常用的属性和方法，如表 12-2 所示。

表 12-2　常用的属性和方法

属性/方法	类　　型	说　　明
type	String	事件的类型名称
target	Element	发生事件的目标元素
currentTarget	Element	当前正在执行的事件监听所在元素
preventDefault()	Function	阻止事件的默认行为
stopPropagation()	Function	停止事件冒泡

与鼠标相关的事件对象中包含了鼠标相对视口、页面、自身元素和计算机屏幕距离的一些属性，在开发中应用较多，如表 12-3 所示。

表 12-3　event 事件中的鼠标属性

属　　性	含　　义
clientX	以浏览器窗口左上顶角为原点，定位 X 轴坐标
clientY	以浏览器窗口左上顶角为原点，定位 Y 轴坐标
offsetX	以当前事件的目标对象左上顶角为原点，定位 X 轴坐标
offsetY	以当前事件的目标对象左上顶角为原点，定位 Y 轴坐标
pageX	以文档窗口左上顶角为原点，定位 X 轴坐标
pageY	以文档窗口左上顶角为原点，定位 Y 轴坐标
screenX	以计算机屏幕左上顶角为原点，定位 X 轴坐标
screenY	以计算机屏幕左上顶角为原点，定位 Y 轴坐标

12.5　事件的三个特别处理

12.5.1　停止事件冒泡

事件冒泡有时候可以帮助我们节省一系列的操作，有时候也会带来大麻烦。大部分的网站都会有一个弹出框，现在假设弹出框的"关闭"按钮上有一个回调函数，弹出框的窗体也有一个回调函数。如果不做任何处理，当点击"关闭"按钮的时候，由于事件冒泡机制，在触发"关闭"按钮的回调函数的同时也会触发它的父级弹出框窗体的回调函数。这并不是我们想要的效果，那么这种情况应该如何解决呢？

其实事件冒泡是可以被停止的，只需通过事件对象上的 stopPropagation()方法来停止冒泡。

请思考：当点击绿色方块时，控制台输出的信息。

```html
<!DOCTYPE html>
<html lang="en">
  <head>
    <meta charset="UTF-8" />
    <title>停止事件冒泡</title>
    <style>
      .outer {
        width: 300px;
        height: 200px;
        background-color: red;
      }

      .inner {
        width: 100px;
        height: 100px;
        background-color: green;
      }
    </style>
  </head>

  <body>
    <div class="outer">
      <div class="inner">测试</div>
    </div>
    <script>
      const oOuter = document.querySelector(".outer");
      const oInner = document.querySelector(".inner");

      oInner.onclick = function (e) {
        // 停止事件冒泡，事件就不会冒泡到外部 div 处理
        e.stopPropagation();
        console.log("鼠标点击 inner");
      };
      oOuter.onclick = function () {
        console.log("鼠标点击 outer");
      };
    </script>
  </body>
</html>
      };
    </script>
  </body>
</html>
```

当点击绿色方块后，因为事件冒泡，所以依次输出"鼠标点击 inner"和"鼠标点击 outer"。

如果只希望内部 div 的 click 监听处理，就需要在内部 div 的 click 监听回调中通过 event 对象的 stopPropagation()方法来停止事件冒泡。代码如下：

```
// HTML 代码
<div id="box"></div>
// JavaScript 代码
const oBox = document.getElementById("box");
// 因为按下、抬起鼠标触发了点击事件，所以要写一个点击事件阻止传递
oBox.onclick = function (e) {
  e.stopPropagation();
};
```

此时再点击绿色方块，控制台就只输出"鼠标点击 inner"。

12.5.2　阻止事件默认行为

当一些特定 DOM 事件发生时，会触发对应的默认行为。比如，在表单中的提交按钮上点击默认就会提交表单，在链接上点击默认就会跳转页面，在网页上右击默认会显示菜单。但在有些场景中，我们不想触发事件的默认行为，此时就需要编码阻止事件默认行为。

比如：在某个页面只想让用户查看此页面内容，不想提供右键显示下拉菜单。我们就可以通过 event 对象的 preventDefault()方法来阻止右键菜单的默认行为，代码如下：

```
// 阻止右键菜单
document.oncontextmenu = function (e) {
  e.preventDefault();
};
```

还可以直接在事件函数中书写"return false"，因为 return 会退出函数，所以只能书写在函数的末尾。使用这种方式可以阻止右键菜单的默认事件，代码如下：

```
// 阻止右键菜单
document.oncontextmenu = function (e) {
  console.log("oncontextmenu");
  return false;
};
```

12.5.3　事件委托

在前面的讲解中，通过阻止事件冒泡解决了事件冒泡带给我们的困扰。其实，在开发中我们也可以巧妙地利用事件冒泡来做一些事情。事件委托就是利用事件冒泡实现给一个元素绑定事件监听，以处理多个子元素的事件处理响应。简单地说，事件委托就是把多个目标节点的事件绑定到共同的父元素上。当操作任意一个目标元素时，由于事件逐层向外冒泡传递，父元素上绑定的事件监听就会触发。

下面我们通过一个简单的功能需求来讲解事件委托的使用和好处。

需求：鼠标移入时行背景变为绿色，鼠标离开时行背景变为白色。

我们先不用事件委托，直接给每个 li 都绑定 mouseover 和 mouseout 监听来更新 li 的背景颜色。代码如下：

```
<!DOCTYPE html>
<html>
  <head>
    <meta charset="UTF-8" />
    <title>事件委托</title>
  </head>
```

```
<body>
  <h3>功能：JavaScript 实现鼠标移入时行背景变为绿色，鼠标离开时行背景变为白色</h3>
  <ul>
    <li>我是列表项 1</li>
    <li>我是列表项 2</li>
    <li>我是列表项 3</li>
    <li>我是列表项 4</li>
    <li>我是列表项 5</li>
  </ul>
  <button id="btn1">给所有 li 绑定监听（不使用事件委托）</button>
  <button id="btn2">给 li 的父元素 ul 绑定监听（使用事件委托）</button>
  <button id="btn3">绑定监听后，添加一个新行</button>

  <script type="text/javascript">
    /* 方式一：不使用事件委托的实现 */
    document.getElementById("btn1").onclick = () => {
      // 得到所有 li
      const liNodes = document.getElementsByTagName("li");
      // 给每个 li 都绑定鼠标移入和移出监听来更新背景颜色
      for (let i = 0; i < liNodes.length; i++) {
        liNodes[i].onmouseover = function () {
          this.style.backgroundColor = "#0f0";
        };
        liNodes[i].onmouseout = function () {
          this.style.backgroundColor = "white";
        };
      }
    };
  </script>
</body>
</html>
```

点击第一个按钮后，鼠标移入某行时背景变为绿色，鼠标离开时背景变为白色。这就证明已经实现了功能所需，页面效果如图 12-25 所示。

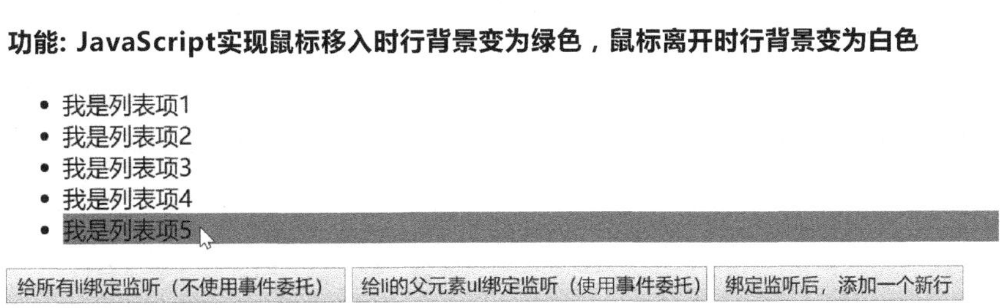

图 12-25　页面效果

下面我们使用事件委托实现功能需要，基本思路就是：给所有 li 元素的共同父元素 ul 绑定 mouseover 和 mouseout 监听。由于这两个事件都存在事件冒泡，当鼠标移入或移出某个 li 元素时，li 元素上的事件会冒泡到 ul 元素上，从而调用 ul 元素上的事件监听回调。我们在回调中可以更新事件目标元素的背景颜色，在这之前需要先判断目标元素是否是 li 元素。代码如下：

```
/* 方式二：使用事件委托的实现 */
document.getElementById('btn2').onclick = () => {
```

```
const ulNode = document.querySelector("ul");
ulNode.onmouseover = (event) => {
  if (event.target.nodeName == "LI") {
    event.target.style.backgroundColor = "#0f0";
  }
};
ulNode.onmouseout = (event) => {
  if (event.target.nodeName == "LI") {
    event.target.style.backgroundColor = "white";
  }
};
};
```

点击第二个按钮，鼠标移入某行时背景变为绿色，鼠标离开时背景变为白色，也实现了我们的功能需要。说明：这里的鼠标移入、移出事件使用的是 mouseover 和 mouseout，如果使用 mouseenter 和 mouseleave 就不会有效果。因为 mouseenter 和 mouseleave 没有事件冒泡，发生在子元素 li 上的事件无法在 ul 元素上触发，不能进行事件委托处理。

事件委托相比正常事件处理的方式有什么优势呢？这是面试时经常问到的一个与事件相关的问题。事件委托占用内存更少，效率更高，主要体现在两方面：一方面事件监听数量变少了，从多个 li 元素上的监听到一个 ul 元素上的监听，占用内存更少；另一方面是添加的子元素也能自动响应事件处理，而正常事件处理方式是不能响应的。

下面我们编码演示第二方面的优势，代码如下：

```
// 绑定监听后，添加一个新行
document.getElementById("btn3").onclick = () => {
  const ulNode = document.querySelector("ul");
  const liNode = document.createElement("li");
  liNode.innerHTML = "我是新的";
  ulNode.appendChild(liNode);
};
```

点击第一个按钮或第二个按钮后，再点击第三个按钮添加一个新行，当鼠标移入或移出新行时，如果点击第一个按钮，则新行的背景不会变化，也就是没有事件处理；如果点击第二个按钮，则新行的背景会变化，说明新添加的 li 元素也有事件处理。因为事件委托是把监听绑定在原本就存在的父元素 ul 上的，而正常事件处理方式只能在原本存在的 li 元素上绑定事件监听，而新添加的 li 元素上没有，页面效果如图 12-26 和图 12-27 所示。

虽然事件委托的方式更有优势，在实际开发中也并不总使用这种方式。使用事件委托的场景需要具备一个明显特征：需要给多个元素绑定同类型的事件监听，并且响应处理程序要做的工作是一样的。事件委托虽好，但也不要滥用哦！

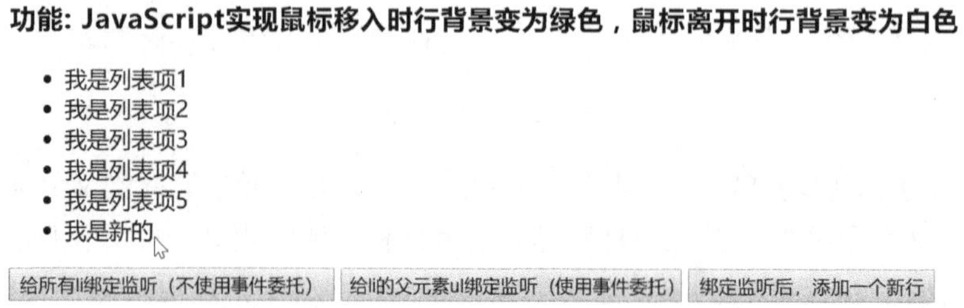

功能: JavaScript实现鼠标移入时行背景变为绿色，鼠标离开时行背景变为白色

- 我是列表项1
- 我是列表项2
- 我是列表项3
- 我是列表项4
- 我是列表项5
- 我是新的

给所有li绑定监听（不使用事件委托）　给li的父元素ul绑定监听（使用事件委托）　绑定监听后，添加一个新行

图 12-26　点击第一个按钮后再点击第三个按钮的页面效果

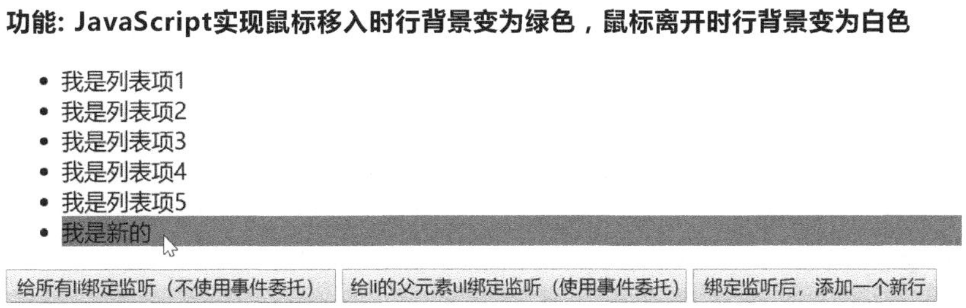

功能: JavaScript实现鼠标移入时行背景变为绿色，鼠标离开时行背景变为白色

- 我是列表项1
- 我是列表项2
- 我是列表项3
- 我是列表项4
- 我是列表项5
- 我是新的

给所有li绑定监听（不使用事件委托）　　给li的父元素ul绑定监听（使用事件委托）　　绑定监听后，添加一个新行

图 12-27　点击第二个按钮后再点击第三个按钮的页面效果

12.6　本章小结

DOM 事件操作是前端开发中经常使用的操作，操作 DOM 事件需要了解节点响应顺序，因此本章首先对事件流进行了介绍，让读者具有 DOM 事件的前置知识，以方便后续学习。其次介绍了绑定事件监听的四种事件模型。接着重点讲解了 JavaScript 中的常用事件，例如，点击事件、表单事件、鼠标事件都是实际开发中常用的事件。最后对事件处理进行了介绍，让开发者可以利用默认处理巧妙地进行开发。

本章内容在开发中的使用频率很高，建议读者多次阅读练习。

第13章

AJAX

AJAX 即 Asynchronous JavaScript And XML，Asynchronous 的英文原意是"异步的"，顾名思义，AJAX 指的是异步的 JavaScript 和 XML，它是一种创建交互式网页应用的网页开发技术。简单来说，AJAX 是一种用于创建快速动态网页的技术，可以使开发者只向服务器获取数据。需要注意的是，AJAX 是让开发者向服务器获取数据，而不是图片、HTML 文档等。互联网资源的传输变得前所未有的轻量级和纯粹，这激发了广大开发者的创造力，使各式各样功能强大的网络站点和互联网应用如雨后春笋般冒出，不断带给人惊喜。

本章将从 AJAX 要使用的数据格式、AJAX 的核心原理和开发中的跨域问题及其解决方案三方面进行讲解。

本章学习内容如下：

- JSON
- XMLHttpRequest
- JSONP 解决跨域问题
- CORS 解决跨域问题

13.1 相关理解

在正式学习 AJAX 的相关内容之前，先对 AJAX 是什么及 AJAX 的作用进行相关讲解。

AJAX 到底是什么呢？

本章的开篇对 AJAX 做了简单介绍。2005 年，Jesse James Garrett 提出了 AJAX 这个新术语。AJAX 可以发起异步的 HTTP 请求（异步编程在第 14 章进行讲解）。AJAX 中的 X 是 XML 的首字母，XML 代表可扩展标记语言，最开始的时候作为后端向前端响应数据的文档格式，但是 XML 目前已经很少使用，在 AJAX 中，JSON 已经代替了 XML。

简而言之，AJAX 是使用 XMLHttpRequest 对象与服务器端通信的脚本语言，可以发送及接收各种格式的信息，包括 JSON、XML、HTML 和文本文件。

为什么要使用 AJAX 呢？

试想，当用户触发一个 HTTP 请求到服务器时，传统的 Web 应用交互会这样做：服务器对请求进行处理后返回一个新的 HTML 页面到客户端。每当服务器处理客户端提交的请求时，客户都只能空闲等待。哪怕只是一次很小的交互，只需要从服务器得到很简单的一个数据情况，都要返回一个完整的 HTML 页面，这个做法会让每次应用的交互都需要向服务器发送请求，应用的响应时间就依赖于服务器的响应时间，从而浪费了大量带宽，也导致用户界面的响应比本地应用的速度慢。

而 AJAX 与此不同，AJAX 应用可以仅向服务器发送并取回必需的数据，并在客户端采用 JavaScript 处理来自服务器的响应。因为服务器和浏览器之间交换的数据大量减少，所以用户就能看到响应更快的应用。同时很多的处理工作可以在发出请求的客户端机器上完成，Web 服务器的处理时间也减少了。

简单来说，使用 AJAX 技术可以在页面不刷新或不跳转的前提下向服务器发起 HTTP 请求，获取响应数据，将增量更新呈现在界面上。最后将 AJAX 技术的优势总结如下。

- 页面无刷新，与服务器通信，带来良好的用户体验。
- 通过异步方式与服务器通信，不会打断用户的操作，操作流畅。
- 把一些服务器的负担转移到客户端，利用客户端闲置的能力减轻服务器和带宽的负担，节约成本，合理分配资源。
- 按需取数据，最大程度减少冗余的请求和响应，进一步减轻服务器的负担。

搜索引擎页面中的搜索框是一种典型的 AJAX 应用场景，如图 13-1 所示。当用户输入关键字之后，会通过 AJAX 技术向后端请求数据。在不刷新页面的前提下，获取到与关键字关联的历史搜索词，并展现在页面中。AJAX 实现过程如图 13-2 所示。

图 13-1　搜索页面

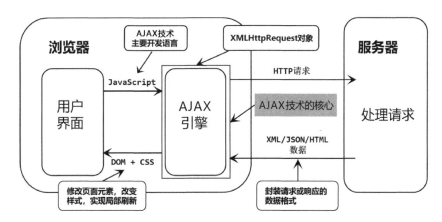

图 13-2　AJAX 实现过程

13.2　JSON

JSON（JavaScript Object Notation，JavaScript 对象表示法）是一种轻量级数据交换格式，能够替代 XML 的工作。服务端程序运行时会产生对象或数组等数据结构，但是这种数据结构无法直接传递给客户端程序使用。

同理，客户端程序运行时产生的对象或数组等数据结构，也是无法直接传递给服务端使用的。二者进行数据的传递交换就必须使用一种双方都可以使用的数据格式，JSON 就是一种常用的轻量级数据交换格式。

本节将从 JSON 数据格式和 JSON 对象两方面进行介绍。

13.2.1 JSON 数据格式

JSON 本质上是一种规定了格式的字符串，如果要将服务端程序运行中产生的对象或数组等数据类型传输给客户端程序使用，就必须先将对象或数组等数据类型转为 JSON 格式的字符串，再将字符串传输到客户端。当客户端程序接收到 JSON 格式的字符串之后，将其转换为客户端程序中的对象或数组等数据结构。反之，如果客户端程序需要发送数据到服务端，也需要遵循同样的流程，如图 13-3 所示。

图 13-3　服务端→客户端过程

明确 JSON 数据格式以后，来看一段使用 JSON 格式表示的序列化数据，代码如下：

```
{
  "cityid": "601020101",
  "city": "北京",
  "cityEn": "Sydney",
  "country": "中国",
  "update_time": "2021-10-01 15:54:20",
  "data": [
    {
      "date": "2021-10-01",
      "wea": "小雨转多云",
      "wea_img": "yun",
      "tem1": "15",
      "tem2": "10",
      "win": ["西南风", "西南风"],
      "win_speed": "6-7 级转<3 级"
    },
    {
      "date": "2021-10-02",
      "wea": "多云转小雨",
      "wea_img": "yun",
      "tem1": "15",
      "tem2": "9",
      "win": ["西南风", "南风"],
      "win_speed": "<3 级"
    },
    {
      "date": "2020-07-23",
      "wea": "小雨",
      "wea_img": "yu",
      "tem1": "14",
      "tem2": "8",
      "win": ["东北风", "北风"],
      "win_speed": "<3 级"
```

```
    }
  ]
}
```

通过这段 JSON 格式的字符串可以看出，JSON 格式就是参照 JavaScript 表示对象和数组字面量的语法。不过相比于 JavaScript，在 JSON 格式中不能书写注释，其属性名必须包含在双引号中，这也与 JSON 的英文原意"JavaScript 对象表示法"相吻合。

AJAX 要实现的功能在前面已经明确，它就是通过 JavaScript 向服务端发起 HTTP 请求，并接收服务端响应的数据，在这个过程中就会使用 JSON 作为数据交换格式。其实在使用 JSON 之前，也使用过 XML 作为数据交换格式。这就是 AJAX 中的 X 是 XML 的首字母的原因，但是现在 XML 在 AJAX 中基本已经销声匿迹了。

13.2.2　JSON 对象

JavaScript 提供了 JSON 对象，其中 JSON.stringify()函数可以把对象或数组等数据结构转换为 JSON 格式的字符串。比如：

```javascript
// 定义数据
let productData = [
  {
    name: "飞机",
    price: 12.98,
  },
  {
    name: "轮船",
    price: 18.8,
  },
];

// 将上面的数据转换为 JSON 格式的字符串
let data = JSON.stringify(productData);
console.log(data);
```

这段代码使用 JSON.stringify()方法将数据 productData 转换为 JSON 格式的字符串。运行代码后，控制台输出结果如图 13-4 所示。

[{"name":"飞机","price":12.98},{"name":"轮船","price":18.8}]

图 13-4　控制台输出结果（1）

如果需要将 JSON 格式的字符串恢复成 JavaScript 中的对象或数组等数据结构，可以使用函数 JSON.parse()。比如：

```javascript
// 将前面得到的 JSON 格式的字符串恢复成数组
let result = JSON.parse(data);
console.log(result);
```

运行代码后，控制台输出结果如图 13-5 所示。

```
▼(2) [{…}, {…}] ⓘ
  ▶0: {name: '飞机', price: 12.98}
  ▶1: {name: '轮船', price: 18.8}
   length: 2
  ▶[[Prototype]]: Array(0)
```

图 13-5　控制台输出结果（2）

13.3 XMLHttpRequest 对象

本节将对 XMLHttpRequest 对象进行相关介绍。

13.3.1 XMLHttpRequest 对象介绍

AJAX 的技术核心就是 XMLHttpRequest 对象。当我们在 JavaScript 中发送一个 HTTP 请求或接收响应时，就会用到 XMLHttpRequest 对象。

创建 XMLHttpRequest 对象是通过实例化 XMLHttpRequest() 构造函数的方式来实现的，代码如下：

```
const xmr = new XMLHttpRequest();
```

在前面我们不断地提及，XMLHttpRequest 对象是 AJAX 的核心技术。那么一个完整的 AJAX 是怎样通过 XMLHttpRequest 对象实现的呢？

使用 XMLHttpRequest 对象实现 AJAX 可以分为五步，具体如下：

（1）创建 XMLHttpRequest 对象。

（2）给对象监听进度事件，接收到响应数据后事件才会触发。

（3）初始化请求并指定请求方式。

（4）发送请求并设置数据体。

（5）服务器成功响应，进度事件触发，执行事件回调函数，接收响应数据，对响应数据进行相关处理。

先来整体感知发送 AJAX 请求并接收响应进行处理的案例，具体步骤会在后续章节依次展开讲解。代码如下：

```
// 创建 xhr 对象
const xhr = new XMLHttpRequest();

xhr.open("GET", "/getData");

// 监听进度事件，响应完成后获取响应内容
xhr.onreadystatechange = function () {
  // 如果请求没有返回，则直接结束
  if (xhr.readyState !== 4) return;
  // 响应状态码为 200~299 代表请求成功
  if (xhr.status >= 200 && xhr.status <= 299) {
    // 获取所有的响应头信息
    console.log(xhr.getAllResponseHeaders());
    // 获取指定的响应头信息
    console.log(xhr.getResponseHeader("Content-Length"));

    // 获取响应体文本
    console.log(xhr.responseText);
  }
};

// 发送请求
xhr.send();
```

13.3.2 XMLHttpRequest level2

XMLHttpRequest 一开始只是微软浏览器提供的一个接口，然后各大浏览器也提供了这个接口，之后

W3C 对它进行了标准化，提出了 XMLHttpRequest 标准。

　　XMLHttpRequest 标准分为 level 1 和 level2 两个版本，level2 版本是 level1 版本的升级和改进。简单地说，level2 是在原 API 的基础上新增了更多的 API。目前，level2 版本中新增的 API 已经得到了各大浏览器的广泛支持。

　　level1 版本主要存在以下缺点：

- 不能发送二进制文件（如图片、视频、音频等），只能发送纯文本数据。
- 在发送和获取数据的过程中，无法实时获取进度信息，只能判断是否完成。
- 受同源策略的限制，不能发送跨域请求。

level2 版本在 level1 版本的基础上进行了改进，新增了以下功能：

- 在服务端允许的情况下，可以发送跨域请求。
- 支持发送和接收二进制数据。
- 新增 FormData 对象，支持发送表单数据。
- 发送和获取数据时，可以获取进度信息。
- 可以设置请求的超时时间。

在后续小节中，将对这些新特性一一进行讲解和具体代码演示。

13.3.3　发送请求相关操作

　　一个 HTTP 请求由四部分组成，分别是请求方式、请求的 URL、请求头集合和一个可选的请求体。

　　在发送请求时会进行初始化请求、设置请求头和发送请求三步操作，可以指定请求体，请求体是可选的。在初始化请求的时候，是可以设置请求方式和请求的 URL 的。下面将对初始化请求、设置请求头和发送请求依次进行讲解。

1．初始化请求

　　open()方法用于初始化一个请求，语法如下：

```
xhr.open(method, url);
xhr.open(method, url, async);
```

　　xhr 为创建的 XMLHttpRequest 对象。open()方法可以书写两个参数或三个参数。参数具体如下：

- method：要发送的请求的类型，如 GET、POST。
- url：请求的 URL。
- async（可选）：是否异步发送请求的布尔值。默认值是 true，表示异步发送请求。

　　下面使用 open()方法演示初始化 GET 请求、POST 请求、异步请求和同步请求，代码如下：

```
// 设置 GET 请求方式
xhr.open("GET", "/submitData");

// 设置 POST 请求方式
xhr.open("POST", "/submitData");

// 异步请求，将 open()方法的第三个参数设置为 true 或不设置
xhr.open("GET", "/submitData");
xhr.open("GET", "/submitData", true);

// 同步请求，将 open()方法的第三个参数设置为 false
xhr.open("GET", "/submitData", false);
```

　　需要特别注意的是：在实际开发中，开发人员一般不会使用 open()方法来设置同步请求，这里只是为

读者演示如何使用 open()方法设置同步请求。

2．设置请求头

setRequestHeader()方法是设置 HTTP 请求头的方法，它必须在 open()方法和 send()方法之间调用，否则无效。语法如下：

```
xhr.setRequestHeader(header, value);
```

xhr 为创建的 XMLHttpRequest 对象。setRequestHeader()方法可以接收两个参数，具体如下：

- header：请求字段的名称。
- value：请求字段的值。

下面将常见的请求头字段罗列出来，如表 13-1 所示。

表 13-1　请求头字段

请求头名称	含　　义
Accept	客户端可以处理的内容类型，如 Accept: */*
Accept-Charset	客户端可以处理的字符集类型，如 Accept-Charset: utf8
Accept-Encoding	客户端可以处理的压缩编码，如 Accept-Encoding: gzip, deflate, br
Accept-Language	客户端当前设置的语言，如 Accept-Language: zh-CN,zh;q=0.9,en;q=0.8
Connection	客户端与服务器之间连接的类型，如 Connection: keep-alive
Cookie	当前页面设置的任何 Cookie
Host	发出请求页面所在的域
Referer	当前请求页面的来源页面的地址，即当前页面是通过此来源页面里的链接进入的
User-Agent	客户端的用户代理字符串。一般包含浏览器、浏览器内核和操作系统的版本型号信息
Content-Type	客户端告诉服务器实际发送的数据类型，如 Content-Type: application/x-www-form-urlencoded

下面对使用 XMLHttpRequest 对象设置请求头的方式进行演示，代码如下：

```
xhr.setRequestHeader('Content-Type', 'application/x-www-form-urlencoded')
```

3．发送请求

初始化请求和设置请求头后就是发送请求。

发送请求可以使用 send()方法，语法如下：

```
xhr.send();
xhr.send(body);
```

xhr 为创建的 XMLHttpRequest 对象。send()方法内接收一个可选参数，当请求方法是 GET 或 HEAD 时，则应将请求主体设置为 null。

参数 body 代表请求主体发送的数据，可以是字符串、FormData、Blob、ArrayBuffer 等类型。默认值是 null。

在介绍初始化请求 send()方法时，需要设置请求方式，主要有 GET 方式、POST 方式。

1）GET 请求

发送 GET 请求主要是为了从服务器获取数据，因此 GET 请求是不需要设置请求体的。也就是说，send()方法的参数可以不设置或设置为 null。GET 请求的查询字符串可以拼接到 URL 中。比如：

```
// 把查询字符串拼接到 URL 中
xhr.open("GET", "/submitData?a=100&b=200");
// GET 请求，send()方法无须设置参数
xhr.send();
```

2）POST 请求

发送 POST 请求主要是为了向服务器发送数据，因此 POST 请求需要把数据作为请求的主体。也就是

说，send()方法需要设置参数。

　　请求主体的数据需要进行编码才能发送，开发人员可以在请求头中指定请求主体的编码方式。具体地说，需要使用 setRequestHeader()方法设置字段 Content-Type 指定请求主体的编码方式。

　　换句话说，发送 POST 请求必须在请求头中指定编码方式，这样服务器收到请求之后就可以根据请求头里的 Content-Type 对请求主体进行解码。

　　常见的对请求主体的编码方式主要有以下三种。

　　第一种：application/x-www-form-urlencoded。

　　application/x-www-form-urlencoded 是 HTML 中 form 表单默认的编码方式，该编码方式相对简单。该方式先对每个表单控件的名字和值执行普通的 URL 编码（使用十六进制转义码替换特殊字符），然后使用等号把编码后的名字和值分开，并使用 "&" 符号将键值对分开。

　　一个简单表单的编码如下：

```
"name=xiaoming&age=100"
```

　　当设置请求头字段 Content-Type 为 application/x-www-form-urlencoded 时，可以用 AJAX 模拟 form 表单提交。比如：

```
let body = "name=xiaoming&age=100";

const xhr = new XMLHttpRequest();
xhr.open("post", "/submitData");
xhr.setRequestHeader("Content-Type", "application/x-www-form-urlencoded");
xhr.send(body);
```

　　这段代码设置请求头字段 Content-Type 为 application/x-www-form-urlencoded，使用 AJAX 的方式提交表单。

　　第二种：multipart/form-data。

　　当 HTML 表单同时包含上传文件和其他数据时，浏览器不能使用普通的表单编码，必须使用值为 multipart/ form-data 的特殊 Content-Type 用 POST 方法提交表单。

　　在实际开发中，可以利用 XMLHttpRequest level2 提供的 formData API 序列化表单数据，比如：

```
const xhr = new XMLHttpRequest();
xhr.open("post", "/submitData", true);
const form = document.getElementById("myForm");
const formData = new FormData(form);
formData.append("name", "xiaoming");
xhr.send(formData);
```

　　需要注意的是：当传入 FormData 对象时，send()会自动设置 Content- Type 为 multipart/ form- data。

　　第三种：application/json。

　　JSON 字符串也可以作为请求主体，只需要设置 Content-Type 为 json 即可。比如：

```
const xhr = new XMLHttpRequest();
xhr.open("post", "/submitData", true);
xhr.setRequestHeader("Content-Type", "application/json");
xhr.send(
  JSON.stringify([
    {
      name: "飞机",
      price: 12.98,
    },
    {
      name: "轮船",
```

```
      price: 18.8,
    },
  ])
);
```

13.3.4　处理响应相关操作

一个完整的 HTTP 响应由状态码、响应头集合和响应主体组成，这些都可以通过 XMLHttpRequest 对象的属性和方法获取。本节将对 XMLHttpRequest 对象中的 readyState 属性、onreadystatechange 事件、响应状态码、获取响应内容和获取响应头信息依次进行讲解。

1．readyState 属性和 onreadystatechange 事件

XMLHttpRequest 对象具有 readyState 属性，用来表示请求响应的状态。在请求响应过程中，readyState 的值会进行变换，该属性的值是一个数字。不同的数字表示请求响应的不同阶段：

- 0（UNSENT）：未初始化，尚未调用 open()方法。
- 1（OPENED）：启动，已经调用 open()方法，但没有调用 send()方法。
- 2（HEADERS_RECEIVED）：发送，已经调用 send()方法，但尚未接收到响应。
- 3（LOADING）：接收，已经接收到部分响应数据。
- 4（DONE）：完成，已经接收到全部响应数据。

只要 readyState 属性的值发生一次变化，就会触发一次 onreadystatechange 事件。从初始化请求到响应完成，onreadystatechange 事件会被触发 4 次。一般情况下只对 readyState 值为 "4" 的阶段做处理，在该阶段可以获取服务器响应的数据。比如：

```
const xhr = new XMLHttpRequest();

xhr.onreadystatechange = function () {
  // 当 readyState 的值为 4 时，进入判断
  if (xhr.readyState === 4) {
    // 处理响应内容
  }
};

xhr.open("GET", "/getData");

xhr.send();
```

2．响应状态码

通过 XMLHttpRequest 对象的 status 属性可以获取 HTTP 响应状态码。所谓 HTTP 响应状态码是指特定的 HTTP 请求是否已成功完成。响应分为五类，分别是：信息响应（100～199）、成功响应（200～299）、重定向（300～399）、客户端错误（400～499）和服务端错误（500～599）。通过 XMLHttpRequest 对象的 statusText 属性可以获取 HTTP 响应状态文本，响应状态文本与响应状态码是一一对应的。

常见的响应状态码如表 13-2 所示。

表 13-2　常见的响应状态码

status	statusText	含　义
200	OK	响应成功
304	Not Modified	重定向
403	Forbidden	服务器拒绝响应，权限不够

status	statusText	含　　义
404	Not Found	URL 地址不存在
500	Internal Server Error	服务器内部错误
503	Service Unavailable	无法服务，服务器过载

下面演示只有响应成功的时候才对响应内容进行处理，代码如下：

```
const xhr = new XMLHttpRequest();

// 监听进度事件，响应完成后获取响应内容
xhr.onreadystatechange = function () {
  // 如果请求还没有返回，则直接结束
  if (xhr.readyState !== 4) return;
  // 响应状态码为200~299代表请求成功
  if (xhr.status >= 200 && xhr.status <= 299) {
    // 处理成功响应内容
  }
};

xhr.open("GET", "/getData");

xhr.send();
```

3. 获取响应内容

XMLHttpRequest 对象具有 responseText 属性，可以返回从服务器接收的字符串。如果响应内容是 JSON 格式的字符串，可以使用 JSON.parse()对 responseText 进行处理。比如：

```
xhr.onreadystatechange = function () {
  if (xhr.readyState !== 4) return;
  if (xhr.status >= 200 && xhr.status <= 299) {
    const result = JSON.parse(xhr.responseText);
    console.log(result);
  }
};
```

这段代码演示了当响应成功时，使用 JSON.parse()对返回 JSON 格式的字符串进行转换。

如果响应内容是 JSON 格式的字符串，也可以设置属性 responseType 的值为 json，这样可以直接通过 response 属性获取已经解析成对象或数组的响应内容。比如：

```
// 设置响应内容为 JSON 格式
xhr.responseType = "json";

// 监听请求状态，响应结束后获取响应内容
xhr.onreadystatechange = function () {
  if (xhr.readyState !== 4) return;
  if (xhr.status >= 200 && xhr.status <= 299) {
    const result = xhr.response;
    console.log(result);
  }
};
```

这段代码在监听请求状态的外部，为 XMLHttpRequest 对象设置了属性 responseType 的值为 json。这样在返回响应对象时，获取的内容就是一个对象，而不是 JSON 格式的字符串。

这里还要强调的是：response 属性表示服务器返回的数据。当返回 JSON 格式的字符串时，指定了

responseType 为 json，其内部会自动解析 JSON 并保存到 response 属性上。它可以是任何数据类型，如字符串、对象、二进制对象等。

4．获取响应头信息

XMLHttpRequest 对象提供了 getResponseHeader() 方法，它可以返回响应头信息中指定字段的值。如果还没有收到服务器的响应，或者指定字段不存在，则返回 null。需要注意的是：该方法的参数不区分大小写。比如：

```
xhr.onreadystatechange = function () {
  if (xhr.readyState === 4 && xhr.status === 200) {
    console.log(xhr.getResponseHeader("Content-Type"));
  }
};
```

XMLHttpRequest 对象还提供了 getAllResponseHeaders() 方法，它返回的是一个字符串，包含服务器发来的所有 HTTP 头信息。每个头信息之间使用 CRLF（回车键+换行键）分隔，如果没有收到服务器回应，则该属性为 null。比如：

```
xhr.onreadystatechange = function () {
  if (xhr.readyState === 4 && xhr.status === 200) {
    console.log(xhr.getResponseHeaders());
  }
};
```

这里假设向某服务器发送请求，响应后使用 getAllResponseHeaders() 方法获取服务器发来的所有 HTTP 头信息，输出结果如下：

```
date: Fri, 08 Dec 2021 21:04:30 GMT\r\n
content-encoding: gzip\r\n
x-content-type-options: nosniff\r\n
server: meinheld/0.6.1\r\n
x-frame-options: DENY\r\n
content-type: text/html; charset=utf-8\r\n
connection: keep-alive\r\n
strict-transport-security: max-age=63072000\r\n
vary: Cookie, Accept-Encoding\r\n
content-length: 6502\r\n
x-xss-protection: 1; mode=block\r\n
```

13.3.5　进度事件

在 XMLHttpRequest level1 版本中，只能通过监听 readystatechange 事件来探测请求是否完成。而 XMLHttpRequest level2 版本定义了新事件模型，在请求的不同阶段会触发不同类型的事件，不再需要检查 readyState 属性。

XMLHttpRequest level2 版本在请求时触发的事件有：loadstart、progress、load、error 和 loadend。下面将对这五种事件分别讲解。

1．loadstart

当响应数据开始加载时，会触发 loadstart 事件。代码如下：

```
xhr.onloadstart = function () {
  console.log("开始接收响应数据...");
};
```

2. progress

在接收响应期间会持续不断地触发 progress 事件，该事件可以实现开发常见需求：响应进度条。onprogress 事件处理程序会接收一个 event 对象，该对象具有以下三个属性：

- event.loaded：已经传输的数据量（已经接收的字节数）。
- event.total：总数据量（根据 Content-Length 响应头确定的预期字节数）。
- event.lengthComputable：布尔值，是否可以获取 loaded 和 total 的值。

很显然，响应进度条所需的一切资源都准备就绪。有了这些信息，就可以创建一个响应进度条。代码如下：

```
xhr.onprogress = function (event) {
  if (!event.lengthComputable) {
    console.log("无法计算进度");
    return;
  }
  const percentCompleted = (event.loaded / event.total) * 100;
  console.log('已完成: ${percentCompleted}%');
};
```

需要注意的是：onprogress 事件需要在 open()方法前调用。

3. load

当请求成功完成时可以触发 load 事件。

其实，load 事件可以替代 readystatechange 事件。因为响应接收完毕后将触发 onload 事件，所以就没有必要检查 readyState 属性了。只要浏览器接收到服务器的响应，不管响应状态码是多少，都会触发 load 事件。比如：

```
const xhr = new XMLHttpRequest();
xhr.onload = function onload() {
  console.log("数据接收完毕");
  // 读取响应内容
  console.log(xhr.responseText);
};
```

4. error

当请求发生错误时会触发 error 事件，该事件只有在发生了网络层级别的异常时才会触发。

```
xhr.onerror = function (e) {
  console.log("数据接收出错");
};
```

需要注意的是：如果是应用层级别的异常，就不会触发 onerror 事件。比如，若响应返回的 statusCode 是 4xx，是不属于 NetWork Error 的，则不会触发 onerror 事件，而是触发 onload 事件。

5. loadend

无论请求成功还是失败，请求结束时都会触发 loadend 事件。比如：

```
xhr.onloadend = function (e) {
  console.log("请求结束");
};
```

13.3.6 请求超时和终止请求

AJAX 请求处理可以进行一定的时间限定设置，如果超过了时间就可以进行超时响应处理。在请求发出后，请求返回前或超时前，我们也可以进行终止请求操作。下面我们展开讲解请求超时和终止请求的相关知识。

1．timeout 属性和 timeout 事件

timeout 属性表示请求在等待响应多少毫秒之后终止。如果在规定的时间内浏览器没有接收到响应，就会触发 ontimeout 事件处理程序。比如：

```javascript
// 设置请求的超时时间为 3 秒
xhr.timeout = 3000;

// 绑定请求超时的监听
// 如果请求 3 秒内没有返回，就会执行此回调
xhr.ontimeout = function () {
  console.log("请求超时");
};

// 绑定请求完成的监听
// 如果请求 3 秒内返回，则无论成功还是失败都执行此回调
xhr.onload = function () {
  console.log(xhr.responseText);
};
```

这段代码将 timeout 属性设置为 3000，代表请求等待响应 3000 毫秒后终止，此时触发 ontimeout 事件，控制台输出"请求超时"。

2．abort()方法和 abort 事件

XMLHttpRequest 对象提供了 abort( )方法来终止正在进行的 HTTP 请求，调用 abort( )方法在这个对象上触发 abort 事件。

在请求未返回前，如果此请求的响应结果我们不再需要，就可以使用 xhr 的 abort( )方法终止请求，也可以给 xhr 绑定 abort 事件监听来响应终止请求的处理。比如：

```javascript
// 绑定请求终止的监听
xhr.onabort = function () {
  alert("请求被终止取消了");
};

// 绑定按钮点击监听来终止请求
btn.onclick = function () {
  xhr.abort();
};
```

13.3.7　封装 ajax()请求函数

在开发中，我们经常会对 AJAX 请求的代码进行封装，以简化多个 AJAX 请求的编码。下面我们就来封装一个 ajax()请求函数。该函数需要接收一个配置对象，包含下面六个配置选项：

- url：请求的地址，为必选参数。
- method：请求方式，为可选参数。该参数的默认值为 GET，支持 GET/POST/PUT/DELETE 四种请求。
- params：包含 query 参数的对象，为可选参数。
- data：包含请求体参数的对象，为可选参数。
- onSuccess：请求成功的回调，函数接收响应体数据，为可选参数。

- onError：请求失败的回调，函数接收包含错误信息的 error 对象，为可选参数。

对这六个配置选项有了一定了解后，就可以书写一个完整的封装 ajax() 请求函数，具体代码如下：

```
function ajax({
  url,
  method = "GET",
  params = {},
  data = {},
  onSuccess,
  onError,
}) {
  // 创建 xhr 对象
  const xhr = new XMLHttpRequest();

  // 根据 params 拼接 query 参数
  let queryStr = Object.keys(params).reduce((pre, key) => {
    pre += '&${key}=${params[key]}';
    return pre;
  }, "");
  if (queryStr.length > 0) {
    queryStr = queryStr.substring(1);
    url += "?" + queryStr;
  }

  // 初始化 xhr
  xhr.open(method, url, true);

  // 监听进度事件，响应完成后获取响应内容
  xhr.onreadystatechange = function () {
    // 如果请求没有返回，则直接结束
    if (xhr.readyState !== 4) return;
    // 响应状态码为 200~299 代表请求成功
    if (xhr.status >= 200 && xhr.status <= 299) {
      // 如果指定了成功回调，则调用成功回调，并指定解析好的响应数据
      onSuccess && onSuccess(JSON.parse(xhr.responseText));
    } else {
      // 如果指定了失败回调，则调用失败回调，并指定包含错误信息的 error
      onError && onError(new Error("request error status " + request.status));
    }
  };

  // 发送请求
  if (method === "POST" || method === "PUT" || method === "DELETE") {
    // post/put/delete 请求
    // 设置请求头：使请求体参数以 JSON 格式传递
    request.setRequestHeader("Content-Type", "application/json;charset=utf-8");
    // 包含所有请求参数的对象转换为 JSON 格式
    const dataJson = JSON.stringify(data);
    // 发送请求，指定请求体数据
    request.send(dataJson);
  } else {
    // GET 请求
```

```
  // 发送请求
  request.send(null);
  }
}
```

13.4 跨域

跨域是面试中经常出现的知识点，本节将对跨域进行重点讲解。

说到跨域，就不得不提同源策略。同源策略（Same Origin Policy）最早由 Netscape 公司提出，是浏览器的一种安全策略。同源指的是协议、域名、端口号必须完全相同，也就是同域。同域之前数据可以进行请求，比如，在一个浏览器的两个 Tab 页中分别打开百度页面和谷歌页面，当浏览器的百度 Tab 页执行一个脚本的时候，会检查这个脚本属于哪个页面，即检查是否同源，只有和百度同源的脚本才会被执行。

同源策略是浏览器最基本的安全功能，能阻隔恶意文档，减少可能被攻击的媒介。如果缺少同源策略，则浏览器很容易受到 XSS、CSFR 等攻击。

若违背同源策略就是跨域。也就是说，当浏览器请求的地址与本地地址不一样时就是跨域。在我们发送数据到服务端的过程中，会先将数据发送到服务端，并进行地址解析。如果是跨域，则告诉客户端跨域了；如果不是跨域，则正常返回数据。

出现了跨域的情况，也势必会有解决方案，下面将进行具体介绍。

13.4.1 JSONP 解决跨域问题

JSONP（JSON with Padding）是一个非官方的跨域解决方案，是纯粹凭借程序员的聪明才智开发出来的，只支持 GET 请求。网页中的一些标签天生具有跨域能力，如 img、link、iframe 和 script。JSONP 就是利用 script 标签的跨域能力来发送请求的，它可以动态创建 script 标签。在请求时，定义一个回调函数，当后端传回数据时，格式为 handleCallback({"status": true, "user": "dengdeng"})，相当于调用了前端定义好的函数。

JSONP 的使用步骤分为四步，代码如下：

```javascript
// 1.动态创建一个 script 标签
const script = document.createElement("script");

// 2.设置 script 的 src
script.src = "http://localhost:3000/testAJAX?callback=fn";

// 3. 定义回调函数
function fn(data) {
  alert(data.name);
}

// 4.将 script 添加到 body 中，发送请求
document.body.appendChild(script);
```

服务端的处理的代码如下：

```javascript
const callback = req.query.callback;
const obj = {
  name: "孙悟空",
  age: 18,
```

```
};
res.send(callback + "(" + JSON.stringify(obj) + ")");
```

13.4.2　CORS 解决跨域问题

CORS（Cross-Origin Resource Sharing，跨域资源共享）是官方的跨域解决方案。它的特点是不需要在客户端做任何特殊操作，完全在服务器中进行处理，支持 GET 请求和 POST 请求。

CORS 通过"客户端+服务端"协作声明的方式确保请求安全。客户端在发起请求时必须声明自己的源（Orgin），也就是增加一个 Orgin：域名。服务端会在 HTTP 请求头中增加 HTTP 请求参数：Access-Control-Allow-Origin。如果参数为*，则代表允许所有域名访问。如果客户端没有声明 Orgin，请求会被浏览器直接拦截，到不了服务端。

相关的响应头如下：

- Access-Control-Allow-Origin：允许的域名，该字段是必须的，可以设置为特定的前台项目的地址，如 http://localhost:8080，表示只允许此地址发送跨域请求；也可以设置为*，表示允许任意域名的跨域请求。
- Access-Control-Allow-Credentials：该字段可选。它的值是一个布尔值，表示是否允许发送 Cookie。在默认情况下，Cookie 不包括在 CORS 请求中。
- Access-Control-Expose-Headers：该字段可选。进行 CORS 请求时，XMLHttpRequest 对象的 getResponseHeader()方法只能获取六个基本字段：Cache-Control、Content-Language、Content-Type、Expires、Last-Modified、Pragma。如果想获取其他字段，就必须在 Access-Control-Expose-Headers 里面指定。

参考设置如下：

```
Access-Control-Allow-Origin:*
Access-Control-Allow-Credentials: true
Access-Control-Expose-Headers: content-type,cache-control
```

13.5　本章小结

使用 AJAX 可以在不刷新页面的前提下发起 HTTP 请求，以提高用户体验。本章从数据格式、核心技术和跨域三大部分进行介绍。

JSON 是 AJAX 中用到的数据交换格式，分为 JSON 数据格式和 JSON 对象两部分进行讲解。JSON 数据格式部分从原理开始讲解，并对 JSON 格式的字符串进行了展示，使读者对 JSON 格式的字符串有了充分认识。JSON 对象内置了两个方法，可以将数据转换为 JSON 格式，也可以将 JSON 格式转换为数据，并对这两个方法的使用进行了详细演示。

XMLHttpRequest 对象是 AJAX 的核心技术，发送请求和接收响应的各种操作都是使用该对象实现的。本章对 XMLHttpRequest 对象进行了相关介绍和演示，这部分内容对于理解 AJAX 是非常重要的，建议读者多次阅读。

XMLHttpRequest 对象受同源策略的限制，不能发送跨域的 AJAX 请求，因此为读者介绍了两种常用的跨域解决方案，并配以代码进行演示。这两种解决方案无论是在实际开发中，还是在面试中都是非常重要的。事实上，本章介绍的解决跨域的方案是最常用的两种方案。解决跨域的方式并不止这两种，无论是前端还是后端都可以解决跨域问题，读者感兴趣可以自行上网查询。

第14章

异步编程

学习到本章，你已经掌握了 JavaScript 的大部分语法。在本书的开篇提到过 JavaScript 是单线程语言，所谓"单线程"，就是指一次只能完成一个任务。如果有多个任务，就必须排队，前面的任务完成再执行后面的任务。

这种模式的好处是实现起来比较简单，执行环境相对单纯；坏处是只要有一个任务耗时很长，后面的任务都必须排队等待，会拖延整个程序的执行。常见的浏览器无响应(假死)，往往就是因为某一段 JavaScript 代码长时间运行（如死循环），导致整个页面卡在这个地方，其他任务无法执行。

因此 JavaScript 就出现了"异步编程"的概念来解决这个问题。本章将从异步编程的相关理解开始介绍，带领读者理解并掌握异步编程。

本章学习内容如下：

- 单线程与多线程
- 同步与异步
- 回调地狱
- Promise 的理解与使用
- 事件循环机制

14.1 相关理解

在正式学习异步编程之前，需要先对单线程与多线程、同步与异步进行相关学习。

14.1.1 单线程与多线程

我们都知道 JavaScript 是一门单线程语言，但并不是所有语言都是单线程的。在编程语言中，有的语言是多线程的，如 Java。那么，单线程和多线程到底是什么意思呢？

先来理解另一个名词——进程。

当一个程序开始运行时，它就是一个进程，进程包括运行中的程序，以及程序使用到的内存和系统资源。一个进程可以由多个线程组成。而线程是程序中的一个执行流，每个线程都有自己的专有寄存器（栈指针、程序计数器等）。代码区是共享的，也就是说，不同的线程可以执行同样的函数。单线程即在程序执行时，所走的程序路径按照顺序排列下来，前面的任务必须处理好，后面的任务才会执行。多线程是指程序中包含多个执行流，即在一个程序中可以同时运行多个不同的线程来执行不同的任务，也就是说，允许单个程序创建多个并行执行的线程完成各自的任务。

这样说可能有些晦涩难懂，接下来通过一个生活中的例子来帮助大家理解单线程和多线程。

如果当前有六位顾客在结账，而收银员只有一个，那么就需要排队结账，一位顾客结完账，才能为下一位顾客服务。如果前面的顾客买的东西很多，结账的时间较长，后面的顾客就需要等待。这种只有一个执行者的情况就可以理解为单线程。

如果还是有六位顾客，而收银员增加为六个，那么这六位顾客就可以同时结账。虽然每位顾客买的东西可能不一样多，但是可以同时结账，这种执行者多的情况就可以理解为多线程。虽然单线程的情况下只有一个执行者，结账的速度很慢，但是只需要一个收银员就可以，这样大大节省了成本，这相当于在程序设计中节省内存空间；而在多线程的情况下，虽然需要六个收银员，但是结账速度快，效率高，这相当于在程序设计中使程序的响应速度更快。单线程如图 14-1 所示，多线程如图 14-2 所示。

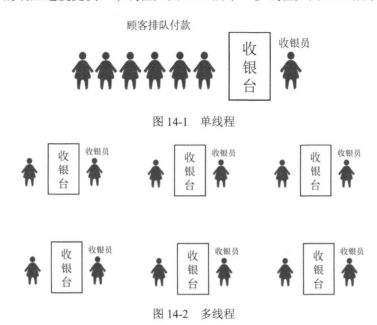

图 14-1　单线程

图 14-2　多线程

单线程最大的好处是同步应用程序开发比较容易，不用像多线程那样处处在意状态的同步问题，多个任务按照顺序依次执行即可。这也形成了单线程的缺点，当执行耗时的任务时，会阻塞后面任务的执行，无法充分利用多核 CPU 的性能。

其实，JavaScript 是单线程，与它的用途是有很大关系的。JavaScript 作为浏览器的脚本语言，主要用来实现与用户的交互。利用 JavaScript，我们可以实现对 DOM 各种各样的操作。试想，如果 JavaScript 是多线程，一个线程在一个 DOM 节点中增加内容，另一个线程要删除这个 DOM 节点，那么这个 DOM 节点究竟是要增加还是删除呢？这会带来很复杂的同步问题，因此在默认情况下，JavaScript 是单线程运行的。

浏览器在一个线程中运行一个页面中的所有 JavaScript 脚本，以及呈现布局、回流和垃圾回收。一个长时间运行的 JavaScript 会阻塞线程，导致页面无法及时响应。

其实，也可以通过 ES6 新增加的 Web Workers 技术创建工作线程进行多线程运算，解决 JavaScript 大量计算阻塞 UI 线程渲染问题，但此技术在实际开发中的应用不多。

14.1.2　同步与异步

JavaScript 在同一时间只能处理一个任务，所有任务都需要排队，前一个任务执行完，才能执行下一个任务。如果前一个任务的执行时间很长，比如，执行 AJAX 操作或定时器操作的时候，下一个任务需要等它执行完毕才能向下执行，此时下面的任务就会被阻塞。以定时器为例，当用户向后台获取大量的数据时，需要等到所有数据都获取完毕才能进行操作，用户只能等待，这种阻塞对用户来说意味着"卡死"，是严重影响用户体验的。布莱登·艾奇就考虑到这个问题，将任务分为同步任务（Synchronous）和异步任务

（Asynchronous）两种。

同步任务指的是在主线程上排队执行的任务，只有前一个任务执行完毕，才会执行后一个任务，比如：

```javascript
function wait() {
  // 获取当前时间
  const time = Date.now();
  // 模拟执行一个耗时 5 秒的任务
  while (Date.now() - time < 5000) {
    console.log("任务执行中...");
  }
  console.log("任务执行完成");
}
wait();
console.log("慢死了");
```

在上面的代码中，函数 wait()是一个耗时程序，持续 5 秒，在它执行的这漫长的 5 秒中，console.log() 函数只能等待。

异步任务指的是不直接进入主线程执行，而是进入任务队列，只有主线程任务执行完毕，任务队列开始通知主线程请求执行任务，该任务才会进入主线程。简单地说，同步任务执行之后，后面的任务必须等前面的任务得到计算结果并处理完成后才能执行；而异步任务在启动执行之后，后面的任务可以继续执行，当异步任务得到计算结果之后会通知主线程进行处理。

结合实际来说，如果在函数返回的时候，调用者还不能够得到预期结果，而是将来通过一定的手段得到（如回调函数），这就是异步。如果函数是异步的，发出调用之后马上返回，但是不会返回预期结果。调用者不必主动等待，当被调用者得到结果之后会通过回调函数主动通知调用者。

我们通过一个例子来描述同步任务和异步任务的区别。

假如我去饭店吃饭要点三个菜，分别是酸菜鱼、烤串和香菇炒油菜。如果采用同步方式进行处理，我先点酸菜鱼，吃完酸菜鱼再点烤串，吃完烤串再点香菇炒油菜，最后将香菇炒油菜吃完。在整个过程中，不管上菜的时间多久我都会等待，并且吃完一个菜再点下一个菜，如图 14-3 所示。

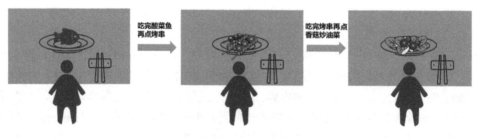

图 14-3　同步方式

如果采用异步方式进行处理，我会把酸菜鱼、烤串和香菇炒油菜一起点了，哪个菜做好就吃哪个菜。在整个过程中，不论在哪个菜上浪费了时间，都不会影响另外两个菜的烹饪，如图 14-4 所示和图 14-5 所示。

图 14-4　先点菜

图 14-5 上菜顺序

从前面的描述中可以得出结论：异步任务可以充分发挥计算机性能，不会因为一个耗时的任务导致后续代码被阻塞。可以想象一下，如果通过同步方式在网页中获取一个网络资源，那么 JavaScript 需要等待资源完全从服务器端获取之后才能继续执行。这期间 UI 渲染也将停顿，用户体验是非常不好的。如果采用异步方式获取，那么在下载网络资源期间，JavaScript 和 UI 渲染都不会处于等待状态。

在 JavaScript 中，定时器、DOM 事件和 AJAX 等的执行方式都是异步的。需要注意的是，异步方式执行的 JavaScript 代码仍然是单线程运行的。当异步任务计算完成，得到结果通知到主线程之后也需要等待其他任务完成，主线程空闲时才能进行相关处理，具体内容在 14.4 节进行讲解。

14.2 传统异步回调

本节将介绍传统的异步回调方式，以及其带来的困扰。

14.2.1 理解

传统的异步编程需要使用回调函数，当异步任务完成之后，对应的回调函数被调用执行，代码如下：

```
<div>
  <h2>定时器异步任务</h2>
  <div id="demo1"></div>
  <div id="demo2"></div>
</div>
<script>
  function asyncTask() {
    document.getElementById("demo1").innerHTML = "Hello Atguigu111";
  }
  function syncTask() {
    document.getElementById("demo2").innerHTML = "Hello Atguigu222";
  }

  // 2秒之后执行 asyncTask 显示对应文本
  setTimeout(asyncTask, 2000);
  // 立即执行 syncTask 显示对应文本
  syncTask();
  console.log("同步任务结束...");
</script>
```

JavaScript 中的定时器任务是以异步方式运行的，这段代码运行之后会立刻执行 syncTask()函数，页面显示 "Hello Atguigu222"。接着执行 console.log("同步任务结束...")，控制台输出 "同步任务结束..."。最后执行异步任务 asyncTask()回调函数，在 2 秒后调用对应的回调函数，页面显示 "Hello Atguigu111"。在定时器开启到结束定时这段时间内，浏览器不会被阻塞，后面的代码会继续运行。

14.2.2 回调地狱问题

在 JavaScript 中，如果实现多个具有依赖关系的异步任务，则会造成回调函数中嵌套回调函数的代码。这样的代码的可读性是比较差的，我们把这样的代码称为 "回调地狱"。

假如需要发出 3 个异步请求：请求 1 成功后再发送请求 2；请求 2 成功后再发送请求 3；请求 3 成功后输出 3 个请求成功的结果数据。比如：

```javascript
// 发送 GET 类型的 AJAX 请求的函数
function getAJAX(url, onSuccess) {
  ajax({ url, onSuccess });
}


const url1 = "/data1.json";
const url2 = "/data2.json";
const url3 = "/data3.json";
getAJAX(url1, (data1) => {
  getAJAX(url2, (data2) => {
    getAJAX(url3, (data3) => {
      console.log(data1, data2, data3);
    });
  });
});
```

这段代码给开发者的阅读带来了极大困难。

在实际开发中经常会面对这样的需求，那么如何才能写出容易阅读的代码呢？ES6 引入的新异步编程解决方案 Promise 对象可以避免回调地狱的产生。Promise 对象是继回调函数之后新的异步编程实现。比如：

```javascript
const url1 = "/data1.json";
const url2 = "/data2.json";
const url3 = "/data3.json";
let data1;
let data2;
ajaxPromise(url1)
  .then((value1) => {
    data1 = value1;
    return ajaxPromise(url2);
  })
  .then((value2) => {
    data2 = value2;
    return ajaxPromise(url3);
  })
  .then((value3) => {
    console.log(data1, data2, value3);
  });
```

在这里不需要理解这段代码的含义，14.3.3 节会详细讲解。

14.3　异步 Promise

Promise 语法是 ES6 引入的新异步编程的解决方案，用于表示一个异步操作的成功或失败及其相应的结果值。可以用一个 Promise 对象封装一个异步操作，并能得到成功或失败的结果值。通过 Promise 可以避免或解决回调地狱问题，具体案例在 14.3.3 节中讲解。

14.3.1　理解

ES6 新增的 Promise 是一个构造函数，用于生成 Promise 实例。Promise 对象有以下三种状态：

- pending：初始化状态。
- fulfilled：成功状态（有时也称为 resolved）。
- rejected：失败状态。

从语法上说，Promise 是一个构造函数；从功能上说，Promise 对象可以用来封装一个异步操作，并且可以获取成功/失败的结果值。也就是说，在异步处理时为初始化状态 pending，在初始化时可以改变状态。Promise 的状态改变只有以下两种可能：

- pending -> fulfilled（在后面的讲解中，将用 resolved 表示 fulfilled 状态）。
- pending -> rejected。

只要这两种情况发生，状态就不会发生改变，并且一个 Promise 对象只能改变一次，无论变为成功还是变为失败，都会有一个结果数据。成功的结果数据一般称为 value，失败的结果数据一般称为 reason。

14.3.2　使用 Promise

本节主要介绍 Promise 相关语法的使用。

首先介绍的是 Promise()构造函数，它是用来创建 Promise 的实例对象，语法如下：

```
new Promise(executor)
```

参数 executor 为一个在 Promise 中立即同步执行的回调函数，一般我们称之为执行器函数，同时该函数接收 resolve 和 reject 两个函数类型参数。一般我们会在执行执行器函数时执行异步操作，如果成功了，就会调用 resolve 将 promise 变为成功状态，同时指定成功的结果数据 value；如果失败了，就会调用 reject 将 promise 变为失败状态，同时指定失败的原因数据 reason。比如：

```
const promise = new Promise((resolve, reject) => {
  // 初始化 promise 状态为 pending
  // 执行异步操作
  if (异步操作成功) {
    // 修改 promise 状态为 resolved,且成功的结果值为 value
    resolve(value);
  } else {
    // 修改 promise 的状态为 rejected,且失败的原因数据为 reason
    reject(reason);
  }
});
```

利用 promise 我们可以对异步操作进行封装，比如，封装一个 AJAX 请求，具体如下：

```
function ajaxPromise(url) {
  // 返回一个 Promise 对象
  return new Promise((resolve, reject) => {
```

```
  // 创建 xhr 对象
  const xhr = new XMLHttpRequest();
  // 初始化 xhr
  xhr.open("GET", url, true);
  // 监听进度事件，响应完成后获取响应内容
  xhr.onreadystatechange = function () {
    // 如果请求没有返回，则直接结束
    if (xhr.readyState !== 4) return;
    // 响应状态码为 200~299 代表请求成功
    if (xhr.status >= 200 && xhr.status <= 299) {
      // 请求成功，调用 resolve 并指定解析好的响应数据
      resolve(JSON.parse(xhr.responseText));
    } else {
      // 请求失败，调用 reject，指定包含错误信息的 Error 对象
      reject(new Error("request error status " + request.status));
    }
  };
  // 发送请求
  request.send();
  });
}
```

该函数通过 Promise 封装 GET 类型的 xhr 进行异步 AJAX 请求。如果请求成功，就返回一个成功的 Promise，且成功的值为响应体的 JavaScript 数据。如果请求失败，就返回一个失败的 Promise，且失败的 reason 是 Error 对象。

那么如何得到 Promise 对象中包含的异步成功或失败的数据呢？我们不能通过 Promise 直接读取，只能先通过 Promise 实例生成，再通过实例的 then()方法来指定成功的回调和失败的回调。语法如下：

```
promise.then(onResolved, onRejected)
```

onResolved 为成功的回调，用来接收 Promise 成功的 value；onRejected 为失败的回调，用来接收 Promise 失败的 reason。基本使用代码如下：

```
promise.then(
  (value) => {
    // 得到成功的 value 数据
  },
  (reason) => {
    // 得到失败的 reason 数据
  }
);
```

当 Promise 的状态变为 resolved 状态后，就会自动异步执行 then()指定的第一个函数，也就是成功的回调。

当 Promise 的状态变为 rejected 状态后，就会自动异步执行 then()指定的第二个函数，也就是失败的回调。

下面应用前面封装的 AJAX 语法函数来发送 AJAX 请求，并得到成功或失败的结果值，代码如下：

```
ajaxPromise("/data.json").then(
  (data) => {
    // 请求成功
    console.log(data);
  },
  (error) => {
    // 请求失败
```

```
        alert(error.message);
    }
);
```

Promise 的基本运行流程如图 14-6 所示。

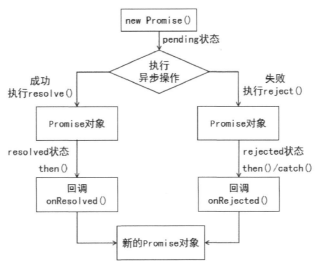

图 14-6　Promise 的基本运行流程

值得一提的是，then()方法可以只指定成功的回调，不能指定失败的回调。我们可以通过 catch()方法专门指定失败的回调。catch()方法的本质是 then(undefined, onRejected)的简洁语法，比如：

```
// 通过 then()方法只指定成功的回调
promise.then((value) => {
    // 得到成功的 value 数据
});
// 通过 catch()方法专门指定失败的回调
promise.catch((reason) => {
    // 得到失败的 reason 数据
});
```

这段编码相比前面通过 then()方法同时指定成功的回调和失败的回调明显要麻烦很多，虽然在这里 catch()方法的使用很麻烦，但并不意味该方式在实际中不使用。其实这种方式主要用于 Promise 的链式调用，在下一小节会详细讲解。

开发者可能会疑惑，在上述代码中，使用正常的异步处理比使用 Promise 的代码量少，为什么 ES6 还新增 Promise？

在开发时，功能会根据需求不断地迭代，逻辑也会越来越复杂，对于正常的异步处理不仅仅是代码量的增加，代码逻辑也会变得复杂，难以阅读。而使用 Promise 的方式，不管逻辑如何复杂，也不会出现过多的代码，并且代码十分优美，其他开发人员也不会出现代码难以阅读的情况。因此，在开发中根据场景选择合适的方式对一个开发者来说十分重要。

14.3.3　Promise 的链式调用

假设我们有以下需要：有 url1、url2 和 url3 三个异步请求获取数据，但要求 url2 请求在 url1 请求成功后发出，url3 请求在 url2 请求成功后发出。也就是这三个请求需要串行执行，那么该如何使用 Promise 实现呢？

在讲解编码实现前，我们需要进一步讲解 Promise 对象的 then()方法的使用。

　　上一小节我们介绍了通过 Promise 对象的 then()方法来指定成功的回调或失败的回调，同时得到异步成功或失败的结果数据。then()方法其实还有一个特性，它总是返回一个新的 Promise 对象。它的结果状态由 then()方法指定的回调函数执行的结果决定，有以下三种情况：

　　情况 1：抛出异常，新 Promise 状态变为 rejected，结果为抛出的异常。

　　情况 2：如果返回的是非 Promise 的任意值，新 Promise 状态变为 resolved，结果为返回的值。

　　情况 3：如果返回的是另一个新 Promise，该 Promise 的结果就成为新 Promise 的结果。

　　这里需要对情况 3 进行特别说明，情况 3 意味着我们可以在 then()方法指定的回调中得到当前异步任务 1 的结果数据，并且在结果数据中再启动一个新异步任务 2，返回一个新的 Promise 对象。当再调用 then()方法时，返回 Promise 的 then()方法来指定新的 onResolved 和 onRejected 回调来接收任务 2 的异步结果数据。通过同样的方式可以串行执行异步任务 3，再通过 then()方法得到任务 3 的异步结果数据。类似"Promise(). then().then().then()"的代码结构，我们就称之为 Promise 的链式调用。实现代码如下：

```javascript
const url1 = "/data1.json";
const url2 = "/data2.json";
const url3 = "/data3.json";
let data1;                      // 存储请求 1 成功的数据
let data2;                      // 存储请求 2 成功的数据
// 发送请求 1
ajaxPromise(url1)
  .then((value1) => {
    data1 = value1;
    // 请求 1 成功后，发送请求 2
    return ajaxPromise(url2);
  })
  .then((value2) => {
    data2 = value2;
    // 请求 2 成功后，发送请求 3
    return ajaxPromise(url3);
  })
  .then((value3) => {
    // 请求 3 成功后，使用 3 个请求的成功数据
    console.log(data1, data2, value3);
  });
```

　　当使用链式调用时，可以在最后指定失败的回调。也就是说，前面任何操作出现了异常，都可以传到最后失败的回调中处理。假设上面链式调用案例中的某段代码出现了异常，我们在最后指定失败的回调，代码如下：

```javascript
ajaxPromise(url1)
  .then((value1) => {
    data1 = value1;
    return ajaxPromise(url2);
  })
  .then((value2) => {
    data2 = value2;
    return ajaxPromise(url3);
  })
  .then((value3) => {
    console.log(data1, data2, value3);
  })
  .cath((error) => {
```

```
    alert(error.message);
  });
```

开发者在使用 Promise 的链式调用时，可以在回调函数中返回一个 pendding 状态的 Promise 对象中断链式调用，不再调用后面的回调函数。这里以链式调用案例为例，在其调用时中断链式调用，代码如下：

```
const url1 = "/data1.json";
const url2 = "/data2.json";
const url3 = "/data3.json";
let data1;
let data2;
ajaxPromise(url1)
  .then((value1) => {
    data1 = value1;
    return ajaxPromise(url2);
  })
  .then((value2) => {
    data2 = value2;
    // 返回一个 pendding 状态的 Promise 对象中断链式调用
    return new Promise(() => {});
  })
  .then((value3) => {
    console.log(value3);
  });
```

14.3.4　Promise 的静态方法

Promise 提供了一些方法，以方便开发者使用。下面将为读者介绍四个 Promise 常用的 API。

1．Promise.resolve()

Promise.resolve()方法返回一个成功或失败的 Promise 对象。需要注意的是，resolve 是 Promise 函数对象的方法。语法如下：

```
Promise.resolve(value)
```

若参数为 Promise 实例，则原封不动地返回这个实例；若参数为 thenable，则将该对象转换为 Promise 对象，并执行 then()方法；若参数为原始值或不具有 then()方法的对象，则返回一个状态为 resolved 的 Promise 实例；若没有参数，则直接返回一个 resolved 状态的 Promise 对象。

下面演示 Promise.resolve()方法的使用方式，代码如下：

```
// 当参数为原始值时
const p = Promise.resolve(123);
console.log(p);                    //PromiseState: "fulfilled"  PromiseResult: 123

// 当参数为 Promise 对象时，则返回结构由参数的状态决定
const p1 = new Promise((resolve, reject) => {
  resolve("ok");
});
const p2 = Promise.resolve(p1);
console.log(p2);                   //PromiseState: "fulfilled"  PromiseResult: ok
```

2．Promise.reject()

Promise.reject()方法返回一个失败的对象，语法如下：

```
Promise.reject(reason);
```

参数为返回失败的信息，作为后续方法的参数。需要注意的是，对于失败的 Promise，如果没有指定失败的回调，则会在控制台抛出错误。

下面为 Promise.reject()方法的使用方式，代码如下：

```
const p1 = Promise.reject("123");
console.log(p1);                    // 返回 Promise 对象并报错
// Promise 对象: PromiseState: "rejected"  PromiseResult: ok
// 报错信息: Uncaught (in promise) 123

const p2 = Promise.reject({});
console.log(p2);                    // 返回 Promise 对象并报错
// Promise 对象: PromiseState: "rejected"  PromiseResult: Object
// 报错信息: Uncaught (in promise) {}

const p3 = Promise.reject(
  new Promise((resolve, reject) => {
    resolve("ok");
  })
);
console.log(p3);                    // 返回 Promise 对象
// Promise 对象: PromiseState: "rejected" PromiseResult: Promise
// 返回 PromiseResult 的 Promise 信息
// PromiseState: "fulfilled"  PromiseResult: ok
```

3. Promise.all()

Promise.all()方法接收包含 n 个 promise 的数组，返回一个新的 Promise 对象。语法如下：

```
Promise.all(promises);
```

只有所有的 Promise 都成功，才会运行成功，且成功的 value 为所有成功 Promise 的 value 组成的数组；只要有一个 Promise 失败，则直接失败，且失败的 reason 为失败 Promise 的 reason。

下面为 Promise.all()的使用方式，代码如下：

```
const p1 = Promise.resolve("尚硅谷");
const p2 = Promise.resolve("atguigu");
const p3 = new Promise((resolve, reject) => {
  resolve("ok");
});
const p4 = new Promise((resolve, reject) => {
  reject("error");
});

// 接收的所有 Promise 都成功的情况
const p5 = Promise.all([p1, p2, p3]);
p5.then(
  (values) => {
    console.log(values);                // ["尚硅谷", "atguigu", "ok"]
  },
  (reason) => {
    console.log(reason);
  }
);

// 接收的 Promise 中存在失败的情况
const p6 = Promise.all([p1, p2, p4]);
p6.then(
```

```
(values) => {
  console.log(values);
},
(reason) => {
  console.log(reason);                    // "error"
}
);
```

4．Promise.race()

Promise.race()方法接收包含 n 个 promise 的数组，返回一个新的 Promise 对象。语法如下：

```
Promise.race(promises);
```

该方法返回的 Promise 状态就是第一个完成的 Promise 状态。下面为 Promise.race()的使用方式，代码如下：

```
const p1 = Promise.resolve("尚硅谷");
const p2 = Promise.resolve("atguigu");
const p3 = new Promise((resolve, reject) => {
  resolve("ok");
});
const p4 = new Promise((resolve, reject) => {
  reject("error");
});

// 第一个 Promise 成功的情况
const p5 = Promise.race([p1, p2, p3]);
p5.then(
  (value) => {
    console.log(value);                        // "尚硅谷"
  },
  (reason) => {
    console.log(reason);
  }
);

// 第一个 Promise 失败的情况
const p6 = Promise.race([p3, p2, p1]);
p6.then(
  (value) => {
    console.log(value);
  },
  (reason) => {
    console.log(reason);                        // "error"
  }
);
```

14.4 事件循环机制

JavaScript 默认是单线程运行的，这意味着同一时刻只能执行一个任务。根据异步任务的定义，我们知道当一个异步任务完成之后，会通知主线程进行相应处理，如果此时主线程正在执行其他任务，要怎么办呢？

JavaScript 中的事件循环机制可以完美地对同步任务、异步任务进行调度。本节将介绍事件循环的基本流程和回调队列。

14.4.1 图解事件循环的基本流程

先来看事件循环流程图，如图 14-7 所示。

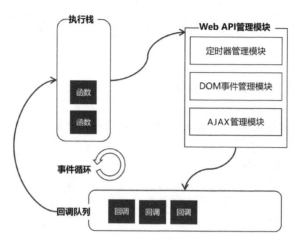

图 14-7 事件循环流程图

如图 14-7 所示，主线程在执行栈中执行。不论是同步任务还是异步任务，只有进入执行栈才能执行。当执行到同步任务时，会直接放入执行栈执行；当执行到异步任务时，会交由异步管理模块进行管理，在某个特定的时刻（如已经到达定时时间），将回调函数放入回调队列中等待执行。当执行栈处于空闲状态时，事件循环会不断地查看回调队列是否有任务待处理。当监测到回调队列有待处理任务时，则将回调队列中的待执行任务依次放入执行栈执行。需要注意的是：回调队列中的待执行任务会按照进入回调队列的顺序依次进入执行栈执行。

请思考下面代码的输出结果：

```
console.log(100);

setTimeout(() => {
    console.log(200);
}, 1000);

setTimeout(() => {
    console.log(300);
}, 0);

console.log(400);
```

运行代码后，控制台依次输出"100"、"400"、"300"和"200"。

下面我们来分析这个程序执行的流程。

首先主线程在执行栈中执行 console.log(100);，从而输出 100。

接着执行第一个定时器语句，将输出 200 的回调函数和时间 1 秒交给定时器管理模块管理，它会在分线程进行计时操作，并在 1 秒后将回调函数放入回调队列中。

然后执行第二个定时器语句，将输出 300 的回调函数和时间 0 交给定时器管理模块管理。由于时间是 0，因此管理模块会立即将回调函数放入回调队列中，但回调函数并不会立即执行，因为执行栈中还有代码没有执行。

最后执行栈执行 console.log(400);，从而输出 400。

至此执行栈的代码全部执行完，下面就开始依次循环取出回调队列中的回调到执行栈中执行。此时队列中只有输出 300 的回调，将其取出进入执行栈中执行，从而输出 300。

1 秒之后，定时器管理模块会准时将输出 200 的回调放入回调队列中，此时执行栈是空闲的，该回调函数会立即被取出放入执行栈中执行，从而输出 200。

至此所有代码执行完毕。

14.4.2　宏队列与微队列

前一小节讲解了事件循环机制的基本流程，其中提到了回调队列，下面将对其进行详细讲解。

回调队列可以分为宏队列和微队列两种，宏队列用来保存待执行的宏任务，如定时器的回调函数、DOM 事件的回调函数、AJAX 的回调函数；微队列用来保存待执行的微任务，如 Promise 的回调函数、MutationObserver（后面简称 Mutation）的回调函数。

其实图 14-7 中的事件循环流程图是不完整的，图 14-8 所示是一张完整的事件循环流程图。

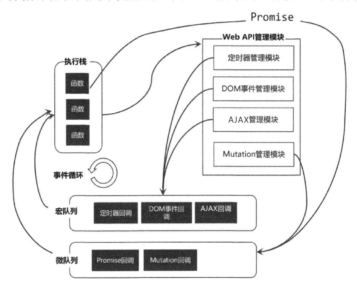

图 14-8　完整的事件循环流程图

异步管理模块中增加了 Mutation 管理模块。执行队列也被划分为宏队列和微队列，宏队列中存放的是宏任务，微队列中存放的是微任务。Promise 管理模块和 Mutation 管理模块被划分在微队列中。

JavaScript 的事件循环机制会区分宏队列和微队列，在执行宏队列中的任务之前一定要先将微队列中的任务放入执行栈中执行，如图 14-9 所示。

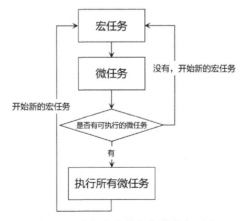

图 14-9　宏任务和微任务的执行顺序

下面将通过案例来帮助读者理解事件循环机制。

279

案例 1：请思考下面代码的输出结果。

```
setTimeout(()=>{
    console.log(1);
},0)
Promise.resolve().then(()=>{
    console.log(2);
})

Promise.resolve().then(()=>{
    console.log(4);
})
console.log(3);
```

首先明确执行机制：先执行同步任务，再执行异步任务。然后逐行分析这段代码：首先是定时器 setTimeout，它归属于异步任务中的宏任务，将它放在宏队列中等待执行。接着是两个 Promise 的回调函数，属于异步任务中的微任务，这两个回调函数依次在微队列中等待执行。最后一行代码 console.log(3) 是同步任务，尽管它是最后一行代码，但是由于先执行同步任务，再执行异步任务，它依旧第一个输出。

那么执行顺序就是：同步任务 console.log(3) → 微任务 Promise 的回调函数（1）→ 微任务 Promise 的回调函数（2）→ 宏任务定时器，如图 14-10 所示，依次输出结果"3"、"2"、"4"和"1"。

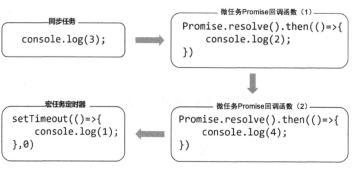

图 14-10　代码执行顺序（1）

案例 2：请思考下面代码的输出结果。

```
setTimeout(() => {
    console.log(1)
}, 0);
new Promise((resolve) => {
    console.log(2);
    resolve();
}).then(() => {
    console.log(3);
}).then(() => {
    console.log(4);
})
console.log(5);
```

逐行分析这段代码，首先是定时器任务，将其放入宏队列中等待执行。接着是 Promise 实例对象，属于同步任务，直接执行。然后是 Promise 的回调函数，依次放在微队列中等待执行。最后一行代码是输出语句，是同步任务，直接执行。

那么执行顺序就是：同步任务 Promise 实例对象→同步任务输出语句→微任务 Promise 的回调函数（1）→微任务 Promise 的回调函数（2）→宏任务定时器，如图 14-11 所示，依次输出结果"2"、"5"、"3"、"4"和"1"。

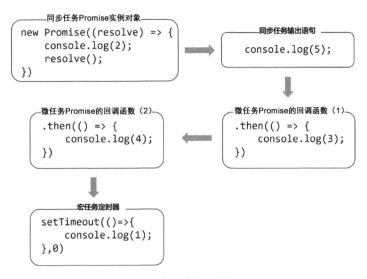

图 14-11　代码执行顺序（2）

案例 3：请思考下面代码的输出结果。

```
const first = () => (new Promise((resolve, reject) => {
    console.log(3);
    let p = new Promise((resolve, reject) => {
        console.log(7);
        setTimeout(() => {
            console.log(5);
            resolve(6);
        }, 0);
        resolve(1);
    })
    resolve(2)
    p.then((arg) => {
        console.log(arg);
    });

}));

first().then((arg) => {
    console.log(arg);
})
console.log(4);
```

这段代码比较复杂，将分步进行讲解。

（1）首先是同步任务，代码片段 1 如图 14-12 所示。同步任务直接执行，先执行代码 console.log(3);。按照顺序向下执行 Promise 实例对象 p，执行代码 console.log(7);。然后是代码片段中的定时器①，定时器是宏任务，放在宏队列中等待执行。再向下执行 Promise 实例对象 p 的回调函数（图 14-12 中的②），属于微任务，将其放入微队列中等待执行。任务队列如图 14-13 所示，此时已经输出"3"和"7"。

（2）接着向下执行，代码片段 2 如图 14-14 所示。先是 promise 实例对象（图 14-13 中的③），将其放入微队列中等待执行。然后执行代码 console.log(4);，至此已经输出"3"、"7"和"4"，任务队列如图 14-15 所示。

```
const first = () => (new Promise((resolve, reject) => {
    console.log(3);
    let p = new Promise((resolve, reject) => {
        console.log(7);
        setTimeout(() => {
①          console.log(5);
            resolve(6);
        }, 0);
        resolve(1);
    })
    resolve(2)
    p.then((arg) => {
②      console.log(arg);
    });
}));
```

图 14-12　代码片段（1）

图 14-13　宏队列和微队列排队情况（1）

宏队列　①

微队列　②

```
first().then((arg) => {
③    console.log(arg);
})
console.log(4);
```

图 14-14　代码片段（2）

宏队列　①

微队列　②　③

图 14-15　宏队列和微队列排队情况（2）

（3）同步任务已经执行完毕，开始执行微任务。先执行代码②，刚刚执行到 Promise 实例对象 p，内部调用 resolve()方法并传入成功的 value，将状态更改为 resolved，此时输出"1"。执行完毕后，任务队列如图 14-16 所示。

（4）代码②已经执行完毕，开始执行代码③。在 Promise 实例对象 first 中，调用 resolve()方法并传入成功的 value，将状态更改为 resolved，此时输出"2"。执行完毕后，微队列中的任务都执行完毕，任务队列如图 14-17 所示。

（5）微任务全部执行完毕，开始执行宏任务，也就是代码①。0 秒后执行输出语句 console.log(5);，队列中无等待任务，如图 14-18 所示。至此代码已经全部执行完毕，输出结果依次为"3"、"7"、"4"、"1"、"2"和"5"。

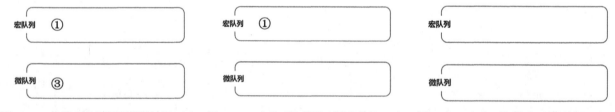

图 14-16　宏队列和微队列排队情况（3）　　图 14-17　宏队列和微队列排队情况（4）　　图 14-18　宏队列和微队列排队情况（5）

14.5　本章小结

JavaScript 默认是单线程执行的。实现异步任务有回调函数和 Promise 两种风格的代码，使用 Promise 实现异步代码可以避免普通回调函数形成的回调地狱问题，提高代码的可读性。

JavaScript 的事件循环机制实现单线程运行异步任务，包括主线程执行栈、异步管理模块、回调队列、事件循环几部分。回调队列分为宏队列和微队列，分别存放宏任务和微任务。宏队列中的任务在执行之前一定要先执行微队列中的任务。

本章我们详细地讲解了同步和异步的概念，重点讲解了常用异步回调的两种方式，还介绍了 JavaScript 的事件循环机制，并通过三个常见案例进行讲解。本章内容十分重要，建议读者反复阅读、练习。

第15章

ES6 的其他常用新特性

ECMAScript 是一种由 Ecma 国际（前身为欧洲计算机制造商协会）制定和发布的脚本语言，它作为 JavaScript 的标准也在不断地迭代更新。在 1.2 节我们介绍了 JavaScript 的历史，简单了解了 ECMAScript 历史上的重要版本，每个重要版本的出现都产生了极其重大的影响。本章将介绍 ECMAScript 6（简称 ES6，后续提及 ECMAScript 6 的部分都用 ES6 代替）中常用的语法。目前很多流行框架已经采用了 ES6 的语法进行编程，因此掌握好本章内容对学习前端框架是十分有帮助的。

在前面的章节中已经介绍了 ES6 的部分语法，本章主要是对常用的 ES6 语法进行补充。ES6 是很多流行框架的主心骨，故在学习本章时应对案例多加练习，以达到熟练掌握的程度。

本章学习内容如下：

- 变量解构赋值
- Object.is()与 Object.assign()
- Symbol
- 迭代器与 for...of 循环
- 扩展运算符
- Set 与 Map
- Proxy 与 Reflect

15.1 ES6 学习指南

ES6 学习指南如图 15-1 所示。

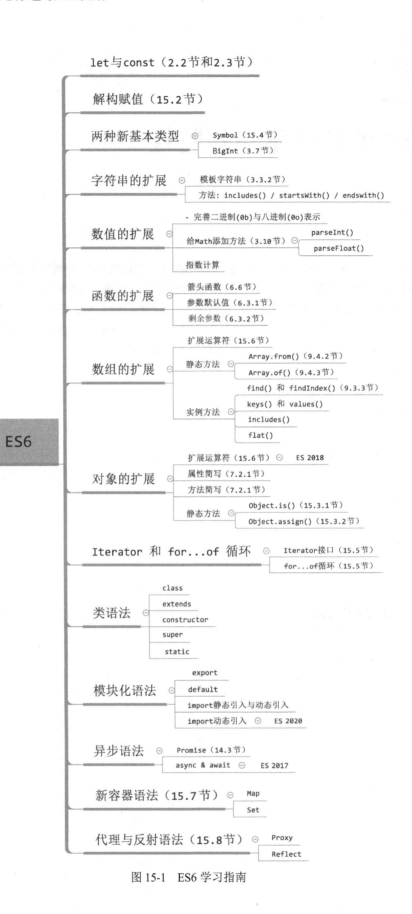

图 15-1　ES6 学习指南

15.2　解构赋值

对象和数组是 JavaScript 中最常用的两种数据结构，随着 JSON 数据格式的普及，二者已经成为 JavaScript 语言中特别重要的一部分。在开发过程中，经常会从对象或数组中提取多个数据。

ES6 中添加了可以简化这种任务的新语法：解构（Destructuring），它允许按照一定模式从对象或数组中提取值，并赋值给变量。解构赋值语法多用于一次性取出对象或数组中的多个数据。

开发中常出现这样一种情景：现有一件商品，在商品数据中需要用一个对象表示价格、型号和颜色三个特征，代码如下：

```javascript
const car = {
  brand: "奔驰",
  price: 20,
  color: "黑色",
};
function display(describe) {
  console.log("汽车品牌:" + describe.brand);
  console.log("汽车价格:" + describe.price);
  console.log("颜色:" + describe.color);
}
display(car);
```

运行代码后，控制台输出结果如图 15-2 所示。

汽车品牌:奔驰

汽车价格:20

颜色:黑色

图 15-2　控制台输出结果

使用上面的代码虽然可以获得想要的结果，但是，在取值的时候还是有可能造成拼写错误。当然，这并不是大问题，通过解构就可以避免此类问题发生，并且使语法更加紧凑，代码的可读性更强。

本节将变量的解构赋值分为对象类型和数组类型两部分，在讲解中会将 ES5 和 ES6 获取对象的方式进行对比。

15.2.1　对象解构

对象解构的语法形式是在一个赋值操作符左边放置一个对象字面量。下面使用对象解构赋值的语法来对比 ES5 和 ES6 的代码：

```javascript
// ES5
var obj1 = { username: "atguigu", age: "10" };
var username = obj1.username;
var age = obj1.age;
console.log(username, age);                     // atguigu 10

// ES6 的简写语法
const obj2 = { username: "atguigu", age: "10" };
const { username, age } = obj2;
console.log(username, age);                     // atguigu 10
```

上述代码分别使用 ES5 和 ES6 获取对象的数据。在 ES6 代码片段中，obj2.username 的值被存储在变量 username 中，obj2.age 的值被存储在变量 age 中。这就是对象解构的基本形式，如图 15-3 所示。

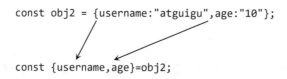

图 15-3　对应图解（1）

如果变量名和属性名不一致，需要在解构变量时另外定义变量。代码如下：

```
const { foo: msg1, bar: msg2 } = { foo: "aaa", bar: "bbb" };
console.log(msg1, msg2);                    // "aaa" "bbb"
```

在本段代码中，foo 的值被存储在变量 msg1 中，bar 的值被存储在变量 msg2 中，如图 15-4 所示。

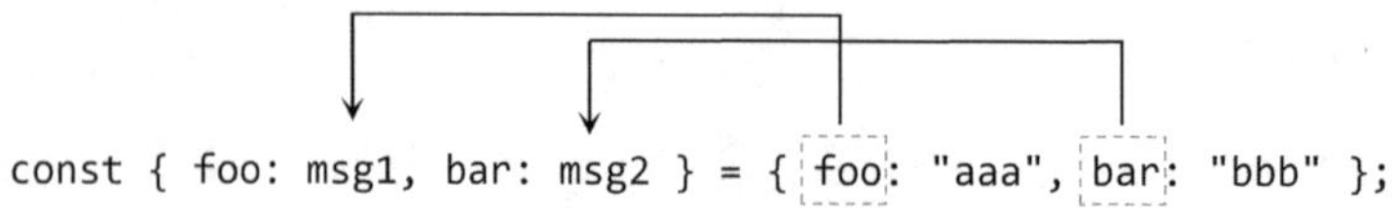

const { foo: msg1, bar: msg2 } = { foo: "aaa", bar: "bbb" };

图 15-4　对应图解（2）

使用解构赋值表达式时，如果指定的变量名在对象中不存在，那么这个变量会被赋值为 undefined。比如：

```
const person = { username: "atguigu", age: "10" };
const { sex } = person;
console.log(sex);                           // undefined
```

在 person 对象上没有对应属性名 sex 的属性值，它被赋值为 undefined。

其实，这种情况可以通过定义默认值来解决。当指定的属性不存在时，可以定义一个默认值，只需在属性名后添加一个等号（=）和相应的默认值即可，将上面的代码修改为：

```
const person = { username: "atguigu", age: "10" };
const { sex = "male" } = person;
console.log(sex);                           // "male"
```

这段代码为变量 sex 设置了默认值 male。运行代码后，输出结果为"male"。需要注意的是，只有对象 person 上没有该属性或者属性值为 undefined 时该默认值才生效。

当操作的对象是多层嵌套的对象时，我们依旧可以通过嵌套解构得到嵌套对象内部的属性数据，比如：

```
const obj = {
  info: {
    name: "tom",
    age: 12,
  },
};
const {
  info: { name, age },
} = obj;
console.log(name);                          // "tom"
console.log(age);                           // 12
```

注意：被深度解析的对象变量不能被再次使用。对于上面的代码来说，info 是不能被使用的。

实际开发中有不少对象解构的应用场景，下面为读者演示函数返回值对象解构和形参对象解构两种常见的应用场景。

函数只能返回一个值，如果需要返回多个值，则只能将它们放在数组或对象中返回。有了解构赋值后，取出这些值就非常方便。比如：

```
function getInfo() {
  return {
```

```
  name: "尚硅谷",
  age: 7,
  };
}
const { name, age } = getInfo();
console.log(name, age);                    // 尚硅谷, 7
```

运行代码后，控制台输出结果为"尚硅谷"和"7"。

当函数接收的形参为多个数据时，可以在形参中将其解构。这里我们将开头出现的案例使用解构赋值方式重新编写，代码如下：

```
const car = {
  brand: "奔驰",
  price: 20,
  color: "黑色",
};
function display({ brand, price, color }) {
  console.log("汽车品牌:" + brand);
  console.log("汽车价格:" + price);
  console.log("颜色:" + color);
}
display(car);
```

运行代码后，控制台输出结果为"汽车品牌：奔驰"、"汽车价格：20"和"颜色：黑色"。

15.2.2　数组解构

与对象解构的语法相比，数组解构的语法就简单多了，它根据下标一次性取出数组中的多个元素，并赋值给中括号中的多个变量。

在 ES5 中，要取出数组中的多个元素，只能书写成下方代码的形式：

```
const arr = [1, 2, 3];
const a = arr[0];
const b = arr[1];
const c = arr[2];
```

在 ES6 引入了解构赋值语法后，还可以使用以下方式实现同时给多个形参赋值：

```
const [a, b, c] = [1, 2, 3];
```

上面的代码表示，可以从数组中解构出数组索引 0、1、2 对应的值，并按照对应位置将它们存储至变量 a、b、c 中。本质上，这种写法属于模式匹配，只要等号两边的模式相同，左边的变量就会被赋予对应的值，如图 15-5 所示。

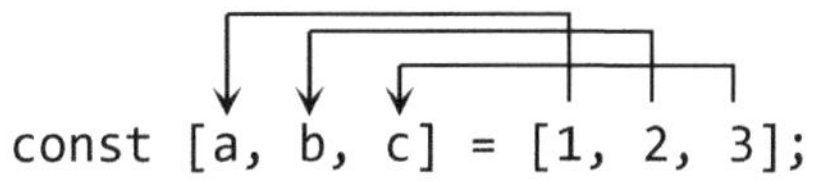

图 15-5　案例图解（1）

在数组解构中，也可以直接省略元素，只为需要的元素提供变量名。比如：

```
const [ , , third] = ["I", "love", "atguigu"];
console.log(third);                        // atguigu
```

这段代码使用解构语法从数组中获取索引 2 对应的元素，third 前的逗号是前方元素的占位符，无论数组中的元素有多少个，都可以用这种方式提取想要的元素。运行代码后，控制台输出结果为"atguigu"，如图 15-6 所示。

图 15-6　案例图解（2）

在数组的解构赋值表达式中也可以为数组的任意位置添加默认值，当指定位置的属性不存在或其值为 undefined 时使用默认值：

```
① const [foo = true] = [];
  console.log(foo);                       // true

② const [x, y = "b"] = ["a"];
  console.log(x, y);                      // "a" "b"

③ const [x, y = "b"] = ["a", undefined];
  console.log(x, y);                      // "a" "b"
```

在这段代码中，代码片段 1 为空数组，解析时会使用默认值，输出结果为默认值 true。在代码片段 2 中，变量 y 没有对应值，但有一个默认值 b，因此输出结果为 "b"。在代码片段 3 中，虽然 y 有对应值，但与之对应的是 undefined，根据规则会输出默认值。运行代码后，控制台输出结果为 "a" 和 "b"。

上面讲解的是属性在对象中不存在，则变量的值为 undefined。如果等号左边的形式是数组，但右边不是数组，会出现什么情况呢？其实，当等号两边形式不同时会出现报错现象。从本质上说，只要某种数据结构具有 Iterator 接口（是可遍历的结构），都可以采用数组形式的解构赋值。比如：

```
const [a, b, c] = 3;                    // 报错，报错信息：Uncaught TypeError: 3 is not iterable
```

同对象一样，解构操作也可以对嵌套数组操作。在原有的数组解构模式中插入另一个数组解构模式，即可将解构过程深入到下一级。比如：

```
const [a, [[b], c]] = [1, [[2], 3]];
console.log(a);                     // 1
console.log(b);                     // 2
console.log(c);                     // 3
```

这段代码通过数组的嵌套解构为变量 a、b、c 分配对应的值。运行代码后，控制台输出结果为 "1"、"2" 和 "3"。

在 2.6 节讲解变量时曾举过这样一个案例：如何交换两个变量的值。在没有介绍解构赋值时，需要借用第三方变量或通过数学原理来实现，但无论使用哪种方式都需要复杂的逻辑，并且要书写大段代码。现在可以在一个解构赋值表达式内交换两个变量的值，比如：

```
let x = 1;
let y = 2;
[x, y] = [y, x];
console.log(x, y);                 // 2 1
```

这段代码使用解构方式交换了变量 x 和 y 的值。这样的写法不仅简洁，而且易读，语义非常清晰。

15.3　对象的扩展

15.3.1　Object.is()

Object.is()用来判断对象是否相等，相当于全等运算符 "==="。与全等运算符 "===" 不同的是，Object.is() 修复了 NaN 不自等的问题。语法如下：

```
Object.is(value1, value2);
```

参数 value1 代表被比较的第一个值，参数 value2 代表被比较的第二个值。该方法的返回值为一个
Boolean 值，代表两个参数是否为同一个值。

测试代码：

```
console.log(Object.is(1, 1));          // true
console.log(Object.is({}, {}));        // false
console.log(Object.is(NaN, NaN));      // true
```

15.3.2　Object.assign()

Object.assign() 用于将所有可枚举属性的值从一个或多个源对象分配到目标对象。语法如下：

```
Object.assign(target, ...sources)
```

该方法可以接收多个参数，第一个参数 target 为目标对象，其余参数为源对象。需要注意的是：源对
象可以为一个，也可以为多个，但至少要书写一个。该方法的返回值为目标对象。

测试代码：

```
const obj1 = { a: 1 };
const obj2 = { b: 2 };
const obj3 = { c: 3 };
const newObj = Object.assign(obj1, obj2, obj3);
console.log(obj1);                     // { a: 1, b: 2, c: 3 }
console.log(newObj);                   // { a: 1, b: 2, c: 3 }
console.log(obj1 === newObj);          // true
```

这段代码通过 Object.assign() 方法将对象 obj2 和对象 obj3 中的属性合并到目标对象 obj1。运行代码
后，控制台输出结果如图 15-7 所示。

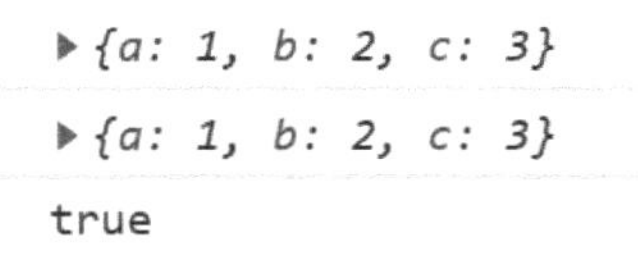

▶ {a: 1, b: 2, c: 3}

▶ {a: 1, b: 2, c: 3}

true

图 15-7　控制台输出结果

15.4　Symbol 类型

在 ES5 中，对象的属性名都是字符串，容易造成重名，ES6 为开发者提供了一种原始数据类型 Symbol，
表示独一无二的值，可以解决 ES5 命名冲突的问题。Symbol 定义的数据使用 typeof 会返回 symbol，也就
是说，原生数据类型变为七种：String、Number、Boolean、Null、Undefined、Object 和 Symbol。

Symbol 类型的数据可以通过调用 Symbol() 来创建，比如：

```
//创建 Symbol
const s = Symbol();
typeof s;                              // "symbol"
```

这段代码演示了正确创建 Symbol 类型的方式。需要注意的是，Symbol 只有这一种创建方式，不支持
语法 new Symbol()。也就是说，Symbol 只能调用，不能实例化。当你想通过 new Symbol() 语句创建 Symbol
类型时，控制台会出现报错：

```
new Symbol();                          // 报错! Symbol is not a constructor
```

当创建 Symbol 类型的数据时，可以通过参数的形式指定描述信息。比如：

```
const s = Symbol("atguigu");
console.log(s);                        // Symbol(atguigu)
```

这段代码中的 s 就是一个 Symbol 类型的值，它是独一无二的。

在前面提及过，Symbol 属性对应的值是唯一的，不管传不传递参数，使用 Symbol 命名可以解决命名冲突问题。比如：

```
//当不传递参数时
const s1 = Symbol();
const s2 = Symbol();
console.log(s1 === s2);          // false

//当传递相同参数时
const s3 = Symbol("UP");
const s4 = Symbol("UP");
console.log(s3 === s4);          // false
```

从运行结果可以发现，不管传递的参数是否相同，只要使用 Symbol 创建的数据都是唯一的，不会与其他属性名产生冲突。运行代码后，控制台输出结果如图 15-8 所示。

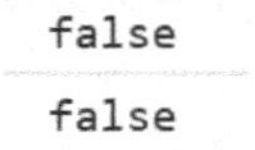

```
false
false
```

图 15-8　控制台输出结果

作为对象的属性名是 Symbol 类型最常使用的场景。需要注意的是：当在对象的内部使用 Symbol 值定义属性时，Symbol 值必须放在中括号之中。比如：

```
const symbol = Symbol();
const obj = {};
obj[symbol] = "hello";
```

这段代码在 obj 对象内定义了一个独一无二的属性，值为 "hello"。

与获取普通对象的属性值不同，使用 for...in、for...of、Object.keys()、Object.values()、Object.entries()、Object.getOwnPropertyNames() 这些方法并不能获取 Symbol 类型的属性名。ES6 专门提供了 Object.getOwnPropertySymbols() 方法，用来获取一个给定对象自身的所有 Symbol 属性，返回的结果为一个数组。比如，获取上面案例中的属性值 "hello"，可以这样写：

```
const result = Object.getOwnPropertySymbols(obj);
console.log(result);
```

这段代码通过 Object.getOwnPropertySymbols() 获取 obj 对象中所有 Symbol 类型的属性名，返回结果为数组。运行结果如图 15-9 所示。

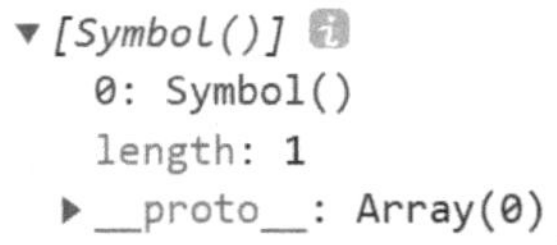

```
▼ [Symbol()] 
    0: Symbol()
    length: 1
  ▶ __proto__: Array(0)
```

图 15-9　运行结果

除了定义自己使用的 Symbol 值，ES6 还提供了 11 个内置的 Symbol 值，指向语言内部使用的方法，如表 15-1 所示。

表 15-1　Symbol 内置对象

属　　性	含　　义
Symbol.hasInstance	对象的 Symbol.hasInstance 属性，指向一个内部方法，当其他对象使用 instanceof 运算符判断是否为该对象的实例时会调用这个方法
Symbol.isConcatSpreadable	对象的 Symbol.isConcatSpreadable 属性等于一个布尔值，表示该对象用于 Array.prototype.concat() 时是否可以展开
Symbol.species	对象的 Symbol.species 属性，指向一个构造函数，创建衍生对象时会使用该属性
Symbol.match	对象的 Symbol.match 属性，指向一个函数。当执行 str.match(myObject) 时，如果该属性存在，则调用它，返回该方法的返回值
Symbol.replace	对象的 Symbol.replace 属性，指向一个方法，当该对象被 String.prototype.replace() 方法调用时会返回该方法的返回值

续表

属　　性	含　　义
Symbol.search	对象的 Symbol.search 属性，指向一个方法，当该对象被 String.prototype.search()方法调用时会返回该方法的返回值
Symbol.split	对象的 Symbol.split 属性，指向一个方法，当该对象被 String.prototype.split()方法调用时会返回该方法的返回值
Symbol.iterator	对象的 Symbol.iterator 属性，指向该对象的默认遍历器方法
Symbol.toPrimitive	对象的 Symbol.toPrimitive 属性，指向一个方法。该对象被转为原始类型的值时会调用这个方法，返回该对象对应的原始类型值
Symbol.toStringTag	对象的 Symbol.toStringTag 属性，指向一个方法。在该对象上面调用 Object.prototype.toString()方法时，如果这个属性存在，则它的返回值会出现在 toString 方法返回的字符串之中，表示对象的类型
Symbol.unscopables	对象的 Symbol.unscopables 属性，指向一个对象。该对象指定了使用 with 关键字时，哪些属性会被 with 环境排除

15.5　迭代器与 for...of 循环

Iterator（迭代器）是一种接口，可以为不同的数据结构提供统一的访问接口机制，使数据结构的成员能够按某种次序排列。只要部署 Iterator 接口的数据结构都可以完成遍历操作，如 Array、String、NodeList，以及 ES6 中的 Map 与 Set 等。

Iterator 接口工作原理主要分为以下三步。

（1）创建一个指针对象，指向数据结构的起始位置，如图 15-10 所示。

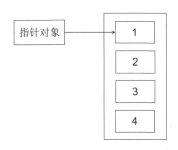

图 15-10　Iterator 接口工作指针初始位置

（2）调用 next()方法，返回指针指向的成员对象（包含 value 和 done 的对象，{value: 当前成员的值,done: 布尔值}），指针自动指向数据结构的下一个成员。

（3）若返回成员对象中 done 的值为 false，代表数据结构后可能还有值，可以继续调用 next()；若返回成员对象中 done 的值为 true，代表上一个值是最后一个值，不再调用 next()。

下面通过一段代码演示 Iterator 接口工作原理：

```
const arr = [1, 2, 3, 4];

function iteratoruntil(target) {
  // 标识指针的起始位置
  let nextIndex = 0;
  return {
    // 生成 iterator 遍历对象
    next: function () {
      return nextIndex < target.length
        ? { value: target[nextIndex++], done: false }
```

```
                : { value: target[nextIndex++], done: true };
        },
    };
}
const result = iteratoruntil(arr);

console.log(result.next());          // {value: 1, done: false}
console.log(result.next());          // {value: 2, done: false}
console.log(result.next());          // {value: 3, done: false}
console.log(result.next());          // {value: 4, done: false}
console.log(result.next());          // {value: undefined, done: true}
```

运行代码后，生成一个指针对象指向起始位置，此时开始调用指针对象中的 next()方法，调用后返回当前成员对象，指针自动指向下一个成员；接下来继续调用指针对象中的 next()方法，返回该成员对象，指针指向下一个成员；周而复始，直到返回的成员对象中 done 的值为 true，代表迭代完成，停止调用。每次调用 next()的情况如表 15-2 所示。

表 15-2　调用 next()的情况

调用前指向下标	是否调用 next()	调用后指向下标	返回对象：value	返回对象：done
0（起始位置）	是	1	1	false
1	是	2	2	false
2	是	3	3	false
3	是	4	4	false
4	否	\	undefined	true

ES6 将部署了 Iterator（遍历器对象）接口的数据结构称为 iterable 对象（可迭代对象）。在默认的情况下，Iterator 接口部署在数据结构的 Symbol.iterator 属性，开发者可以根据原生是否具备 Iterator 接口来判断该对象是否为 iterable 对象。

原生具备 Iterator 接口的数据类型有 Array、函数 arguments 对象、String、TypedArray（类数组）、NodeList 对象、Set 容器、Map 容器。

ES6 针对具有 Iterator 接口的数据类型新增了一个新遍历命令 for...of 循环，只要原型上有 Iterator 接口，就可以使用 for...of 循环。for...of 循环的语法如下：

```
for (variable of iterable) {
    // 循环体
}
```

variable 代表每次迭代的属性值被分配的变量，iterable 代表被迭代枚举的对象。

下面通过案例演示 for...of 循环的使用方法，代码如下：

```
// Array
const arr = ["尚硅谷", "yy", "ds"];
for (let v of arr) {
  console.log(v);                      // 尚硅谷、yy、ds
}

// 函数中的 arguments 对象
function add() {
  let sum = 0;
  for(value of arguments) {
    sum += value;
  }
  console.log(sum);
```

```
}
add(1,2,3,4,5);

// String
const str = "atguigu";
for (let num of str) {
  console.log(num);
}

// NodeList 对象
const btns = document.getElementsByTagName("button");
for (let btn of btns) {
  console.log(btn.innerHTML);
}
```

　　这段代码使用 for...of 循环演示了一些常见的具有 Iterable 接口的数据结构。运行代码后，控制台输出结果如图 15-11 所示。

```
----Array----
尚硅谷
yy
ds
----函数arguments对象----
15
----String----
a
t
g
u
i
g
u
----NodeList对象----
点击
```

图 15-11　控制台输出结果

15.6　扩展运算符

　　三个点 "..." 后接变量名，除了作为 rest 参数使用，还可以作为扩展运算符使用。当作为扩展运算符使用时，可以使用其取出参数对象中的所有可遍历属性，并拷贝到当前对象之中。

　　也可以将扩展运算符看作 rest 参数的逆运算，这样更方便进行理解记忆。需要注意：尽管 rest 参数与扩展运算符在编码上都使用了三个点 "..."，但是它们是两种技术，在作用上完全相反。

　　扩展运算符主要分为对象的扩展运算符和数组的扩展运算符两部分进行讲解。

　　扩展运算符可以运用在数组操作中。在实际开发中，可以使用扩展运算符将数组转换为参数序列。比如：

```
function add(x, y) {
  return x + y;
}
const numbers = [2, 3];
add(...numbers);                    // 5
```

本段代码将 numbers 数组转换为参数，并传递给 add() 函数。运行代码后，控制台输出结果为数组中元素的和 5。

之前你可能使用下面这种方式复制数组：

```
const arr1 = [2, 3, 4];
const arr2 = arr1;
arr2[0] = 3;
console.log(arr1);                          // [3, 3, 4]
```

已经讲过扩展运算符是浅拷贝，这种方式是不可取的，可以使用扩展运算符来实现数组的赋值。代码如下：

```
const arr1 = [2, 3, 4];
const arr2 = [...arr1];
console.log(arr2);                          // [2, 3, 4]
```

这段代码的参数对象是数组，数组中的所有对象都是基础数据类型，因为对象中的扩展运算符用于取出参数对象中的所有可遍历属性，并拷贝到当前对象之中。所以数组 arr2 与数组 arr1 完全相同。运行代码后，控制台输出结果为[2, 3, 4]。

如果将扩展运算符用于数组赋值，只能放在参数的最后一位，否则会报错。代码如下：

```
const [...arg1, arg2] = [12, 23, 34, 45, 56];                   // 报错
const [first, ...rest, last] = [12, 23, 34, 45, 56];            // 报错
```

还可以将扩展运算符和解构赋值结合起来，用于生成数组。这里对该知识点不多进行介绍，具体内容在 15.2.1 节进行讲解。

扩展运算符同样可以应用在对象中。值得一提的是，ES6 刚提出扩展运算符时，它不能应用在对象上，ES 2018 才将其引入对象。

当在对象中使用扩展运算符时，可以取出参数对象中的所有可遍历属性，并拷贝到当前对象之中。比如：

```
const obj = {
  name: "尚硅谷",
  job: "study",
};
const attribute = { ...obj };
console.log(attribute);
```

运行代码后，控制台输出结果如图 15-12 所示。

```
▼ {name: "尚硅谷", job: "study"}
    job: "study"
    name: "尚硅谷"
  ▶ [[Prototype]]: Object
```

图 15-12　控制台输出结果（1）

其实这段代码等价于：

```
const attribute = Object.assign({}, obj);
console.log(attribute);
```

如果用户自定义的属性放在扩展运算符后面，则扩展运算符内部的同名属性会被覆盖。这里依旧对上面的 obj 对象进行操作，比如：

```
const result = {...obj, ...{name:"atguigu",age:8}};
console.log(result);
```

这段代码使用扩展运算符分别将 obj 对象和“{name:"atguigu",age:8}”展开，同名属性 name 的值被覆盖。运行代码后，控制台输出结果如图 15-13 所示。

```
▼ {name: "atguigu", job: "study", age: 8} 🔢
    age: 8
    job: "study"
    name: "atguigu"
  ▶ [[Prototype]]: Object
```

图 15-13　控制台输出结果（2）

图 15-13　控制台输出结果（2）

扩展运算符对对象实例的拷贝是浅拷贝。JavaScript 有两种数据类型，分别是基本数据类型和引用数据类型。基本数据类型是按值访问的，常见的基本数据类型有 Number、String、Boolean、Null、Undefined，这类变量拷贝的时候会完整复制一份。比如：

```
const obj = {
  name: "尚硅谷",
  job: "study",
};
const result = { ...obj, name: "atguigu" };
console.log(result);                        // { name: "atguigu", job: "study" }
```

这段代码使用扩展运算符拷贝的是基本数据类型，对 result 的改变不会影响 obj，如图 15-14 所示。

```
▼ {name: "atguigu", job: "study"} 🔢
    job: "study"
    name: "atguigu"
  ▶ [[Prototype]]: Object
```

图 15-14　控制台输出结果（3）

引用数据类型相比基本数据类型会有些许不同，以 Array 为例，它拷贝的是对象的引用。当原对象发生变化的时候，拷贝对象也跟着变化。比如：

```
const obj = {
  name: "尚硅谷",
  job: "study",
  subject: { java: "jvm", web: "js" },
};
const result = { ...obj };
result.subject.web = "html";

console.log(obj);
console.log(result);
```

本段代码修改了 result 对象 subject 中 web 的值，从结果来看，obj 对象同样被修改。运行代码后，控制台输出结果如图 15-15 所示。

```
▼ {name: "尚硅谷", job: "study", subject: {…}} 🔢
    job: "study"
    name: "尚硅谷"
  ▶ subject: {java: "jvm", web: "html"}
  ▶ __proto__: Object
▼ {name: "尚硅谷", job: "study", subject: {…}} 🔢
    job: "study"
    name: "尚硅谷"
  ▶ subject: {java: "jvm", web: "html"}
  ▶ __proto__: Object
```

图 15-15　控制台输出结果（4）

15.7 Set 结构与 Map 结构

当前我们已经掌握了几种数据结构，ES6 新增了 Set 和 Map 两个数据结构，它们是两种新类型的数据容器（也称为集合）。本节将对 Set 和 Map 这两种数据结构分别进行讲解。

15.7.1 Set

Set 容器中对应保存了无序、不可重复的多个 value。它类似于数组，但是成员的值都是唯一的，没有重复的值。

创建 Set 数据结构需要使用 new Set()构造函数来实现，语法如下：

```
new Set(iterable);
```

参数可以接收一个具有 Iterable 接口的任意数据结构（如数组），用来初始化。这样解释可能有些晦涩，通过代码来具体讲解：

```
// 没有参数            ①
const set1 = new Set();
console.log(set1);                          //Set(0){}

// 参数为数组           ②
const set2 = new Set([1, 2, 3]);
console.log(set2);                          //Set(3){1, 2, 3}
```

这段代码演示了没有参数和有参数两种情况，当没有参数时，创建的是一个不包含数据的空容器，所以代码片段 1 的输出结果为 Set(0){}。当传入参数时，创建的是包含数组元素数据的容器，所以代码片段 2 输出结果为 Set(3){1, 2, 3}。

Set 容器中不会出现重复的值，当出现重复的值时会自动去重。开发者在工作中经常使用 Set 容器对数组实现去重操作，下面通过一个案例演示开发中常见的场景，代码如下：

```
const arr = [100, 200, 200, "hello", "hello", 0, "", true, false, {}, {}];
const newArr = [...new Set(arr)];
console.log(newArr);            // [100, 200, "hello", 0, "", true, false, {}, {}]
```

根据输出结果可知，Set 容器将 200 和 "hello" 进行了去重，没有将空对象进行去重。开发者在使用 Set 时需要注意，Set 容器的去重只针对数组中重复的数字和字符串，对于空对象无效。

使用 Set 表示数据集合的长度和数组不同，数组表示长度使用 length 属性，而 Set 则使用 size 属性，比如：

```
const set = new Set();
console.log(set.size);                      // 0
const set1 = new Set([1, 2, 3]);
console.log(set1.size);                     // 3
const set2 = new Set([1, 2, 3, 2, 3]);
console.log(set2.size);                     // 3
```

在这段代码中，set 中没有数据，set.size 的值为 0；set1 中初始化 3 个数据，set1.size 的值为 3；set2 中初始化 5 个数据，但因为 Set 数据结构中的值是唯一的，没有重复的值，所以 set2.size 的值为 3。

Set 实例提供了很多方法，以方便开发者操作，如表 15-3 所示。

表 15-3　Set 实例的方法

方法或属性	含　义
add(value)	添加某个值，返回 Set 结构本身
delete(value)	删除某个值，返回一个布尔值，表示删除是否成功

方法或属性	含　义
has(value)	返回一个布尔值，表示该值是否为 Set 的成员
clear()	清除所有成员，没有返回值
keys()	返回键名的遍历器
values()	返回键值的遍历器
entries()	返回键值对的遍历器
forEach()	使用回调函数遍历每个成员

测试案例：

```
const set = new Set([1, 2, 3, 4, 3, 2, 1, 6]);
console.log(set);                     // Set(5){1, 2, 3, 4, 6}

// add(value)        ①
set.add("abc");
console.log(set);                     // Set(6){1, 2, 3, 4, 6, "abc"}

// delete(value)     ②
set.delete(2);
console.log(set);                     // Set(5){1, 3, 4, 6, "abc"}

// has(value)        ③
console.log(set.has(2));              // false
console.log(set.has(1));              // true

// clear()           ④
set.clear();
console.log(set);                     // Set(){}
```

在这段代码中，代码片段 1 通过 add()方法将 "abc" 添加进 set，输出结果为 Set(6){1, 2, 3, 4, 6, "abc"}。代码片段 2 通过 delete()方法将 Set 数据结构中的值 "2" 删除，输出结果为 Set(5){1, 3, 4, 6, "abc"}。代码片段 3 通过 has()方法判断数据结构中是否存在 "2" 和 "1"，输出结果为 false 和 true。代码片段 4 使用 clear()方法将 set 中所有成员对象删除，输出结果为 Set(0){}。运行代码后，控制台输出结果如图 15-16 所示。

```
▶ Set(5) {1, 2, 3, 4, 6}
▶ Set(6) {1, 2, 3, 4, 6, …}
▶ Set(5) {1, 3, 4, 6, "abc"}
false
true
▶ Set(0) {}
```

图 15-16　控制台输出结果

Set 数据结构是可迭代对象，可以使用 for...of 循环遍历 Set 数据结构，代码如下：

```
const set = new Set([1,2,3,4,3,2,1,6]);
for (let item of set) {
  console.log(item);                  // 1 2 3 4 6
}
```

先将数组中重复的值进行去重，再使用 for...of 循环遍历 set，最后输出去重后的元素。运行代码后，控制台输出结果为 "1"、"2"、"3"、"4" 和 "6"。

15.7.2　Map

Map 也是一种新的数据容器，但它与 Set 容器不同，它用来保存任意多个 key-value 键值对数据。

与 Set 对象的创建方式类似，Map 对象也是通过 new Map()构造函数来创建的。比如：

```
new Map(iterable);
```

参数可以接收一个具有 Iterable 接口的任意数据结构，并且每个成员都是一个双元素数组，用来初始化。比如：

```
/没有参数                    ①
const map = new Map();
console.log(map);            // Map(0){}


//参数为数组                  ②
const map1 = new Map([
  ["name", "尚硅谷"],
  ["target", "培养人才"],
]);
console.log(map1);           // Map(2) {"name" => "尚硅谷", "target" => "培养人才"}
```

这段代码演示了没有参数和有参数的情况：当没有参数时，Map 数据结构中没有数据，代码片段 1 的输出结果为 Map(0){}。当传入参数时，在 Map 数据结构中初始化成员为双元素数组，代码片段 2 输出结果为 Map(2) {"name" => "尚硅谷", "target" => "培养人才"}。

从结构特点上说，Map 与 Object 对象本质都是 key-value 的集合，两者的 key 都是不可重复的，对象的 key 只能是 String 类型或 Symbol 类型，而 Map 的 key 可以是任意类型。两者的 value 都是可重复的，并且可以是任意类型。比如：

```
// 定义数组，  分别让其作为对象或 Map 中的一个 key
const arr = [10, 20, 30];

// 定义对象
const obj = {
  name: "atguigu",
  [arr]: 666,
};
console.log(obj);            // {name: "atguigu", 10,20,30: 666}

// 定义 Map 数据结构
const map = new Map([
  ["name", "atguigu"],
  [arr, 666],
]);
console.log(map);            // {"name" => "atguigu", Array(3) => 666};
```

在上面的代码中，我们定义了一个名为"arr"的数组，将其分别作为一个对象和一个 Map 数据结构的 key。从输出结果可以看出，对象中作为 key（属性名）的数组被自动转换为 String 类型。因为对象中的 key（属性名）只能是 String 类型或 Symbol 类型。而 Map 数据结构中的 key 依然是数组，并没有被转换为 String 类型。

同 Set 一样，Map 也是使用 size 属性表示长度，下面将使用 size 属性获取 map 的长度和 map1 的长度，代码如下：

```
const map = new Map();
console.log(map.size);                   // 0
```

```
const map1 = new Map([
  ["name", "尚硅谷"],
  ["target", "培养人才"],
]);
console.log(map1.size);                 // 2
```

在这段代码中，map1 中没有数据，map1.size 的值为 0；map2 中初始化了两个成员["name","尚硅谷"]和["target", "培养人才"]，map2.size 的值为 2。

Map 实例提供了很多方法，以方便开发者操作，如表 15-4 所示。

表 15-4　Map 实例的方法

方法或属性	含　　义
set(key, value)	设置键名 key 对应的键值为 value，并返回整个 Map 结构。 如果 key 已经有值，则键值被更新，否则新生成该键。 set()方法返回的是当前的 Map 对象，可以采用链式写法
get(key)	get()方法读取 key 对应的键值，如果找不到 key，则返回 undefined
has(key)	has()方法返回一个布尔值，表示某个键是否在当前 Map 对象之中
delete(key)	delete()方法删除某个键，返回 true。如果删除失败，则返回 false
clear()	clear()方法清除所有成员，没有返回值
keys()	返回键名的遍历器
values()	返回键值的遍历器
entries()	返回所有成员的遍历器
forEach()	遍历 Map 的所有成员

测试代码：

```
const map = new Map([
  ["name", "tom"],
  ["age", 25],
]);
console.log(map);          // Map(2) { "name" => "tom", "age" => 25 }

// set(key,value)
map.set("性别", "男");
console.log(map);          // Map(3) { "name" => "tom", "age" => 25, "性别" => "男" }

// get(key)
console.log(map.get("age"));         // 25

// delete(key)
map.delete("性别");
console.log(map);          // Map(2) { "name" => "tom", "age" => 25 }

// has(key)
console.log(map.has("性别"));          // false
console.log(map.has("name"));          // true

// clear()
map.clear();
console.log(map);                      // Map(0) {}
```

本段代码使用 set()方法将键值对"性别","男"添加进 map。需要注意的是，get()方法、delete()方法和 has()方法操作的都是键值，比如，代码 map.get("age")获取键名为"age"的值，代码 map.delete("性别")删除键名为"性别"的键值对，代码 map.has("性别")和 map.has("name")在 map 中寻找键名为"性别"和"name"的键。运行代码后，控制台输出结果如图 15-17 所示。

```
▶ Map(2) {"abc" => 12, "age" => 25}
▶ Map(3) {"abc" => 12, "age" => 25, "性别" => "男"}
25
▶ Map(2) {"abc" => 12, "age" => 25}
false
true
▶ Map(0) {}
```

图 15-17　控制台输出结果（1）

Map 数据结构是可迭代对象，可以使用 for...of 循环遍历 Map 数据结构中的元素，代码如下：

```
const map = new Map([
  ["abc", 12],
  [25, "age"],
]);
for (let item of map) {
  console.log(item);              // ["abc", 12]  [25, "age"]
}
```

使用 for...of 循环遍历 map，输出 map 对象中的每项。运行代码后，控制台输出结果如图 15-18 所示。

```
▶ (2) ["abc", 12]
▶ (2) [25, "age"]
```

图 15-18　控制台输出结果（2）

15.8　Proxy 与 Reflect

ES6 新增了操作对象的两个 API：Proxy 与 Reflect。Proxy 是一个构造函数，我们可以创建它的实例对象。开发者可以通过 Proxy 架设一个代理层，也就是设置一层拦截。当外界要对某个设置拦截的对象进行访问时，访问的就是这层代理中的内容。Reflect 是一个对象，提供操作对象内部数据的一系列静态方法，通过它可以对对象内部数据进行各种操作。

这两个新的 API 对开发者来说可能相对陌生一些，它们可以让开发者参与到底层实现的过程中，对对象内部数据的一系列操作进行拦截，并增加额外操作。本节将对 Proxy 和 Reflect 的原理、用法进行讲解。

图 15-19　操作代理对象流程

在正式学习之前，读者需明确 Proxy 和 Reflect 的关系。我们一般会在 Proxy 对象内部指定监视回调的处理器 handler。在 handler 回调中通过 Reflect 操作目标对象内的数据。当通过 Proxy 对象操作对象内部数据时，handler 回调就会调用，对象内的数据就会被 Reflect 操作，如图 15-19 所示。

想要使用 Proxy 和 Reflect，还需要了解 Proxy 和 Reflect 的相关方法。Reflect 提供了 13 种静态方法，Proxy 也提供了相关的捕获器方法。

为方便学习，下面将 Proxy 和 Reflect 中对应的方法进行对比，如表 15-5 所示（本节案例只对常用的方法进行演示）。

表 15-5　Proxy 静态方法 VS Reflect 静态方法

编号	handler VS Reflect	描　　述
①	handler.set(target,property,value,receiver)	设置属性值操作的捕获器
	Reflect.set(target, propertyKey,value,receiver)	设置 target 对象的 name 属性等于 value
②	handler.get(target,property,receiver)	拦截对象的读取属性操作
	Reflect.get(target,propertyKey,receiver)	获取对象某个属性的值
③	handler.deleteProperty(target,property)	拦截对对象属性的 delete 操作
	Reflect.deleteProperty(target,propertyKey)	删除属性
④	handler.apply(target,thisArgument,argumentsList)	拦截函数的调用
	Reflect.apply(target,thisArgument,argumentsList)	对一个函数进行调用操作，同时可以传入一个数组作为调用参数
⑤	handler.construct(target,argumentsList,newTarget)	拦截 new 操作符
	Reflect.construct(target,argumentsList,newTarget)	对构造函数进行 new 操作，相当于执行 new target(...args)
⑥	handler.defineProperty(target,argumentsList,newTarget)	拦截对对象的 Object.defineProperty() 操作
	Reflect.defineProperty(target,propertyKey,attributes)	直接在一个对象上定义一个新属性，或者修改一个对象的现有属性，并返回此对象。若设置成功，则返回 true
⑦	handler.has(target,prop)	针对 in 操作符的代理方法
	Reflect.has(target,propertyKey)	判断一个对象是否存在某个属性
⑧	handler.ownKeys(target)	拦截 Reflect.ownKeys()
	Reflect.ownKeys(target)	返回一个包含所有自身属性（不包含继承属性）的数组
⑨	handler.isExtensible(target)	拦截对对象的 Object.isExtensible()操作
	Reflect.isExtensible(target)	判断一个对象是否是可扩展的
⑩	handler.preventExtensions(target)	设置对 Object.preventExtensions()的拦截
	Reflect.preventExtensions(target)	让一个对象不可扩展，返回 Boolean
⑪	handler.getOwnPropertyDescriptor(target,prop)	拦截 Reflect.getOwnPropertyDescriptor() 和 Object.getOwnPropertyDescriptor()方法
	Reflect.getOwnPropertyDescriptor(target,propertyKey)	如果对象中存在该属性，则返回对应的属性描述符，否则返回 undefined
⑫	handler.getPrototypeOf(target)	该方法是一个代理（Proxy）方法，当读取代理对象的原型时，该方法就会被调用
	Reflect.getPrototypeOf(target)	返回指定对象的原型
⑬	handler.setPrototypeOf(target,prototype)	主要用来拦截 Object.setPrototypeOf()
	Reflect.setPrototypeOf(target,prototype)	设置对象原型的函数，返回一个 Boolean，如果更新成功，则返回 true

注意：实际开发中只会用到表中的部分方法。

在本节后续的讲解中会将开发中常见的方法进行案例演示。在讲解案例前，读者需明确常见方法中参数的作用，这对后续理解案例十分有帮助。

下面将表 15-5 前三组方法中的参数进行对比讲解。

1．handler.get(target,property, receiver) && Reflect.get(target, propertyKey, receiver)

handler.get()方法用于拦截对象的读取属性操作。该方法有三个参数，第一个参数为目标对象；第二个参数为被获取的属性名；第三个参数为当前的 Proxy 对象。

Reflect.get()方法用于获取对象某个属性的值，类似于 target[name]。该方法有三个参数，第一个参数为目标对象；第二个参数为获取对象的键值；第三个参数为可选参数，为当前的 Proxy 对象。

2．handler.set(target,property, value, receiver) && Reflect.set(target, propertyKey, value, receiver)

handler.set()方法是设置属性值的操作的捕获器。该方法有四个参数，第一个参数为目标对象；第二个参数为需要获取的值的键值；第三个参数为设置的值；第四个参数为当前的 Proxy 对象。

Reflect.set()方法用于设置 target 对象的 name 属性等于 value。该方法有四个参数，第一个参数为目标对象；第二个参数为获取对象的键值；第三个参数为设置的值；第四个参数为可选参数，为当前的 Proxy 对象。

3. handler.deleteProperty(target, property)&& Reflect.deleteProperty(target, name)

handler.deleteProperty()方法用于拦截对对象属性的 delete 操作。该方法有两个参数，第一个参数为目标对象；第二个参数为待删除的对象。

Reflect.deleteProperty()方法用于删除属性，相当于执行 delete target[name]。该方法有两个参数，第一个参数为目标对象；第二个参数为删除的属性名称。

掌握了这些知识后，就可以开始使用 Proxy 了。

使用 new 关键字和 Proxy 构造函数显式地创建代理对象，语法如下：

```
const proxy = new Proxy(target, handler);
```

创建 Proxy 实例对象时可以传入两个参数，第一个参数为 target，是被 proxy 代理的目标对象；第二个参数为 handler，包含 n 个监视某种数据操作的回调函数的处理器对象。

在通常情况下，在 handler 的处理函数中做特定处理后，会调用 Reflect 对应静态方法对目标对象进行相应的操作并返回结果。代码如下：

```
/* 1. 包含数据的目标对象 */
const user = {
  name: "atguigu",
  age: 8,
};

/* 2. 创建对应的代理对象 */
const proxy = new Proxy(user, {
  // 监视/拦截读取属性操作的回调
  get(target, prop) {
    console.log("拦截到了读取属性");
    return Reflect.get(target, prop);
  },
  // 监视/拦截设置属性值或添加属性操作的回调
  set(target, prop, val) {
    console.log("拦截到设置属性值或添加属性操作");
    return Reflect.set(target, prop, val);
  },
  // 监视/拦截删除属性操作的回调
  deleteProperty(target, prop) {
    console.log("拦截到删除属性操作");
    return Reflect.deleteProperty(target, prop);
  },
});
```

下面通过代理对象操作目标对象中的数据，当通过 proxy 对象读取 name 属性值时，结果 get 回调执行，返回 user 对象的 name 属性值。代码如下：

```
console.log(proxy.name);
/*
输出:
  拦截到了读取属性
  atguigu
*/
```

当通过 proxy 对象设置新 age 属性值时，结果 set 回调执行，且目标对象 user 中的 age 值更新为对应的值。代码如下：

```
proxy.age = 8;
console.log(user);
/*
输出:
  拦截到设置属性值或添加属性操作
  {name: "atguigu", age: 8}
*/
```

当通过 proxy 对象添加一个新属性 sex 时，结果 set 回调执行，且目标对象 user 中也被增加了 sex 属性。代码如下：

```
proxy.sex="男";
console.log(user);
/*
输出:
  拦截到设置属性值或添加属性操作
  {name: "atguigu", age: 8, sex: "男"}
*/
```

当通过 proxy 对象删除 sex 属性时，结果 deleteProperty 回调执行，且目标对象 user 中的 sex 属性被删除。代码如下：

```
delete proxy.sex
console.log(user);
/*
输出:
  拦截到删除属性操作
  {name: "atguigu", age: 8}
*/
```

通过上面的测试我们能很清楚地看到，通过 Proxy 可以拦截到对对象内部属性数据的读取、设置、添加和删除四种操作，通过 Reflect 可以对对象内部的属性进行这四种操作。ES5 的 defineProperty 也可以实现类似拦截操作，但它只能拦截读取和设置的操作，并不能拦截添加和删除的操作。

前端流行框架 Vue 在 2020 年 8 月更新至 3.0 版本，相比 Vue 2.0 版本，底层实现有了翻天覆地的变化。Vue 2.0 通过 ES5 语法的 Object.defineProperty() 劫持对象属性的 setter 和 getter 操作，在数据变动时做相应的响应；Vue 3.0 版本底层使用 Proxy 实现观察者模式，实现 Vue 最基本的数据响应式解构。学好 Proxy 和 Reflect 会帮助开发者更轻松地理解 Vue 3.0 的底层实现。

15.9　本章小结

ES6 的出现，无疑给前端开发人员带来了惊喜，它包含一些很棒的新特性，可以更加方便地实现很多复杂的操作，提高开发人员的工作效率。本书将新特性和旧特性联系在一起，既方便读者区别新、旧特性，又有利于新知识的学习和升华。除此之外，ES6 还有很多新特性和 ES5 的内容没有交叉，因此本章对其他常用特性进行了归纳整理。

ES6 提供了变量解构、Set 结构、Map 结构和 Proxy 与 Reflect 等新特性，这可以大大地提升开发效率。尤其是 15.8 节的内容，它是前端流行框架 Vue 更新至 3.0 版本的底层原理技术，这是一次重大更新，也是 ES6 语法的应用。因此对于本章内容，建议多次阅读并练习，直至掌握。